建筑电气工程概预算

（第3版）

主　编　韩永学

副主编　赵晓宇　张植莉

编　委　（以姓氏笔画为序）

孙淑红　孙景翠　李玉宝　张植莉

赵晓宇　姜云涛　温红真　韩永学

主　审　于学同

U0222635

哈尔滨工业大学出版社

内 容 提 要

本书是根据国家有关建设工程费用的规定及近年来颁发的定额,按全国统一安装工程预算定额编制的,详细地阐述了建筑电气安装工程定额工程量计算规则和概预算编制方法,并附有概预算编制实例。全书共十章,在定额部分主要介绍了全国统一安装工程预算定额、全国统一房屋修缮工程定额、施工定额、建筑电气安装工程费用及计算程序,重点论述了预算定额与安装工程费用的内容和应用。在概预算部分主要介绍了设计概算、施工图预算、施工预算、竣工结算的编制方法和应用实例,同时还对工程预结算审核和方法作了介绍,最后还阐述了计算机在工程预算中应用的基本原理。

本书是作者根据多年的教学经验和从事工程概预算及审核经验编写的,其特点是实用性强。本书可作为大中专院校的电气安装、工程造价管理、电气工程技术等专业教材,亦可作为有关专业人员的培训教材,同时也可作为建筑施工企业项目经理、工长、经济核算及建设单位负责电气预算的审核人员的参考书。

图书在版编目(CIP)数据

建筑电气工程概预算/韩永学主编. —3 版. —哈尔滨:
哈尔滨工业大学出版社,2008.5(2022.1 重印)

ISBN 978 – 7 – 5603 – 1727 – 4

Ⅰ. 建… Ⅱ. 韩… Ⅲ.①房屋建筑设备:电气设备–建筑概算定额②房屋建筑设备:电气设备–建筑预算定额
Ⅳ. TU723.3

中国版本图书馆 CIP 数据核字(2008)第 074403 号

责任编辑　贾学斌
封面设计　卞秉利
出版发行　哈尔滨工业大学出版社
社　　址　哈尔滨市南岗区复华四道街 10 号　邮编 150006
传　　真　0451 – 86414749
网　　址　http://hitpress.hit.edu.cn
印　　刷　肇东市一兴印刷有限公司
开　　本　787mm×1092mm　1/16　印张 18.25　插页 2　字数 430 千字
版　　次　2002 年 7 月第 1 版　2008 年 6 月第 3 版
　　　　　2022 年 1 月第 8 次印刷
书　　号　ISBN 978 – 7 – 5603 – 1727 – 4
定　　价　45.00 元

三版前言

《建筑电气工程概预算》自 2002 年 6 月出版发行以来,深受高校建筑电气专业师生、工程造价管理人员及广大读者的关注和好评,并已被多所高校相关专业选作教材,同时给予我们极大的鼓励与支持,又提出宝贵意见。一致认为:本书实用易懂。第一、二版计 9 000 册已经销售一空。然而,在此期间,工程量清单计价方法在全国推行,考虑到概预算知识应不断补充和完善,以适应发展的需要,特对本书作适当的修改。

本书主要针对高校建筑电气专业及相关专业的师生编写的。在修改中考虑了新技术、新工艺、新材料及新方法在工程概预算中的应用,紧紧围绕工程项目,使理论与实践密切结合。如分别在动力、照明及消防等方面列举了工程案例,以便学与用的结合。

在修改过程中,我们从内容到结构都有一定的调整,增加了工程量清单计价方法等。

本书在修改的过程中,第一、二、五章由韩永学编写,第三章由温红真、李玉宝编写,第四、六、十章由赵晓宇、张植莉编写,第七、八章由温红真、孙景翠编写,第九章由姜云涛、孙淑红编写。全书由韩永学主编。于学同对本书进行了认真的审阅,在此深表谢意。

本书再版期间,哈尔滨工业大学出版社给予了大力支持和帮助,在此一并表示深深的感谢。本书尽管再版,也难免有疏漏和不妥之处,恳请广大读者及时批评指正。

作　者
2008 年 5 月于哈尔滨

前 言

本书是根据建筑电气专业的特点、培养目标以及"电气设备安装概预算"课程实施教学大纲编写而成。可作为大中专院校的电气安装、工程造价管理、电气工程技术、楼宇智能化技术等专业教材,亦可作为有关专业人员的培训教材,同时也可作为建筑施工企业项目经理、工长、经济核算及建设单位负责电气预算的审核人员的参考书。

本书以国家现行的建设工程文件为依据,坚持理论联系实际,对电气安装工程定额的原理和使用作了详细论述。对于电气安装工程施工图预算和概算中的工程量计算规则、方法和列项要点作了全新解释。对于施工预算方法也进行了详细介绍。所编内容注重实用,突出专业特点。书中有7个综合概预算实例,概括了电气安装工程概预算编制方法,可供学习和编制时参考。

全书主要内容有:概预算的基本知识,建筑电气安装工程定额,设计概算的编制,电气安装材料和设备的预算价格,施工图预算的编制,施工预算的编制,竣工结算的编制,施工图预(结)算的审核,计算机在电气施工预(结)算中的应用。

本书第一、二、五章由韩永学编写,第三章由孙景芝、尹秀妍、王桂云编写,第六章由尹秀妍编写,第四、七、八章由孙景芝编写,第九章由姜云涛、尹秀妍编写。全书由韩永学主编。

本书在编写过程中,参阅了有关作者的书籍和文献,在此表示由衷的感谢。

本书是作者对多年的教学实践及从事电气工程的预结算实践的全面总结,由于作者水平有限,不妥之处在所难免,恳请同行专家和读者批评指正。

编 者

2002 年 3 月于哈尔滨

目　　录

第一章　概预算的基本知识

当前,我国正处在加入世贸组织后的改革进程中,机械电子、汽车制造、石油化工和建筑业是国民经济支柱产业,作为四大支柱产业之一的建筑业,随着改革开放深入发展,正在积极建立统一、开放、竞争、有序的建筑市场,建筑业市场的竞争,主要表现在工程造价上,而概预算是建筑工程造价管理的重要组成部分。因此,掌握概预算的基本知识、掌握概预算的组成和编制方法、审核方法,对电气造价管理人员及负责工矿企事业单位概预算审核的经济管理人员尤为重要。

第一节　基本建设工程项目的划分

正确理解有关工程项目名称的概念,并能准确地划分,对于编制工程概预算是很必要的。

图 1.1 为建设工程项目概算分解图。

建设项目	单项工程	单位工程	分部工程	分项工程
建设项目	机加车间 铆焊车间 钣金车间 变压器车间 装配车间 办公大楼	土建工程 水暖工程 电气工程 给排水工程	配管配线 支路管线敷设 照明器具 防雷接地 电缆工程	普通灯具安装 工矿灯具安装 开关及按钮安装 插座安装 防爆电器安装
投资估算	工程综合概算	各专业概算	概算定额各章	概算定额各节

图 1.1　建设工程项目概算分解图

图 1.2 为建设工程项目预算分解图。

单位工程	分部工程	分项工程	分项工程子目
土建工程 水暖工程 电气工程 给排水工程	钢管敷设 可挠金属套管敷设 半硬质阻燃管敷设 金属软管敷设	砖、混结构暗配 砖、混结构明配 钢模板暗配 钢索配管	ϕ15 钢管暗配 ϕ20 钢管暗配 ϕ25 钢管暗配 ϕ32 钢管暗配
各专业预算	预算定额各节	各节中的某一个内容	某个安装内容对应的编号

图 1.2　建设工程项目预算分解图

一、建设项目(基本建设单位)

建设项目具有单独的计划任务书和独立的总体设计。

在工业建设项目中,一般以一个工厂为一个建设项目,现以某电控厂为例说明。

建设项目 {
生产项目 {机加车间　变压器车间 / 铆焊车间　热处理车间 / 钣金车间　装配车间}
辅助生产项目 {厂办公大楼　汽车库 / 职工食堂　材料库 / 变电所　锅炉房}
}

在民用建设项目中,一般以一所学校、一个居民小区、某个医院等为一个建设项目,现以某所学校为例说明。

主要建设项目 {学生宿舍楼　体育馆 / 教学楼　俱乐部}

辅助建设项目 {锅炉房　家属宿舍楼 / 汽车库　门卫收发室 / 变电所　卫生所}

二、单项工程

单项工程是指具有独立的设计文件,建成后可以独立发挥生产能力或效益的工程。如工厂的车间、学校的教学楼等。

三、单位工程

单位工程是指具有单独的设计文件,可以独立组织施工,竣工后不能单独发挥生产能力或效益的工程。如房屋建筑中的电气照明工程、暖通工程等。

四、分部工程

分部工程是指电气安装工程中的某一道工序。概算分部工程为概算定额各章的安装工程内容,如防雷接地、电缆工程等;预算分部工程为预算定额各节的安装工程内容,如金属软管敷设、半硬质阻燃管敷设等。

五、分项工程

概算分项工程是指安装工程中某一道工序中的不同安装内容。如普通灯具安装、开关及按钮安装、插座安装等;预算分项工程是指安装工程中某一道工序中的不同敷设方式,不同灯具安装等。如钢管敷设中砖、混结构明配,砖、混结构暗配;普通灯具安装中吸顶灯安装,其他普通灯具安装等。

六、分项工程子目

分项工程子目是指分项工程中不同规格的材料敷设、不同容量的设备安装等。也就是每个分项工程安装项目所对应的编号。

按照建设项目的性质,基本建设可以划分为新建、扩建、改建、恢复和迁建项目。

1. 新建项目(新建工程)

新建项目是指从无到有,平地起家,新开始建设的项目。有的建设项目原有基础很小,重新建设的资金超过原有的 3 倍以上,也属于新建项目。

2. 扩建项目(扩建工程)

扩建项目是指原有企业或事业单位,为了扩大原有产品的生产能力和效益,或为增加新的生产能力和效益,而新建的主要生产车间和工程。

3. 改建项目(改建工程)

改建项目是指原有企业或事业单位,为了提高生产效率,改进产品质量或改进产品方向,对原有设备、工艺流程进行技术改造的项目。有些企业或事业单位,为了提高综合生产能力,增加一些附属和辅助车间或非生产性工程,也属于改建项目。

4. 恢复项目

指原有企业或事业单位的固定资产,因自然灾害、战争和人为的灾害等原因已全部或部分报废,重新投资复建的项目。

5. 迁建项目(迁建工程)

迁建项目是指原有的企业或事业单位,由于各种原因迁到另外的地方建设的项目。

第二节 电气安装工程的施工程序

电气安装工程是建设工程的一项重要内容,随着国家各项建设法规的颁布和实施,电气安装工程越来越复杂,涉及的领域越来越广泛。电气安装工程包括:电气照明安装、动力设备安装与调试、消防设施安装与调试、楼宇监控系统安装与调试等。电气安装工程的全部施工过程,从顺序上可分为以下几个阶段。

1. 接受任务

在开始接受任务时,先签订初步协议。协议的主要内容是由建设单位与施工单位初步协商工程的有关要求和条件,即工程批准文号、工期要求、图纸、设备、材料供应日期、工程拨款方式等。协议签订后,建设单位向施工单位提供所需要的图纸、设备说明书,施工单位根据所提供的图纸和设计说明,熟悉图纸,了解设计者的意图,并把图纸中的错误或与其他专业在安装上存在位置冲突的地方记录下来,以便在参加图纸会审上解决。

2. 编制施工组织设计或施工方案

编制施工组织设计或施工方案应根据工程需要,考虑暂设工程、施工方法、安全技术措施、工程总进度的要求,同时考虑劳动力、施工机械、主要材料的需用量,并列出计划图表。

3. 编制施工图预算和施工预算

施工单位编制出的施工图预算,经建设单位及建设银行审查后,即为签订合同的依据。

签订合同后,各施工工长对所承担的任务编制施工预算,作为向班组进行内部承包的依据。

4. 现场准备

(1)对进场设备进行清点和检查。

(2)对土建工程及设备基础进行验收。

(3)准备施工机具。

(4)准备主要材料和辅助材料等。

5. 开工报告

在正式施工之前需要提出开工报告,经主管部门批准后才能正式开工。

6. 施工阶段

(1)前期为与土建的配合阶段。按设计要求将需要预留的孔、洞、预埋件等设置好;设备的进线管、过墙管也应按设计要求设置好;基础槽钢、地脚螺栓也应保证位置准确,标高误差符合要求。

(2)各类线路的敷设应按图施工,并符合验收规范的各项要求。

(3)所有电气设备均需按图纸要求安装、接线。

(4)试运。对安装好的电气设备,在移交给建设单位之前,应按规定试运行。试运合格后由建设单位、施工单位双方签字作为交工验收的资料。

7. 交工验收

经过上述试运符合要求后,即可将电气安装工程交付给建设单位。交工时必须将隐蔽工程的记录、质量检查记录、试运记录等有关资料一起交给建设单位存档。

第三节　建筑工程与电气工程"三算"的区别

国家建委和建设部明确规定:凡是基本建设工程都要编制建设预算。初步设计阶段必须编制初步设计总概算,单位工程开工前,必须编制出施工图预算。

基本建设的"三算"是指设计概算、施工图预算、竣工决算而言,设计概算和施工图预算总称为基本建设预算。而竣工决算是在建设项目或工程完工之后,按照实际财务支出计算它的实际价值,作为核实新增固定资产价值及办理交付使用的依据。工程结算是竣工决算的一部分。

电气安装工程"三算"不同于基本建设"三算",而是指反映工程造价的施工图预算、施工过程中的施工预算、工程交工验收后的工程结算。

一、施工图预算

施工图预算是依据施工图纸计算工程量,然后根据电气工程预算定额算出直接费、人工费,再按地区建筑工程费用定额计算出单位工程总造价。

二、施工预算

施工预算是在施工图预算的基础上,依据施工方案及施工定额编制的。它反映人工、材料、施工机械的消耗数量(也可用金额形式表示),将施工预算与施工图预算进行对比,可以衡量工程成本的节余和亏损。它还可作为编制施工作业计划的依据和对班组实行经济包干与核算的依据。

三、工程结算

当电气工程完工之后,在规定的时间内,施工单位应提交工程结算表。

工程结算主要以施工图预算为基础,再考虑设计变更与现场签证进行编制。对于跨年度的工程,可按合同规定,定期结算或年末进行结算。

第四节 电气安装工程类别的划分

在计算电气安装工程造价时,涉及工程类别,工程类别不同,取费就不同,直接影响工程预算价格的准确性。

对于房屋建筑工程,电气安装工程类别随土建工程类别划分。土建工程类别分为一类、二类、三类、四类,又分为工业建筑、民用建筑和构筑物,其中工业建筑分为单层和多层,单层按高度、跨度和建筑面积划分,多层按高度和建筑面积划分;民用建筑分为公共建筑和居住建筑,公共建筑按高度、跨度和建筑面积划分,居住建筑按高度、层数和建筑面积划分。土建单位工程有数个指标时,除另有规定外,以符合其中一个指标为准;一个单位工程有多个跨度时,以最大跨度为准;建筑面积大于标准层50%的且超出屋面封闭的楼梯出口间、电梯间、水箱间、塔楼、瞭望台等要计算层数及高度;建筑面积大于标准层50%的地下室计算层数,不计算高度;冷库工程建筑面积大于4 000 ㎡ 的为一类;小于或等于4 000 ㎡ 的为二类;扩建工程按扩建部分确定工程类别;改建工程按改建后工程确定工程类别。

电气安装工程分为三类,即一类、二类、三类;若土建工程为三类、四类,电气安装工程均按三类计算。

独立的电气安装工程类别划分如下:

一类工程

(1)单台重量50 t 及以上的各类机械设备及自动、半自动或程控机床安装;

(2)自动、半自动电梯安装;

(3)自动化系统安装、调试;

(4)10 t 及以上的锅炉及其附属设备安装;

(5)1 000 kVA 及以上的变配电系统安装;

(6)3 000 kW 及以上的发电机机组安装;

(7)2 000 kW 及以上的压缩机机组安装;

(8)50 t 及以上的起重设备安装等;

(9)附属于本类型各种设备的配管、电气安装工程。

二类工程

(1)单台重量在30～50 t 及以上的各类机械设备安装;

(2)载货电梯安装;

(3)单独敷设电缆工程;

(4)10 kV 及以下的架空线路工程;

(5)6～10 t 及以上的锅炉及其附属设备安装;

(6)1 000 kVA 以下的变配电系统安装;

(7)3 000 kW 以下的发电机机组安装;

(8)1 000～2 000 kW 的压缩机机组安装;

(9)30～50 t 的起重设备安装等;

(10)附属于本类型工程各种设备的配管、电气安装和调试工程。

三类工程

(1)单台重量30 t以下的各类机械设备安装；

(2)单台重量3 t以下的泵类单独安装；

(3)6 t以下的锅炉及其附属设备安装；

(4)1 000 kW以下的压缩机机组安装；

(5)30 t以下的起重设备安装等。

复习思考题

1. 叙述基本建设项目,并举例说明。

2. 什么是单项工程,举例说明?

3. 什么是单位工程,举例说明?

4. 什么是分部工程,举例说明?

5. 什么是分项工程,举例说明?

6. 叙述分项工程子目,举例说明。

7. 新建工程的定义是什么?

8. 什么是扩建工程?

9. 什么是改建工程?

10. 基本建设"三算"是什么?

11. 电气安装工程"三算"是什么?

12. 电气安装工程类别如何划分?

第二章 建筑电气安装工程定额

第一节 预算定额的性质和作用

工程定额是确定一定计量单位的分项工程的人工、材料、施工机械台班消耗数量和资金标准。因此,工程定额是确定工程造价和物资消耗数量的主要依据。

一、工程预算定额的性质

(一)具有科学性和群众性

定额的科学性体现在定额是在吸取现代科学管理新成果的基础上,采用科学的方法测定计算而制定的。

定额的群众性体现在群众是编制定额的参与者,也是定额的执行者,定额产生于生产和管理的实践中,又服务于生产,不仅符合生产的需要,又具有广泛的群众基础。

(二)具有法令性和有限灵活性

定额的法令性体现在定额是国家授权的主管部门组织制定、颁发的,具有法令的性质。执行定额不能有随意性,任何单位都必须认真执行。

定额的灵活性,主要是指定额在执行上的有限灵活性。国家工程建设主管部门颁发的全国统一定额是根据全国生产力平均水平编制的,由于全国各地区情况差异较大,国家允许省(直辖市、自治区)级工程建设主管部门,根据本地区的实际情况,在全国统一定额基础上制定地方定额,并以地方法令性文件颁发,在本地区范围内执行。某一定额中缺项时,允许套用相近定额中的雷同项目。如无雷同项目,也允许企业编制补充定额,但需经建设主管部门批准后才有效。

(三)具有先进性和合理性

定额的先进性体现在编制定额时,考虑了新工艺、新材料、新技术。定额规定的人工、材料及施工机械台班消耗量是在正常施工条件下,按中等施工企业水平编制的,大多数施工企业可以达到或超额,起到了鼓励先进,鞭策后进的作用,因而定额具有合理性。

二、预算定额的作用

预算定额的作用主要包括以下几方面。

(一)预算定额是确定工程造价和工程结算的依据

根据施工图在工程开工前和竣工后,依据相应定额所规定的人工、材料、机械设备的消耗量,以及单位预算价值和各种费用标准来确定工程造价和工程结算费用。

(二)预算定额是建筑安装企业对招标承包工程计算投标报价的依据

建筑施工企业根据建设单位发出的招标文件及各种资料,依据预算定额和费用标准来确定投标报价,参与招投标竞争。

(三)预算定额是施工单位加强组织管理和经济核算的依据

建筑安装企业以定额为标准,来分析比较企业各种成本的消耗。并通过经济分析找出薄弱环节,提出改进措施,不断降低人工、材料、机械台班等费用在单位建筑产品中的消耗,从而降低单位工程成本,取得更好的经济效益。为了更好地组织和管理施工生产,必须编制施工进度计划和施工作业计划。在编制计划和组织管理施工生产中,直接或间接地要以各种定额来作为计算人力、物力和资金需用量的依据。

(四)预算定额是编制概算定额、估算指标的基础

(五)预算定额是设计单位对设计方案进行技术经济分析对比的依据

结构方案是整个设计中的重要环节,结构方案的选择既要符合技术先进、适用、美观的要求,又要符合经济的要求。在满足技术先进、适用、美观要求的前提下,如何在不同的设计方案中选择出最佳的结构方案,关键就是根据预算定额对方案进行经济性比较,以衡量各种方案所需要的消耗是多少,选择出最经济的方案。

第二节　全国统一安装工程预算定额

一、电气安装工程预算定额简介

现行的《全国统一安装工程预算定额》是由国家建设部组织修订的,并于2000年3月17日颁发,共十一册。

在全国统一安装工程预算定额中,以下三册定额属于电气安装工程定额。

第二册《电气设备安装工程》:内容分为14章,依次是变压器,配电装置母线、绝缘子,控制设备及低压电器,蓄电池,电机,滑触线装置,电缆,防雷及接地装置,10 kV以下架空配电线路,电气调整试验,配管、配线,照明器具,电梯电气装置。第二册是本专业使用的主要定额之一。

第七册《消防及安全防范设备安装工程》:内容分为6章,依次是火灾自动报警系统安装,水灭火系统安装,气体灭火系统安装,泡沫灭火系统安装,消防系统调试,安全防范设备安装。第七册是本专业使用的主要定额之一。

第十册《自动化控制仪表安装工程》:内容分为9章,依次是过程检测仪表,过程控制仪表,集中检测装置及仪表,集中监视与控制装置,工业计算机安装与调试,仪表管路敷设、伴热及脱脂,工厂通讯、供电,仪表盘、箱、柜及附件安装,仪表附件制作安装。第十册也是本专业使用的定额之一。

二、电气设备安装工程预算定额与其他各册定额的执行界限

本专业电气设备安装及架空线路安装的电压等级为10 kV及以下,主要使用第二册定额。现将第二册《电气设备安装工程》预算定额与其他册预算定额的执行界限介绍如下。

(一)与第一册《机械设备安装工程》预算定额的划分界限

(1)电动机、发电机安装执行第一册《机械设备安装工程》安装定额项目。电机检查接线、电动机调试执行第二册定额项目。

(2)各种电梯的机械设备安装部分执行第一册定额有关项目。电气设备安装部分执行第二册定额。

(3)起重运输设备的轨道、设备本体安装、各种金属加工机床的安装,执行第一册定额的有关项目。与之配套安装的各种电气盘箱、开关控制设备、照明装置、管线敷设及电气调试执行第二册定额。

(二)与第三册《热力设备安装工程》预算定额的划分界限

设备本身附带的电动机,执行第三册锅炉成套附属机械设备安装预算定额项目,由锅炉设备安装专业负责。电动机检查接线、电动机干燥、压(焊)接线端子、电动机调试应执行第二册定额。

(三)与第七册《消防及安全防范设备安装工程》预算定额的划分界限

火灾自动报警设备安装、安全防范设备安装、消防系统调试执行第七册相应定额项目。电缆敷设、桥架安装、配管配线、接线盒安装、动力控制设备、应急照明控制设备、应急照明器具、电动机检查接线、防雷接地装置等安装,均应执行第二册定额。

(四)与第十册《自动化控制仪表安装工程》预算定额的划分界限

(1)各种仪表的安装及带电信号的阀门、水流指示器、压力开关、驱动装置及泄漏报警开关的接线、校线等执行第十册定额。控制电缆敷设、电气配管、支架制作安装、桥架安装、接地系统等均应执行第二册定额。

(2)自动化控制装置工程中用的电气箱、盘及其他电气设备元件安装,执行第二册定额。自动化控制装置的专用盘、箱、柜、操作台安装执行第十册定额。

三、预算定额的内容

预算定额的基本内容主要由总说明、分章说明、分项工程项目表、附录等组成。

(1)总说明

主要说明定额的适用范围,编制依据,施工条件,关于人工、材料、施工机械标准的确定,对定额中有关费用按系数计取的规定及其他有关问题的说明。

(2)分章说明

主要解释本章的有关内容,工程量计算规则等。

(3)分项工程项目表

它以表格形式列出各分项工程项目、计量单位、工作内容、定额编号、单位工程量的定额基价和其中的人工、材料及机械台班消耗数量及单价。分项工程项目表由表头和表格中的上、中、下三部分组成。表头部分列出工作内容和计量单位。表的上部列出分项工程子目及其定额编号。表的中部列出人工、材料和机械台班的消耗量及其单价,表中各分项工程子目所给定的人工、材料、机械台班消耗数量乘以各自的单价,各自的费用之和就是该子目的人工费、材料费和机械费。可见,分项工程项目表由"量"和"价"两部分组成,既有实物消耗量标准,又有资金消耗量标准。表的下部列出单位工程量的定额基价和其中的人工费、材料费、机械台班费。

按预算定额确定的工程费用,通常称为定额直接费。其中的人工费、材料费和施工机械台班使用费,分别称为定额人工费、定额材料费和定额机械费。而定额人工费是计算其他各种取费的计费基础。

(4)附录

附录包括主要材料损耗表,装饰灯具安装工程示意图集等。主要是提供编制预算时计算主材的损耗率与确定灯具安装子目时参考。

四、工程量计算规则

本专业电气安装工程中,经常使用的预算定额为第二册《电气设备安装工程》、第七册《消防及安全防范设备安装工程》。现将上述两册定额的工程量计算规则介绍如下。

(一)电气设备安装工程

1. 变压器

(1)变压器安装,按不同容量以"台"为计量单位。

(2)干式变压器如果带有保护罩时,其定额人工和机械费乘以系数2.0。

(3)变压器通过试验,判定绝缘受潮时才需进行干燥,所以只有需要干燥的变压器才能计取干燥费用(编制施工图预算时可列此项,工程结算时根据实际情况再作处理),以"台"为计量单位。

(4)消弧线圈的干燥按同容量的电力变压器干燥定额执行,以"台"为计量单位。

(5)变压器油过滤不论过滤多少次,直到过滤合格为止,以"t"为计量单位,其具体计算方法如下:

①变压器安装定额未包括绝缘油的过滤,需要过滤时,可按制造厂提供的油量计算。

②油断路器及其他充油设备的绝缘油过滤,可按制造厂规定的充油量计算。

2. 配电装置

(1)断路器、电流互感器、电压互感器、油浸电抗器、电力电容器及电容器柜的安装以"台(个)"为计量单位。

(2)隔离开关、负荷开关、熔断器、避雷器、干式电抗器的安装以"组"为计量单位,每组按三相计算。

(3)交流滤波装置的安装以"台"为计量单位。每套滤波装置包括三台组架安装,不包括设备本身及铜母线的安装,其工程量应按本册相应定额另行计算。

(4)高压设备安装定额内均不包括绝缘台的安装,其工程量应按施工图设计执行相应定额。

(5)高压成套配电柜和箱式变电站的安装以"台"为计量单位,均未包括基础槽钢、母线及引下线的配置安装。

(6)配电设备安装的支架、抱箍及延长轴、轴套、间隔板等,按施工图设计的需要量计算,执行第四册的铁构件制作安装定额或成品价。

(7)绝缘油、六氟化硫气体、液压油等均按设备带有考虑;电气设备以外的加压设备和附属管道的安装应按相应定额另行计算。

(8)配电设备的端子板外部接线,应按本册第四章相应定额另行计算。

(9)设备安装用的地脚螺栓按土建预埋考虑,不包括二次灌浆。

3．母线及绝缘子

(1)悬垂绝缘子串安装,指垂直或V型安装的提挂导线、跳线、引下线、设备连接线或设备等所用的绝缘子串安装,按单、双串分别以"串"为计量单位计算。耐张绝缘子串的安装,已包括在软母线安装定额内。

(2)支持绝缘子安装分别按安装在户内、户外、单孔、双孔、四孔固定,以"个"为计量单位计算。

(3)穿墙套管安装不分水平、垂直安装,均以"个"为计量单位计算。

(4)软母线安装,指直接由耐张绝缘子串悬挂部分,按软母线截面大小分别以"跨/三相"为计量单位。设计跨距不同时,不得调整。导线、绝缘子、线夹、弛度调节金具等均按施工图设计用量加定额规定的损耗率计算。

(5)软母线引下线,指由T型线夹或并沟线夹从软母线引向设备的连接线,以三相为一组计算。软母线经终端耐张线夹引下(不经T型线夹或并沟线夹引下)与设备连接的部分均执行引下线定额,不得换算。

(6)两跨软母线间的跳引线安装,以"组"为计量单位,每三相为一组。不论两端的耐张线夹是螺栓式或压接式,均执行软母线跳线定额,不得换算。

(7)设备连接线安装,指两设备间的连接部分。不论引下线、跳线、设备连接线,均应分别按导线截面、三相为一组计算工程量。

(8)组合软母线安装,按三相为一组计算。跨距(包括水平悬挂部分和两端引下部分之和)均以45 m以内考虑,跨度的长与短不得调整。导线、绝缘子、线夹、金具按施工图设计用量加定额规定的损耗率计算。

(9)软母线安装预留长度按表2.1计算。

表2.1　软母线安装预留长度　　　　　　　　　　　　　　　　　m/根

项目	耐张	跳线	引下线、设备连接线
预留长度	2.5	0.8	0.6

(10)带型母线安装及带型母线引下线安装包括铜排、铝排,分别按不同截面和片数以"m/单相"为计量单位计算。母线和固定母线的金具均按设计量加损耗率计算。

(11)钢带型母线安装,按同规格的铜母线定额执行,不得换算。

(12)母线伸缩接头及铜过渡板安装均以"个"为计量单位。

(13)槽型母线安装以"m/单相"为计量单位计算。槽型母线与设备连接分别以连接不同的设备以"台"为计量单位。槽型母线及固定槽型母线的金具按设计用量加损耗率计算。壳的大小尺寸以"m"为计量单位,长度按设计共箱母线的轴线长度计算。

(14)低压(指380 V以下)封闭式插接母线槽安装分别按导体的额定电流大小以"m"为计量单位计算,长度按设计母线的轴线长度计算,分线箱以"台"为计量单位,分别以电流大小按设计数量计算。

(15)重型母线安装包括铜母线、铝母线,分别按截面大小以母线的成品重量以"t"为计量单位。

(16)重型铝母线接触面加工指铸造件需加工接触面时,可以按其接触面大小,分别以"片/单相"为计量单位。

(17)硬母线配置安装预留长度按表2.2的规定计算。

表2.2　硬母线配置安装预留长度　　　　　　　　　　m/根

序号	项　　目	预留长度	说　　明
1	带型、槽型母线终端	0.3	从最后一个支持点算起
2	带型、槽型母线与分支线连接	0.5	分支线预留
3	带型母线与设备连接	0.5	从设备端子接口算起
4	多片重型母线与设备连接	1.0	从设备端子接口算起
5	槽型母线与设备连接	0.5	从设备端子接口算起

(18)带型母线、槽型母线安装均不包括支持瓷瓶安装和钢构件配置安装,其工程量应分别按设计成品数量执行本册相应定额。

4.控制设备及低压电器

(1)控制设备及低压电器安装均以"台"为计量单位。以上设备安装均未包括基础槽钢、角钢的制作安装,其工程量应按相应定额另行计算。

(2)钢构件制作安装均按施工图设计尺寸,以成品重量"kg"为计量单位计算。

(3)网门、保护网制作安装,按网门或保护网设计图示框的外围尺寸,以"m²"为计量单位。

(4)盘柜配线分不同规格,以"m"为计量单位计算。

(5)盘、箱、柜的外部进出线预留长度按表2.3计算。

表2.3　盘、箱、柜的外部进出线预留长度　　　　　　　　　　m/根

序号	项　　目	预留长度	说　　明
1	各种箱、柜、盘、板、盒	高 + 宽	盘面尺寸
2	单独安装的铁壳开关、自动开关、刀开关、启动器、箱式电阻器、变阻器	0.5	从安装对象中心算起
3	继电器、控制开关、信号灯、按钮、熔断器等小电器	0.3	从安装对象中心算起
4	分支接头	0.2	分支线预留

(6)配电板制作安装及包铁皮,按配电板图示外形尺寸,以"m²"为计量单位。

(7)焊(压)接线端子定额只适用于导线,电缆终端头制作安装定额中已包括压接线端子,不得重复计算。

(8)端子板外部接线按设备盘、箱、柜、台的外部接线图计算,以"个头"为计量单位计算。

(9)盘、柜配线定额只适用于盘上小设备元件的少量现场配线,不适用于工厂的设备修、配、改工程。

5.蓄电池

(1)铅酸蓄电池和碱性蓄电池的安装,分别按容量大小以单体蓄电池"个"为计量单位,按施工图设计的数量计算工程量。定额内已包括了电解液的材料消耗,执行时不得调整。

(2)免维护蓄电池安装以"组件"为计量单位,其具体计算如下例。

　　某项工程设计一组蓄电池为 220 V/500A·h,由 12 V 的组件 18 个组成,那么就应该套用 12 V/500A·h 的定额 18 组件。

　　(3)蓄电池充放电按不同容量以"组"为计量单位。

6.电机及滑触线安装

　　(1)发电机、调相机、电动机的电气检查接线,均以"台"为计量单位。直流发电机组和多台一串的机组,按单台电机分别执行定额。

　　(2)起重机上的电气设备、照明装置和电缆管线等安装均执行本册的相应定额。

　　(3)滑触线安装以"米/单相"为计量单位计算,其附加和预留长度按表 2.4 的规定计算。

m/根

表 2.4　滑触线安装附加和预留长度

序号	项　　目	预留长度	说　　明
1	圆钢、铜母线与设备连接	0.2	从设备接线端子接口起算
2	圆钢、铜滑触线终端	0.5	从最后一个固定点起算
3	角钢滑触线终端	1.0	从最后一个支持点起算
4	扁钢滑触线终端	1.3	从最后一个固定点起算
5	扁钢母线分支	0.5	分支线预留
6	扁钢母线与设备连接	0.5	从设备接线端子接口起算
7	轻轨滑触线终端	0.8	从最后一个支持点起算
8	安全节能及其他滑触线终端	0.5	从最后一个固定点起算

　　(4)电气安装规范要求每台电机接线均需要配金属软管,设计有规定的,按设计规格和数量计算,设计没有规定的,平均每台电机配相应规格的金属软管 1.25 m 和与之配套的金属软管专用活接头。

　　(5)本章的电机检查接线定额,除发电机和调相机外,均不包括电机干燥,发生时其工程量应按电机干燥定额另行计算。电机干燥定额系按一次干燥所需的工、料、机消耗量考虑的,在特别潮湿的地方,电机需要进行多次干燥,应按实际干燥次数计算。在气候干燥、电机绝缘性能良好、符合技术标准而不需要干燥时,则不计算干燥费用。实行包干的工程,可参照以下比例,由有关各方协商而定。

　　①低压小型电机 3 kW 以下按 25% 的比例考虑干燥。

　　②低压小型电机 3 kW 以上至 220 kW 按 30%~50% 考虑干燥。

　　③大中型电机按 100% 考虑一次干燥。

　　(6)电机解体检查定额,应根据需要选用。如不需要解体时,可只执行电机检查接线定额。

　　(7)电机定额的界限划分。单台电机重量在 3 t 以下的为小型电机;单台电机重量在 3 t 以上至 30 t 以下的为中型电机;单台电机重量在 30 t 以上的为大型电机。

　　(8)小型电机按电机类别和功率大小执行相应定额,大、中型电机不分类别一律按电机重量执行相应定额。

　　(9)与机械同底座的电机和装在机械设备上的电机安装执行第一册《机械设备安装工程》的电机安装定额;独立安装的电机执行本册的电机安装定额。

7. 电缆

(1)直埋电缆的挖、填土(石)方,除特殊要求外,可按表2.5计算土方量。

表2.5　直埋电缆的挖、填土(石)方量

项　　目	电缆根数	
	1~2	每增一根
每米沟长挖方量/m³	0.45	0.153

注:①埋1~2根电缆的电缆沟土方量为按上口宽度600 mm、下口宽度400 mm、深度900 mm计算的常规土方量(深度按规范的最低标准);②每增加一根电缆,其宽度增加170 mm;③以上土方系从自然地坪起算埋深,如设计埋深超过900 mm时,多挖的土方量应另行计算。

(2)电缆沟盖板揭、盖定额,按每揭或每盖一次以延长米计算,如又揭又盖,则按两次计算。

(3)电缆保护管长度,除按设计规定长度计算外,遇有下列情况,应按以下规定增加保护管长度。

①横穿道路,按路基宽度两端各增加2 m。

②垂直敷设时,管口距地面增加2 m。

③穿过建筑物外墙时,按基础外缘以外增加1 m。

④穿过排水沟时,按沟壁外缘以外增加1 m。

(4)电缆保护管埋地敷设,其土方量凡有施工图注明的,按施工图计算;无施工图的,一般按沟深0.9 m,沟宽按最外边的保护管两侧边缘外各增加0.3 m工作面计算。

(5)电缆敷设按单根以延长米计算,一个沟内(或架上)敷设三根各长100 m的电缆,应按300 m计算,以此类推。

(6)电缆敷设长度应根据敷设路径的水平和垂直敷设长度,按表2.6规定增加附加长度。

表2.6　电缆敷设的附加长度

序号	项　　目	预留长度(附加)	说　　明
1	电缆敷设弛度、波形弯度、交叉	2.5%	按电缆全长计算
2	电缆进入建筑物	2.0 m	规范规定最小值
3	电缆进入沟内或吊架时引上(下)预留	1.5 m	规范规定最小值
4	变电所进线、出线	1.5 m	规范规定最小值
5	电力电缆终端头	1.5 m	检修余量最小值
6	电缆中间接头盒	两端各留2.0 m	检修余量最小值
7	电缆进控制屏、保护屏及模拟盘等	高+宽	按盘面尺寸
8	高压开关柜及低压配电盘、箱	2.0 m	盘下进出线
9	电缆至电动机	0.5 m	从电机接线盒起算
10	厂用变压器	3.0 m	从地坪起算

续　表

序号	项　　目	预留长度（附加）	说　　明
11	电缆绕过梁柱等增加长度	按实计算	按被绕物的断面情况计算增加长度
12	电梯电缆与电缆架固定点	每处 0.5 m	规范最小值

注:电缆附加及预留的长度是电缆敷设长度的组成部分,应计入电缆长度工程量之内。

(7)电缆终端头及中间头均以"个"为计量单位。电力电缆和控制电缆均按一根电缆有两个终端头考虑。中间电缆头设计有图示的,按设计确定;设计没有规定的,按实际情况计算(或按平均 250 m 一个中间头考虑)。

(8)桥架安装,以"10 m"为计量单位。

(9)吊电缆的钢索及拉紧装置,应按本册定额另行计算。

(10)钢索的计算长度以两端固定点的距离为准,不扣除拉紧装置的长度。

(11)电缆敷设及桥架安装,应按定额说明的综合内容范围计算。

(12)钢管直径 ø100 以下的电缆保护管敷设执行砖、混结构明(暗)配定额项目。

8．防雷及接地装置

(1)接地极制作安装以"根"为计量单位,其长度按设计长度计算,设计无规定时,每根长度按 2.5 m 计算。若设计有管帽时,管帽另按加工件计算。

(2)接地母线敷设,按设计长度以"m"为计量单位计算工程量。接地母线、避雷线敷设均按延长米计算,其长度按施工图设计水平和垂直规定长度另加 3.9% 的附加长度(包括转弯、上下波动、避绕障碍物、搭接头所占长度)计算。计算主材费时应另增加规定的损耗率。

(3)接地跨线以"处"为计量单位计算,按规定凡需作接地跨接线时,每跨接一次按"一处"计算,户外配电装置构架均需接地,每副构架按"一处"计算。

(4)避雷针的加工制作、安装,以"根"为计量单位,独立避雷针安装以"根"为计量单位。长度、高度、数量均按设计规定。独立避雷针的加工制作执行"一般铁构件"制作定额或按成品计算。

(5)半导体少长针消雷装置安装以"套"为计量单位,按设计安装高度分别执行相应定额。装置本身由设备制造厂成套供货。

(6)利用建筑物内主筋作接地引下线安装以"m"为计量单位计算,每一柱子内按焊接两根主筋考虑,如果焊接主筋数超过两根时,可按比例调整。

(7)断接卡子制作安装以"套"为计量单位,按设计规定装设的断接卡子数量计算,接地检查井内的断接卡子安装按每井一套计算。

(8)高层建筑物屋顶的防雷装置应执行"避雷网安装"定额,电缆支架的接地线安装应执行"户内接地母线敷设"定额。

(9)均压环敷设以"m"为单位计算,主要考虑利用圈梁内主筋作均压环接地连线,焊接按两根主筋考虑,超过两根时,可按比例调整。长度按设计需要做均压接地的圈梁中心线长度,以延长米计算。

(10)钢、铝窗接地以"处"为计量单位(高层建筑 6 层以上的金属窗设计一般要求接地),按设计规定接地的金属窗数进行计算。

(11)柱子主筋与圈梁连接以"处"为计量单位计算,每处按两根主筋与两根圈梁钢筋分别焊接连接考虑。如果焊接主筋和圈梁钢筋超过两根时,可按比例调整,需要连接的柱子主筋和圈梁钢筋"处"数按规定设计计算。

9.10 kV 以下架空配电线路

(1)工地运输,是指定额内未计价材料从集中材料堆放点或工地仓库运至杆位上的工程运输,分人运输和汽车运输,以"t·km"为计量单位计算。

运输量计算公式如下:

工程运输量 = 施工图用量 ×(1 + 损耗率)

预算运输重量 = 工程运输量 + 包装物重量(不需要包装的可不计算包装物重量)

运输重量可按表 2.7 的规定进行计算。

表 2.7　运输重量表

材料名称		单位	运输重量/kg	备　注
混凝土制品	人工浇制	m³	2 600	包括钢筋
	离心浇制	m³	2 860	包括钢筋
线　材	导　线	kg	$W \times 1.15$	有线盘
	钢绞线	kg	$W \times 1.07$	无线盘
木杆材料		m³	500	包括木横担
金属、绝缘子		kg	$W \times 1.07$	
螺栓		kg	$W \times 1.01$	

注:①W 为理论重量;②未列入者均按净重计算。

(2)无底盘、卡盘的电杆坑,其挖方体积

$$V = 0.8 \times 0.8 \times h$$

式中　h——坑深(m)。

(3)有底盘、卡盘的电杆坑,其挖方体积可按表 2.8 计算。

表 2.8　杆坑土方量计算表

放坡系数	杆　高/m	7	8	9	10	11	12	13	15
	埋　深/m	1.2	1.4	1.5	1.7	1.8	2.0	2.2	2.5
	底盘(长×宽)/(m×m)	600×600			800×800			1 000×1 000	
1:0.2	混凝土杆土方量/m³	1.36	1.78	2.02	3.39	3.76	4.60	6.87	8.76
	木杆土方量/m³	0.82	1.07	1.21	2.03	2.26	2.76	4.12	5.26

(4)杆坑土质按一个坑的主要土质而定,如一个坑大部分为普通土,少量为坚土,则该坑应全部按普通土计算。

(5)带卡盘的电杆坑,如原计算的尺寸不能满足卡盘安装时,因卡盘超长而增加的土(石)方量另计。

(6)底盘、卡盘、拉线盘按设计用量以"块"为计量单位。

(7)杆塔组立,区别不同杆塔形式和高度,按设计数量以"根"为计量单位。

(8)拉线制作安装按施工图设计规定,区别不同形式以"组"为计量单位。

(9)横担安装按施工图设计规定,区别不同形式和截面以"根"为计量单位,定额按单根拉线考虑,若安装 V 型、Y 型或对拼拉线时,按 2 根计算。拉线长度按设计全根长度计算,设计无规定时按表2.9计算。

表2.9　拉线长度　　　　　　　　　　m/根

项　目		普通拉线	V(Y)形拉线	弓型拉线
杆 高 / m	8	11.47	22.94	9.33
	9	12.61	25.22	10.10
	10	13.74	27.48	10.92
	11	15.10	30.20	11.82
	12	16.14	32.28	12.62
	13	18.69	37.38	13.42
	15	19.68	39.36	15.12
水平拉线		26.47		

(10)导线架设,区别导线类型和不同截面以"km/单线"为计量单位。导线预留长度按表2.10的规定计算。

表2.10　导线预留长度　　　　　　　　　m/根

项　目　名　称		长　度
高　压	转角	2.5
	分支、终端	2.0
低　压	分支、终端	0.5
	交叉、跳线、转角	1.5
与设备连线		0.5
进户线		2.5

导线长度按线路总长度和预留长度之和计算。计算主材费时应另增加规定的损耗率。

(11)导线跨越架设,包括跨越线架的搭、拆和运输以及因跨越(障碍)施工难度增加而增加的工作量,以"处"为计量单位。每个跨越间距按 50 m 以内考虑,大于 50 m 而小于 100 m 时按 2 处计算,以此类推。在计算架线工程量时,不扣除跨越挡的长度。

(12)杆上变配电设备安装以"台"或"组"为计量单位,定额内包括杆和钢支架及设备的安装工作,但钢支架主材、连引线、线夹、金具等应按设计规定另行计算,设备的接地装置安装和调试应按本册相应定额另行计算。

10. 电气调整试验

(1)电气调试系统的划分以电气原理系统图为依据。电气设备元件的本体试验均包括在相应定额的系统调试之内,不得重复计算。绝缘子和电缆等单体试验,只在单独试验时使用。在系统调试定额中各工序的调试费用如需单独计算时,可按表2.11所列比例计算。

表 2.11　电气调试系统各工序的调试费用

比率 / % 项目　工序	发电机调相机系统	变压器系统	送配电设备系统	电动机系统
一次设备本体试验	30	30	40	30
附属高压二次设备试验	20	30	20	30
一次电流及二次回路检查	20	20	20	20
继电器及仪表试验	30	20	20	20

(2)电气调试所需的电力消耗已包括在定额内,一般不另计算。但 10 kW 以上电机及发电机的启动调试用的蒸汽、电力和其他动力能源消耗及变压器空载试运转的电力消耗,另行计算。

(3)供电桥回路的断路器、母线分段断路器,均按独立的送配电设备系统计算调试费。

(4)送配电设备系统调试,应按一侧有一台断路器考虑,若两侧均有断路器时,则应按两个系统计算。

(5)送配电设备系统调试,适用于各种供电回路(包括照明供电回路)的系统调试。凡供电回路中带有仪表、继电器、电磁开关等调试元件的(不包括闸刀开关、保险器),均按调试系统计算。移动式电器和以插座连接的家电设备已经厂家调试合格、不需要用户自调的设备均不应计算调试费用。

(6)变压器系统调试,以每个电压侧有一台断路器为准。多于一个断路器的,按相应电压等级送配电设备系统调试的相应定额另行计算。

(7)干式变压器,按相应容量变压器调试定额乘以系数 0.8 计算。

(8)特殊保护装置,均以构成一个保护回路为一套,其工程量计算规定如下(特殊保护装置未包括在各系统调试定额之内,应另行计算):

①发电机转子接地保护,按全厂发电机共用一套考虑。

②距离保护,按设计规定所保护的送电线路断路器台数计算。

③高频保护,按设计规定所保护的送电线路断路器台数计算。

④故障录波器的调试,以一块屏为一套系统计算。

⑤失灵保护,按设置该保护的断路器台数计算。

⑥失磁保护,按所保护的电机台数计算。

⑦变流器的断线保护,按变流器台数计算。

⑧小电流接地保护,按装设该保护的供电回路断路器台数计算。

⑨保护检查及打印机调试,按构成该系统的完整回路为一套计算。

(9)自动装置及信号系统调试,均包括继电器、仪表等元件本身和二次回路的调整试验,具体规定如下:

①备用电源自动投入装置,按连锁机构的个数确定备用电源自投装置系统数。一个备用厂用变压器,作为三段厂用工作母线备用的厂用电源,计算备用电源自动投入装置调试时,应为三个系统。装设自动投入装置的两条互为备用的线路或两台变压器,计算备用电源自动投入装置调试时,应为两个系统。备用电动机自动投入装置亦按此计算。

②线路自动重合闸调试系统,按采用自动重合闸装置的线路自动断路器的台数计算系统数。

③自动调频装置的调试,以一台发电机为一个系统。

④同期装置调试,按设计构成一套能完成同期并车行为的装置为一个系统计算。

⑤蓄电池及直流监视系统调试,一组蓄电池按一个系统计算。

⑥事故照明切换装置调试,按设计能完成交直流切换的一套装置为一个调试系统计算。

⑦周波减负荷装置调试,凡有一个周率继电器的,不论带几个回路,均按一个调试系统计算。

⑧变送器屏以屏的个数计算。

⑨中央信号装置调试,按每一个变电所或配电室为一个调试系统计算工程量。

⑩不间断电源装置调试,按容量以"套"为单位计算。

(10)接地网的调试规定如下:

①接地网接地电阻的测定。一般的发电厂或变电站连为一体的母网,按一个系统计算;自成母网不与厂区母网相连的独立接地网,另按一个系统计算。大型建筑群各有自己的接地网(接地电阻值设计有要求),虽然在最后也将各接地网联在一起,但应按各自的接地网计算,不能作为一个网,具体应按接地网的试验情况而定。

②避雷针接地电阻的测定。每一避雷针均有单独接地网(包括独立的避雷针、烟囱避雷针等)时,均按一组计算。

③独立的接地装置按组计算。如一台柱上变压器有一个独立的接地装置,即按一组计算。

(11)避雷器、电容器的调试,按每三相为一组计算;单个装设的亦按一组计算,上述设备如设置在发电机、变压器、输、配电线路的系统或回路内,仍应按相应定额,另外计算调试费用。

(12)高压电气除尘系统调试,按一台升压变压器、一台机械整流器及附属设备为一个系统计算,分别按除尘器平方米范围执行定额。

(13)硅整流装置调试,按一套硅整流装置为一个系统计算。

(14)普通电动机的调试,分别按电机的控制方式、功率、电压等级,以"台"为计量单位。

(15)可控硅调速直流电动机调试以"系统"为计量单位,其调试内容包括可控硅整流装置系统和直流电动机控制回路系统两个部分的调试。

(16)交流变频调速电动机调试以"系统"为计量单位,其调试内容包括变频装置系统和交流电动机控制回路系统两个部分的调试。

(17)微型电机系指功率在 0.75 kW 以下的电机,不分类别,一律执行微电机综合调试定额,以"台"为计量单位。功率在 0.75 kW 以上的电机调试应按电机类别和功率分别执行相应的调试定额。

(18)一般的住宅、学校、办公楼、旅馆、商店等民用电气工程的供电调试应按下列规定:

①配电室内带有调试元件的盘、箱、柜和带有调试元件的照明主配电箱,应按供电方式执行相应的"配电设备系统调试"定额。

②每个用户房间的配电箱(板)上虽装有电磁开关等调试元件,但如果生产厂家已按固定的常规参数调整好,不需要安装单位进行调试就可直接投入使用的,不得计取调试费用。

③民用电度表的调整校验属于供电部门的专业管理,一般皆由用户向供电局订购调试完毕的电度表,不得另外计算调试费用。

(19)高标准的高层建筑、高级宾馆、大会堂、体育馆等具有较高控制技术的电气工程(包括照明工程),应按控制方式执行相应的电气调试定额。

11. 配管配线

(1)各种配管应区别不同敷设方式、敷设位置、管材材质、规格,以"延长米"为计量单位,不扣除管路中间的接线箱(盒)、灯头盒、开关盒所占长度。

(2)定额中未包括钢索架设及拉紧装置、接线箱(盒)、支架的制作安装,其工程量应另行计算。

(3)管内穿线的工程量,应区别导线材质、导线截面,以单线"延长米"为计量单位计算。线路分支接头线的长度已综合考虑在定额中,不得另行计算。

照明线路中的导线截面大于或等于 6 mm^2 以上时,应执行动力线路穿线相应项目。

(4)线夹配线工程量,应区别线夹材质(塑料、瓷质)、线式(两线、三线)、敷设位置(在木、砖、混凝土)以及导线规格,以线路"延长米"为计量单位计算。

(5)绝缘子配线工程量,应区别绝缘子形式(针式、鼓形、蝶式)、绝缘子配线位置(沿屋架、梁、柱、墙,跨屋架、梁、柱、木结构、顶棚内、砖、混凝土结构,沿钢支架及钢索),导线截面积,以线路"延长米"为计量单位计算。

绝缘子暗配,引下线按线路支持点至天棚下缘距离的长度计算。

(6)槽板配线工程量,应区别槽板材质(木质、塑料)、配线位置(木结构、砖、混凝土)、导线截面、线式(二线、三线),以线路"延长米"为计量单位计算。

(7)塑料护套线明敷工程量,应区别导线截面、导线芯数(二芯、三芯)、敷设位置(木结构、砖混凝土结构、沿钢索),以单根线路"延长米"为计量单位计算。

(8)线槽配线工程量,应区别导线截面,以单根线路"延长米"为计量单位计算。

(9)钢索架设工程量,应区别圆钢、钢索直径(ϕ6、ϕ9),按图示墙(柱)内缘距离,以"延长米"为计量单位计算,不扣除拉紧装置所占长度。

(10)母线拉紧装置及钢索拉紧装置制作安装工程量,应区别母线截面、花篮螺栓直径(12、16、18)以"套"为计量单位计算。

(11)车间带形母线安装工程量,应区别母线材质(铝、钢)、母线截面、安装位置(沿屋架、梁、柱、墙,跨屋架、梁、柱)以"延长米"为计量单位计算。

(12)动力配管混凝土地面刨沟工程量,应区别管子直径,以"延长米"为计量单位计算。

(13)接线箱安装工程量,应区别安装形式(明装、暗装)、接线箱半周长,以"个"为计量单位计算。

(14)接线盒安装工程量,应区别安装形式(明装、暗装、钢索上)以及接线盒类型,以"个"为计量单位计算。

(15)灯具、明、暗开关、插座、按钮等的预留线,已分别综合在相应定额内,不另行计算。配线进入开关箱、柜、板的预留线,按表 2.12 规定的长度,分别计入相应的工程量。

12. 照明器具安装

(1)普通灯具安装的工程量,应区别灯具的种类、型号、规格,以"套"为计量单位计算。普通灯具安装定额适用范围见表 2.13 所示。

表 2.12　配线进入箱、柜、板的预留线(每一根线)

序号	项 目	预留长度	说 明
1	各种开关、柜、板	宽 + 高	盘面尺寸
2	单独安装(无箱、盘)的铁壳开关、闸刀开关、启动器、线槽进出线盒等	0.3 m	从安装对象中心算起
3	由地面管子出口引至动力接线箱	1.0 m	从管口计算
4	电源与管内导线连接(管内穿线与软、硬母线接点)	1.5 m	从管口计算
5	出户线	1.5 m	从管口计算

表 2.13　普通灯具安装定额适用范围

定额名称	灯 具 种 类
圆球吸顶灯	材质为玻璃的螺口、卡口圆球独立吸顶灯
半圆球吸顶灯	材质为玻璃的独立的半圆球吸顶灯、扁圆罩吸顶灯、平圆形吸顶灯
方形吸顶灯	材质为玻璃的独立的矩形罩吸顶灯、方形罩吸顶灯、大口方罩吸顶灯
软线吊灯	利用软线为垂吊材料,独立的,材质为玻璃、塑料、搪瓷、形状如碗伞、平盘灯罩组成的各式软线吊灯
吊链灯	利用吊链作辅助悬吊材料,独立的,材质为玻璃、塑料罩的各式吊链灯
防水吊灯	一般防水吊灯
一般弯脖灯	圆球弯脖灯、风雨壁灯
一般墙壁灯	各种材质的一般壁灯、镜前灯
软线吊灯头	一般吊灯头
声光控座灯头	一般声控、光控座灯头
座灯头	一般塑胶、瓷质座灯头

(2)吊式艺术装饰灯具的工程量,应根据装饰灯具示意图集所示,区别不同装饰物以及灯体直径和灯体垂吊长度,以"套"为计量单位计算。灯体直径为装饰物的最大外缘直径,灯体垂吊长度为灯座底部到灯梢之间的总长度。

(3)吸顶式艺术装饰灯具安装的工程量,应根据装饰灯具示意图集所示,区别不同装饰物、吸盘的几何形状、灯体直径、灯体周长和灯体垂吊长度,以"套"为计量单位计算。灯体直径为吸盘最大外缘直径;灯体半周长为矩形吸盘的半周长;吸顶式艺术装饰灯具的灯体垂吊长度为吸盘到灯梢之间的总长度。

(4)荧光艺术装饰灯具安装的工程量,应根据装饰灯具示意图集所示,区别不同安装形式和计量单位计算。

①组合荧光灯光带安装的工程量,应根据装饰灯具示意图集所示,区别安装形式、灯管数量,以"延长米"为计量单位计算。灯具的设计数量与定额不符时,可以按设计量加损耗量调整主材。

②内藏组合式灯安装的工程量,应根据装饰灯具示意图集所示,区别灯具组合形式,以"延长米"为计量单位。灯具的设计数量与定额不符时,可根据设计数量加损耗量调整主材。

③发光棚安装的工程量,应根据装饰灯具示意图集所示,以"m²"为计量单位,发光棚灯具按设计用量加损耗量计算。

④立体广告灯箱、荧光灯光沿的工程量,应根据装饰灯具示意图集所示,以"延长米"为计量单位。灯具设计用量与定额不符时,可根据设计数量加损耗量调整主材。

(5)几何形状组合艺术灯具安装的工程量,应根据装饰灯具示意图集所示,区别不同安装形式及灯具的不同形式,以"套"为计量单位计算。

(6)标志、诱导装饰灯具安装的工程量,应根据装饰灯具示意图集所示,区别不同安装形式,以"套"为计量单位计算。

(7)水下艺术装饰灯具安装的工程量,应根据装饰灯具示意图集所示,区别不同安装形式,以"套"为计量单位计算。

(8)点光源艺术装饰灯具安装的工程量,应根据装饰灯具示意图集所示,区别不同安装形式、不同灯具直径,以"套"为计量单位计算。

(9)草坪灯具安装的工程量,应根据装饰灯具示意图集所示,区别不同安装形式,以"套"为计量单位计算。

(10)歌舞厅灯具安装的工程量,应根据装饰灯具示意图所示,区别不同灯具形式,分别以"套"、"延长米"、"台"为计量单位计算。

装饰灯具安装定额适用范围见表 2.14。

表 2.14　装饰灯具安装定额适用范围

定额名称	灯具种类(形式)
吊式艺术装饰灯具	不同材质、不同灯体垂吊长度、不同灯体直径的蜡烛灯、挂片灯、串珠(穗)、串棒灯、吊杆式组合灯、玻璃罩(带装饰)灯
吸顶式艺术装饰灯具	不同材质、不同灯体垂吊长度、不同灯体几何形状的串珠(穗)、串棒灯、挂片、挂碗、挂吊蝶灯、玻璃(带装饰)灯
荧光艺术装饰灯具	不同安装形式、不同灯管数量的组合荧光灯光带,不同几何组合形式的内藏组合式灯,不同几何尺寸、不同灯具形式的发光棚,不同形式的立体广告灯箱、荧光灯光沿
几何形状组合艺术灯具	不同固定形式、不同灯具形式的繁星灯、钻石星灯、礼花灯、玻璃罩钢架组合灯、凸片灯、反射挂灯、筒形钢架灯、U 型组合灯、弧形管组合灯
标志、诱导装饰灯具	不同安装形式的标志灯、诱导灯
水下艺术装饰灯具	简易型彩灯、密封型彩灯、喷水池灯、幻光型灯
点光源艺术装饰灯具	不同安装形式、不同灯体直径的筒灯、牛眼灯、射灯、轨道射灯
草坪灯具	各种立柱式、墙壁式的草坪灯

续 表

定额名称	灯具种类(形式)
歌舞厅灯具	各种安装形式的变色转盘灯、雷达射灯、幻影转彩灯、维纳斯旋转彩灯、卫星旋转效果灯、飞蝶旋转效果灯、多头转灯、滚筒灯、频闪灯、太阳灯、雨灯、歌星灯、边界灯、射灯、泡泡发生器、迷你满天星彩灯、迷你单立(盘彩灯)、多头宇宙灯、镜面球灯、蛇光管

(11)荧光灯具安装的工程量,应区别灯具的安装形式、灯具种类、灯管数量,以"套"为计量单位计算。

荧光灯具安装定额适用范围见表 2.15。

表 2.15 荧光灯具安装定额适用范围

定额名称	灯 具 种 类
组装型荧光灯	单管、双管、三管、吊链式、吸顶式、现场组装独立荧光灯
成套型荧光灯	单管、双管、三管、吊链式、吊管式、吸顶式、成套独立荧光灯

(12)工厂灯及防水防尘灯安装的工程量,应区别不同安装形式,以"套"为计量单位计算。

工厂灯及防水防尘灯安装定额适用范围见表 2.16 所示。

表 2.16 工厂灯及防水防尘灯安装定额适用范围

定额名称	灯 具 种 类
直杆工厂吊灯	配照($GC_1 - A$)、广照($GC_3 - A$)、深照($GC_5 - A$)、斜照($GC_7 - A$)、圆球($GC_{17} - A$)、双罩($GC_{19} - A$)
吊链式工厂灯	配照($GC_1 - B$)、深照($GC_3 - B$)、斜照($GC_5 - C$)、圆球($GC_7 - B$)、双罩($GC_{19} - A$)、广照($GC_{19} - B$)
吸顶式工厂灯	配照($GC_1 - C$)、广照($GC_3 - C$)、深照($GC_5 - C$)、斜照($GC_7 - C$)、双罩($GC_{19} - C$)
弯杆式工厂灯	配照($GC_1 - D/E$)、广照($GC_3 - D/E$)、深照($GC_5 - D/E$)、斜照($GC_7 - D/E$)、双罩($GC_{19} - C$)、局部深罩($GC_{26} - F/H$)
悬挂式工厂灯	配照($GC_{21} - 2$)、深照($GC_{23} - 2$)
防水防尘灯	广照($GC_9 - A、B、C$)、广照保护网($GC_{11} - A、B、C$)、散照($GC_{15} - A、B、C、D、E、F、G$)

(13)工厂其他灯具安装的工程量,应区别不同灯具类型、安装形式、安装高度,以"套"、"个"、"延长米"为计量单位计算。

工厂其他灯具安装定额适用范围见表 2.17。

(14)医院灯具安装的工程量,应区别灯具种类,以"套"为计量单位计算。

医院灯具安装定额适用范围见表 2.18。

表 2.17　工厂其他灯具安装定额适用范围

定额名称	灯　具　种　类
防潮灯	扁形防潮灯(GC – 31)、防潮灯(GC – 33)
腰形舱顶灯	腰形舱顶灯 CCD – 1
碘钨灯	DW 型,220 V,300 ~ 1000 W
管形氙气灯	自然冷却式,200 V/380 V,20 kW 内
投光灯	TG 型室外投光灯
高压水银灯镇流器	外附式镇流器具,125 ~ 450 W
安全灯	(AOB – 1、2、3)、(AOC – 1、2)型安全灯
防爆灯	CB C – 200 型防爆灯
高压水银防爆灯	CB C – 125/250 型高压水银防爆灯
防爆荧光灯	CB C – 1/2 单/双管防爆型荧光灯

表 2.18　医院灯具安装定额适用范围

定额名称	灯　具　种　类
病房指示灯	病房指示灯
病房暗脚灯	病房暗脚灯
无影灯	3 ~ 12 孔管式无影灯

(15)路灯安装工程,应区别不同臂长,不同灯数,以"套"为计量单位计算。

工厂厂区内、住宅小区内路灯安装执行本册定额,城市道路的路灯安装执行《全国统一市政工程预算定额》。

路灯安装定额范围见表 2.19。

表 2.19　路灯安装定额范围

定额名称	灯　具　种　类
大马路弯灯	臂长 1 200 mm 以下、臂长 1 200 mm 以上
庭院路灯	三火以下、七火以下

(16)开关、按钮安装的工程量,应区别开关、按钮安装形式,开关、按钮种类,开关极数以及单控与双控,以"套"为计量单位计算。

(17)插座安装的工程量,应区别电源相数、额定电流、插座安装形式、插座插孔个数,以"套"为计量单位计算。

(18)安全变压器安装的工程量,应区别安全变压器容量,以"台"为计量单位计算。

(19)电铃、电铃号码牌箱安装的工程量,应区别电铃直径、电铃号码牌箱规格(号),以

"套"为计量单位计算。

(20)门铃安装工程量计算,应区别门铃安装形式,以"个"为计量单位计算。

(21)风扇安装的工程量,应区别风扇种类,以"台"为计量单位计算。

(22)盘管风机三速开关、"请勿打扰"灯,须刨插座安装的工程量,以"套"为计量单位计算。

13.电梯电气设置

(1)交流手柄操纵或按钮控制(半自动)电梯电气安装的工程量,应区别电梯层数、站数,以"部"为计量单位计算。

(2)交流信号或集选控制(自动)电梯电气安装的工程量,应区别电梯层数、站数,以"部"为计量单位计算。

(3)直流信号或集选控制(自动)快速电梯电气安装的工程量,应区别电梯层数、站数,以"部"为计量单位计算。

(4)直流集选控制(自动)高速电梯电气安装的工程量,应区别电梯层数、站数,以"部"为计量单位计算。

(5)小型杂物电梯电气安装的工程量,应区别电梯层数、站数,以"部"为计量单位计算。

(6)电梯增加厅门、自动轿厢门及提升高度的工程量,应区别电梯形式、增加自动轿厢门数量、增加提升高度,分别以"个"、"延长米"为计量单位计算。

(二)消防及安全防范设备

1.火灾自动报警系统

(1)点型探测器按线制的不同分为多线制与总线制,不分规格、型号、安装方式与位置,以"只"为计量单位。探测器安装包括了探头和底座的安装及本体调试。

(2)红外线探测器以"对"为计量单位。红外线探测器是成对使用的,在计算时一对为两只。定额中包括了探头支架安装和探测器的调试、对中。

(3)火焰探测器、可燃气体探测器按线制的不同分为多线制与总线制两种,计算时不分规格、型号、安装方式与位置,以"只"为计量单位。探测器安装包括了探头和底座的安装及本体调试。

(4)线形探测器的安装方式按环绕、正弦及直线综合考虑,不分线制及保护形式,以"10 m"为计量单位。定额中未包括探测器连接的一只模块和终端,其工程量应按相应定额另行计算。

(5)按钮包括消火栓按钮、手动报警按钮、气体灭火起/停按钮,以"只"为计量单位,按照在轻质墙体和硬质墙体上安装两种方式综合考虑,执行时不得因安装方式不同而调整。

(6)控制模块(接口)是指仅能起控制作用的模块(接口),亦称为中继器,依据其给出控制信号的数量,分为单输出和多输出两种形式。执行时不分安装方式,按照输出数量以"只"为计量单位。

(7)报警模块(接口)不起控制作用,只能起监视、报警作用,执行时不分安装方式,以"只"为计量单位。

(8)报警控制器按线制的不同分为多线制与总线制两种,其中又按其安装方式不同分为壁挂式和落地式。在不同线制、不同安装方式中按照"点"数的不同划分定额项目,以"台"为计量单位。

多线制"点"是指报警控制器所带报警器件(探测器、报警按钮等)的数量。

总线制"点"是指报警控制器所带的有地址编码的报警器件(探测器、报警按钮、模块等)的数量。如果一个模块带数个探测器,则只能计为一点。

(9)联动控制器按线制的不同分为多线制与总线制两种,其中又按其安装方式不同分为壁挂式和落地式。在不同线制、不同安装方式中,按照"点"数的不同划分定额项目,以"台"为计量单位。

多线制"点"是指联动控制器所带联动设备的状态控制和状态显示的数量。

总线制"点"是指联动控制器所带的控制模块(接口)的数量。

(10)报警联动一体机按其安装方式不同分为壁挂式和落地式。在不同安装方式中按照"点"数的不同划分定额项目,以"台"为计量单位。

这里的"点"是指报警联动一体机所带的有地址编码的报警器件与控制模块(接口)的数量。

总线制"点"是指报警联动一体机所带的有地址编码的报警器件与控制模块(接口)的数量。

(11)重复显示器(楼层显示器)不分规格、型号、安装方式,按总线制与多线制划分,以"台"为计量单位。

(12)警报装置分为声光报警和警铃报警两种形式,均以"只"为计量单位。

(13)远程控制器按其控制回路数以"台"为计量单位。

(14)火灾事故广播中的功放机、录音机的安装按柜内及台上两种方式综合考虑,分别以"台"为计量单位。

(15)消防广播控制柜是指安装成套消防广播设备的成品机柜,不分规格、型号,以"台"为计量单位。

(16)火灾事故广播中的扬声器不分规格、型号,按照吸顶式与壁挂式,以"只"为计量单位。

(17)广播分配器是指单独安装的消防广播用分配器(操作盘),以"台"为计量单位。

(18)消防通讯系统中的电话交换机按"门"数不同,以"台"为计量单位;通讯分机、插孔是指消防专用电话分机与电话插孔,不分安装方式,分别以"部"、"个"为计量单位。

(19)报警备用电源综合考虑了规格、型号,以"台"为计量单位。

2.消防系统调试

(1)消防系统调试包括自动报警系统、水灭火系统、火灾事故广播、消防通讯系统、消防电梯系统、电动防火门、防火卷帘门、正压送风阀、排烟阀、防火阀控制装置、气体灭火系统装置。

(2)自动报警系统包括各种探测器、报警按钮、报警控制器组成的报警系统,根据不同点数以"系统"为计量单位,其点数按多线制与总线制报警器的点数计算。

(3)水灭火系统控制装置按照不同点数以"系统"为计量单位,其点数按多线制与总线制联动控制器的点数计算。

(4)火灾事故广播、消防通讯系统中的消防广播喇叭、音箱和消防通讯的电话分机、电话插孔,按其数量以"10只"为计量单位。

(5)消防电梯与控制中心间的控制调试,以"部"为计量单位。

(6)电动防火门、防火卷帘门指可由消防控制中心显示与控制的电动防火门、防火卷帘门,以"10处"为计量单位,每樘为一处。

(7)正压送风阀、排烟阀、防火阀以"10处"为计量单位,一个阀为一处。

(8)气体灭火系统装置调试包括模拟喷气试验、备用灭火器贮存器切换操作试验,按试验容器的规格(L),分别以"个"为计量单位。试验容器的数量包括系统调试、检测和验收所消耗的试验容器的总数,试验介质不同时可以换算。

3.安全防范设备安装

(1)设备、部件按设计成品以"台"或"套"为计量单位。

(2)模拟盘以"m²"为计量单位。

(3)入侵报警系统调试以"系统"为计量单位,其点数按实际调试点数计算。

(4)电视监控系统调试以"系统"为计量单位,其头尾数包括摄像机、监视器数量之和。

(5)其他联动设备的调试已考虑在单机调试中,其工程量不得另行计算。

第三节　全国统一房屋修缮工程预算定额

现行的《全国统一房屋修缮工程预算定额》是国家建设部于1996年1月1日颁发执行的。该定额包括5个分册和附录共14本,各册名称为:电气分册(上、下)、电梯分册、暖通分册(上、下)、土建分册(上、中、下)、古建筑分册(唐,宋,明清上、中、下)、附录。

《全国统一房屋修缮工程预算定额》是按照一定的计量单位以分项工程表示的人工、材料用量的消耗标准及相应价格,是确定房屋修缮工程造价和编制房屋修缮工程招投标文件、确定标底的依据,亦可作为制定企业定额的基础。

该定额适用于各类房屋建筑和附属设备的修缮工程,以及随同房屋修缮工程施工的零星(300 m²以内)添建工程、装饰工程、装修工程、抗震加固工程、一般单层房屋的翻建工程、古建筑保护性的移地翻建工程。如电气分册中的电线管拆除、配线拆除,灯具及箱、盘、闸具拆除,仪表、高低压开关柜及控制闸器具拆除等。这些项目在《全国统一安装工程预算定额》中,没有单独列项,需要使用修缮工程预算定额的相应项目。

本专业主要使用电气分册和电梯分册。电气定额分为上、下两册共18章。上册共9章902个定额子目。各章名称依次列为:拆除工程、拆换工程、整修工程、配管工程、配线及穿线工程、一般灯器具安装工程、美术吊灯、吸顶灯、壁灯及庭院灯安装工程、节日灯工程、弱电工程。下册共9章730个定额子目。各章名称依次列为:配电箱、盘及闸器具设备安装、变配电工程、防雷及接地装置、外线工程、电缆工程、蓄电池及整流装置工程、附属辅助工程、金属部件制作安装工程、电气调整等项目。以上各章项目均包括拆除和制作、安装。

在使用《全国统一房屋修缮工程预算定额》电气分册时,应按照定额分册说明中的适用范围、工作内容以及工程量计算规则执行。有关问题说明如下:

(1)电气分册适用于一般工业与民用建筑,电压在 10 kV 以下的电气线路、器具、设备的拆、修、装工程。不适用于暂设工程和零修工程。

(2)电气分册定额内的材料均为合格品,安装操作损耗均包括在定额内,不应调整及换算。

(3)本册定额已综合考虑了修缮工程的特点,人工费已综合考虑在定额内。

(4)本册定额除各章节另有规定外,均包括设备、材料、成品、半成品、构件等现场内的全部水平和垂直运输。

(5)分册说明未尽者,以各章说明为准。

电梯分册共 3 章 496 个子目。各章名称依次列为:电梯拆除工程、电梯整修工程、电梯更新工程等项目。

在使用《全国统一房屋修缮工程预算定额》电梯分册时,应按照定额分册说明以及工程量计算规则执行。有关问题说明如下:

(1)电梯分册适用于交、直流快速电梯,交流双速自动电梯,交流双速半自动电梯及小型杂物电梯的拆除;电梯整(检)修、更换零部件及调试;曳引机、电机、发电机组等大型设备的单独更换;电梯更新工程。

(2)电梯分册定额不适用于轿厢内新增空调设备、冷热风机、音响设备、闭路电视、监控、对讲机和防盗报警装置等设备安装,需要时应另套相应定额。

(3)本册定额中所使用的自加工件包括制作和安装。

(4)本册定额未包括喷刷油漆,接地极、地线的改装项目,发生时另套相应定额。

(5)杂物电梯的起重量以 0.2 t 以内为准,若起重量超过 0.2 t,且轿厢内有司机操作者,应执行客货电梯相应子目。

(6)样板制作稳装和电梯总调试的子目,只适用于电梯大中修工程,不适用于电梯更新工程;电梯更新的子目中已包括此项内容。

(7)分册说明未尽者,以各章说明为准。

由于电气分册、电梯分册定额所列基价、人工费、材料费、机械费均依据建设部、中国人民建设银行建标(1993)894 号文件规定的内容,并以北京地区 1994 年一季度人工、材料、机械台班预算价格为准计算的,在全国范围内贯彻执行时,因各地情况不同,不能直接使用,需结合工程所在地的人工、材料、机械价格制定单价标准。一般可编制《地区房屋修缮工程预算定额》或《全国统一房屋修缮工程预算定额地方预(结)算单价表》,与《全国统一房屋修缮工程预算定额》配套使用。

另外,修缮定额中不含二次搬运费、中小型机械费、冬雨季施工费等其他直接费内容,其他直接费可根据所附《其他直接费内容表》所列内容由各省、自治区、直辖市另行确定。

第四节　施工定额

一、施工定额的概念及组成

施工定额是建筑安装企业内部直接用于管理的一种定额。根据施工定额可以直接计算出不同工程项目的人工、材料、施工机械台班的需用量。

施工定额由劳动定额、材料消耗定额和机械台班使用定额三部分组成。

二、施工定额的内容

（1）总说明。总说明是对施工定额的全面说明。它包括定额的编制依据、适用范围和作用、工程质量要求、有关规定和要求等。如工作班制说明、有关定额的表现形式、施工技术要求、特殊规定等。

（2）按施工对象、施工部位、分项工程等划分章节。其中包括分章说明、工作内容、施工方法、工程量计算规则，其他有关规定及说明。

（3）附表。如材料损耗表、材料换算表、材料地区价格表等。

三、施工定额的作用

施工定额是施工企业内部使用的定额，它的作用如下。

(一)编制施工预算的依据

施工预算是根据施工定额编制的，用以确定分项工程所用的人工、材料、机械和资金的数量和金额。

(二)编制施工组织设计的依据

在施工组织设计中，尤其是分项工程的作业设计中，需要确定资源需用量，拟定使用资源的最佳安排时间，编制进度计划，以便在施工中合理地利用时间和资源。这些都离不开施工定额，都是以施工定额为依据。

(三)编制作业计划的依据

编制施工作业计划，必须以施工定额和施工企业的实际施工水平为尺度，计算工程实物量和确定劳动力、施工机械和运输力量、材料的需用量等，以此来安排施工进度。

(四)编制预算定额和补充单位估价表的基础

预算定额的编制是以施工定额水平为基础，不仅可以省去大量的测定工作，而且可以使预算定额符合施工生产和经营管理的现实水平，并保证施工中人力、物力消耗能够得到足够的补偿。施工定额作为补充单位估价表的基础，是指由于新设备、新材料、新工艺的采用而引起预算定额缺项时，补充预算定额和单位估价表，必须以施工定额为基础。

(五)向班组签发施工任务书和限额领料单的依据

施工企业通过施工任务书把工程任务落实到班组。它记录班组完成任务的具体情况，并据此结算工人的工资。限额领料单是随施工任务书同时签发的班组领取材料的凭证，它是根据施工定额的材料消耗定额填写的。

(六)实行按劳分配的依据

施工定额是衡量工人劳动成果,计算计件工资的尺度,体现了按劳分配的原则。

(七)加强企业基层单位成本管理和经济核算的依据

施工预算成本,可看作是工程的计划成本,它体现了施工中人工、材料、机械等直接费的支出水平,对间接费也有较大的影响。因此,严格执行施工定额不仅可以降低成本,同时对加强班组核算起十分重要的作用。

四、劳动定额

劳动定额也称"人工定额",它是在正常施工技术组织条件下,完成单位合格产品所消耗的劳动力数量标准。

建筑施工企业使用的劳动定额有建设部全国建筑安装工程统一劳动定额、地方补充劳动定额、企业补充劳动定额、一次性的临时劳动定额等。

劳动定额表示形式有两种,即"时间定额"和"产量定额"。

(一)时间定额

指在正常施工技术组织条件下,完成符合质量要求的单位合格产品所消耗的工作时间(工日)。

时间定额以"工日"为计量单位,每工日按 8 小时计算,包括准备与结束时间、基本工作时间、辅助工作时间、不可避免的中断时间及工人必需的休息时间。计算方法为

$$单位产品时间定额(工日) = \frac{1}{每工产量} \quad 或 \quad 单位产品时间定额 = \frac{小组成员工日数总和}{每班产量}$$

(二)产量定额

指在合理的劳动组织与合理使用材料的条件下,某专业某种技术等级的工人班组或个人在单位时间内应完成的符合质量要求的产品数量。计算方法为

$$每工产量 = \frac{1}{单位产品时间定额(工日)} \quad 或每班产量 = \frac{小组成员工日数总和}{单位产品时间定额(工日)}$$

$$时间定额(工日) = \frac{1}{产量定额(每工产量)}$$

由于定额标定的对象不同,劳动定额又分为单项工序定额和综合定额。

单项定额:上述时间定额和产量定额定为单项定额。

综合定额:综合定额分为综合时间定额和综合产量定额。

综合时间定额(工日) = 各单项(或工序)时间定额的总和。

$$综合产量定额 = \frac{1}{综合时间定额(工日)}$$

时间定额和产量定额表示同一劳动定额,但各有用途。时间定额以工日为单位,用于计算定额用工比较方便;产量定额具有形象化特点,便于分配任务等。

劳动定额的表示方法分单式和复式两种。

单式表示法:只表示时间定额或产量定额。

表 2.20 所示即为综合时间定额单式表示法。此表为滑触线安装每 100m 单根的时间定额,其工作内容包括搬运、下料、平直、除锈、焊接、刷油、伸缩器连接、装(焊)连接板、调整安

装固定等操作过程。

表 2.20　滑触线安装每 100m 单根的时间定额

项　目		等边角钢		扁钢 40×4 60×6	圆钢 ø8~12	轻轨型号			序号
		40~50	63~75			8	11	15	
综　合		8.02	11	4.7	3.18	8.57	12	16.8	一
平　直		2.5	3.33	1.25	1	3.57	5	7	二
安装	合　计	3.92	5.48	2.65	2.18	5	7	9.8	三
	电　工	2.8	4.13	1.94	1.58	3.2	4.5	6.3	四
	电焊工	1.12	1.35	0.71	0.6	1.5	2.5	3.5	五
滑触线除锈刷油		1.6	2.19	0.8					六
编　号		1132	1133	1134	1135	1136	1137	1138	

复式表示法：一般用分式表示，即

$$\frac{时间定额}{产量定额}$$

五、材料消耗定额

指在节约和合理使用建筑材料的情况下，完成单位合格产品所必须消耗的一定规格的工程材料、半成品或配件的数量标准。

材料消耗定额包括材料的净用量和必要的损耗数量。

材料消耗率可按下式计算，即

$$材料损耗率 = \frac{材料损耗量}{材料净用量} \times 100\%$$

材料的损耗率确定后，材料的损耗量通常按下式计算，即

$$材料消耗量 = 材料净用量 \times (1 + 材料损耗率)$$

六、机械台班使用定额

机械台班使用定额，简称机械台班定额。施工机械台班使用定额是指完成单位合格产品所消耗的机械台班数量标准。

施工机械台班使用定额按下式计算，即

$$单位产品机械时间定额(台班) = \frac{1}{每台班机械产量}$$

施工机械台班时间定额的计量单位用"台班"表示。一台施工机械工作 8h 为一个"台班"。

施工机械产量定额按下式计算，即

$$机械台班产量定额 = \frac{1}{机械时间定额(台班)}$$

与劳动定额一样，施工机械台班时间定额与施工机械台班产量定额互为倒数关系。

第五节　建筑电气安装工程费用

建筑安装工程费由直接工程费、一般措施费、企业管理费、利润、其他费用、预留金、安全生产措施费、规费、税金所组成。

一、直接工程费

直接工程费是指施工过程中耗费的构成工程实体的各项费用。内容包括：人工费、材料费、机械使用费。

1.人工费及计算方法

人工费是指直接从事建筑安装工程的生产工人开支的各项费用。内容包括基本工资、工资性补贴、辅助工资、职工福利费、徒工服装补贴、防暑降温费及在有害身体健康环境中施工的保健费用。定额的人工包括基本用工，超运距用工和人工幅度差，定额的人工工日不分工种和级别，均以综合工日表示。分项工程人工费及单位工程人工费按下式计算，即

分项工程人工费 = 换算成定额单位后的工程数量 × 相应子目人工费单价

单位工程人工费 = 分项工程人工费之和

2.材料费及计算方法

材料费是指施工过程中耗费的构成工程实体的原材料、辅助材料、构配件、零件、半成品的费用。内容包括材料原价(或供应价格)材料运杂费、运输损耗费、采购及保管费、检验实验费。材料费按下式计算，即

分项工程材料费 = 换算成定额单位后的工程数量 × 相应的子目材料费单价

未计价主要材料费 = 加损耗后的工程数量 × 地区材料预算单价

3.施工机械使用费及计算方法

施工机械使用费是指施工机械作业所发生的机械使用费以及机械安拆费和场外运输费。内容包括拆旧费、大修理费、经常修理费、中小型机械安拆费以及场外运输、人工费、燃料动力费、养路费及车船使用税。施工机械使用费的计算式为

分项工程机械费 = 换算成定额单位后的工程数量 × 相应子目机械费单价

二、一般措施费

一般措施费是指为完成工程项目施工，发生于该工程施工前和施工过程中技术、生活、安全等方面的非工程实体项目所需的费用。内容包括：定额措施费、安全生产措施费、一般措施费。

1.定额措施费

(1)特、大型机械设备进出场及安拆费

特、大型机械设备进出场及安拆费是指机械整体或分体自停放场地运至施工现场或由一个施工地点运至另一个施工地点所发生的机械进出场运输转移费用及机械在施工现场进行安装、拆卸所需的人工费、材料费、机械费、试运转费和安装所需的辅助设施的费用。

(2)脚手架费

脚手架费是指施工需要的各种脚手架搭、拆、运输费用及脚手架的摊销(或租赁)费用。

(3)垂直运输费

垂直运输费是指施工需要的垂直运输机械的使用费用。

(4)建筑物(构筑物)超高费

建筑物(构筑物)超高费是指檐高超过 20 m(6 层)时需要增加的人工和机械降放等费用。

2.安全生产措施费

安全生产措施费是指按照国家有关规定和建筑施工安全规范、施工现场环境与卫生标准、购置施工安全防护用具、落实安全施工措施以及改善安全生产条件所需的费用。

3.一般措施费

(1)夜间施工费

夜间施工费是指按规范、规程正常作业所发生的夜班补助费、夜间施工降效、夜间施工照明设备摊销及照明用电等费用。

(2)材料、成品、半成品二次搬运费

材料、成品、半成品二次搬运费是指因施工场地狭小等特殊情况而发生的二次搬运费用。

(3)已完工程及设备保护费

已完工程及设备保护费是指竣工验收前,对已完工程及设备进行保护所需费用。

(4)工程定位、复测、点交清理费

工程定位、复测、点交清理费是指工程开、竣工时的定位测量和复测,工程所用的设备、材料的交接,竣工时场内垃圾清理等费用。

(5)生产工具用具使用费

生产工具用具使用费是指施工生产所需不属于固定资产的生产工具及检验用具等的购置、摊销和维修费,以及支付给工人自备工具的补贴费用。

(6)雨季施工费

雨季施工费是指在雨季施工所增加的费用。包括防雨措施、排水、工效降低等费用。

(7)冬季施工费

冬季施工费是指在冬季施工时,为确保工程质量所增加的费用。

冬季施工期限:北纬 48°以北:10 月 20 日至下年 4 月 20 日

北纬 46°以北:10 月 30 日至下年 4 月 5 日

北纬 46°以南:11 月 5 日至下年 3 月 31 日

(8)赶工施工费

赶工施工费是指发包人要求按合同工期提前竣工而增加的各种措施费用。

(9)远地施工费

远地施工费是指施工地点与承包单位所在地的实际距离超过 25 km(不包括 25 km)承建工程而增加的费用。包括施工力量调遣费、管理费。

施工力量调遣费:调遣期间职工的工资、施工机具、设备以及周转性材料的运杂费。

管理费：调遣职工往返差旅费，在施工期间因公、因病、换季而往返于驻地之间的差旅费和职工在施工现场食宿增加的水电费、采暖和主副食运输费等。

三、间接费

由企业管理费和规费组成。

1.企业管理费

企业管理费是指企业组织施工生产和经营管理所需费用。

(1)人员工资

管理人员工资、工资性补贴和职工福利费等。

(2)办公费

办公费是指企业管理办公文具、纸张、账表、印刷、邮电、书报、会议、水电、烧水和集体取暖(包括现场临时宿舍取暖)用燃料等费用。

(3)差旅交通费

差旅交通费是指职工因公出差、调动工作的差旅费、住寝补助费、市内交通费和误餐补助费、职工探亲路费、劳动力招募费、职工离退休、退职一次性路费，工伤人员就医路费。工地转移费以及管理部门使用的交通工具的油料、燃料、养路费及牌照费。

(4)固定资产使用费

固定资产使用费是指管理和实验部门及附属生产单位使用的属于固定资产的房屋、设备仪器等的折旧、大修、维修或租赁费。

(5)工具用具使用费

工具用具使用费是指管理使用的不属于固定资产的工具、器具、家具、交通工具和检验、实验、测绘用具等的购置、维修和摊销费。

(6)劳动保险费

劳动保险费是指支付离退休职工的异地安家补助费、职工退休金、六个月以上的病假人员工资、职工死亡丧葬补助费、抚恤费和按规定支付给离休干部的各项经费。

(7)工会经费

工会经费是指企业按职工工资总额计提的工会经费。

(8)职工教育费

职工教育费是指企业为职工学习先进技术，提高文化水平，按职工工资总额计提费用。

(9)财产保险费

财产保险费是指施工管理用财产和车辆保险费用。

(10)财务费

财务费是指企业为筹集资金而发生的各项费用。

(11)税金

税金是指企业按规定缴纳的房产税、车船使用税、土地使用税及印花税等。

(12)其他

包括技术转让费、技术开发费、业务招待费、广告费、公正费、法律顾问费、审计费和咨询费等。

2.规费

是指政府和有关部门规定必须缴纳的费用(简称规费)。内容如下:

(1)危险作业意外伤害保险费

危险作业意外伤害保险费是指按照《建筑法》规定,企业为从事危险作业的建筑安装施工人员支付的意外伤害保险费。

(2)工程定额测定费

工程定额测定费是指按规定支付工程造价管理部门的定额测定费。

(3)社会保险费

①养老保险费:是指企业按规定标准为职工缴纳的基本养老保险费。

②实业保险费:是指企业按规定标准为职工缴纳的失业保险费。

③医疗保险费:是指企业按规定标准为职工缴纳的基本医疗保险费。

(4)工伤保险费

工伤保险费是指企业按规定标准为职工缴纳的工伤保险费。

(5)住房公积金

住房公积金是指企业按规定标准为职工缴纳的住房公积金。

(6)工程排污费

工程排污费是指企业按规定标准缴纳的工程排污费。

四、利润

利润是指企业按规定标准所获得的盈利。

五、其他

1.人工费价差

人工费价差是指人工费信息价格(包括地、林区津贴、工资类别差等)与本定额规定标准的差价。

2.材料差价

材料差价是指材料实际价格(或信息价格、差价系数)与省定额中材料价格的差价。

3.机械费价差

机械费价差是指材料费实际价格(或信息价格、差价系数)与省定额中机械费价格的差价。

4.材料购置费

材料购置费是指发包人自行采购材料的费用。

六、税金

税金是指国家税法规定的应计入建筑安装工程造价内的营业税、城市维护建设税及教育费附加。

第六节　安装工程费用计算程序

在建筑安装工程费用组成项目中,除定额直接费根据施工图纸和预算定额计算外,其余各项费用均需按照规定的取费标准进行计算。由于各省所划分的费用项目不尽相同,因此,各省均需制定和颁发适于本省的建筑安装工程费用的取费标准。为了统一计费程序,应制定和颁发建筑安装工程费用计算程序表。在该表中列有费用项目名称、各项费率标准和计算的先后顺序。因此,在计算建筑安装工程费用时,必须执行本省、自治区、直辖市规定的现行取费标准和计算程序。表 2.21 为黑龙江省 2000 年安装工程费用计算程序表,表 2.22 为黑龙江省 2007 年安装工程费用计算程序表。

表 2.21　2000 年黑龙江省安装工程费用计算程序

代号	费用名称	计　算　式	备　注
(一)	直接费	按预(概)算定额或预算定额价格表计算项目的基价之和	
A	人工费	按预(概)算定额或预算定额价格表计算项目的人工费之和	
(二)	综合费用	$A \times 58.5\% \sim 70.4\%$(一类)	二类 45.8% ~ 54% 三类 31.6% ~ 36.8%
(三)	利　润	$A \times 85\%$(一类)	二类 50% 三类 28%
(四)	有关费用		
1	远地施工增加费	$A \times 15\%$(25 ~ 100km)	100 ~ 200km 以内　17% 200 ~ 300km 以内　19% 300 ~ 400km 以内　21% 400 ~ 500km 以内　23%
2	赶工措施增加费	$A \times 5\% \sim 10\%$	
3	文明施工增加费	$A \times 2\% \sim 4\%$	
4	集中供暖费等项费用	$A \times 26.14\%$	哈尔滨市
5	地区差价		
6	材料差价		
7	其　他	按有关规定计算	
8	工程风险系数	$[(一) + (二) + (三)] \times 3\% \sim 8\%$	
(五)	劳动保险基金	$[(一) + (二) + (三) + (四)] \times 3.32\%$	
(六)	工程定额编制管理费、劳动定额测定费	$[(一) + (二) + (三) + (四)] \times 0.16\%$	
(七)	税　金	$[(一) + (二) + (三) + (四) + (五) + (六)] \times 3.41\%$	县城、镇 3.35%,城镇以外 3.22%
(八)	单位工程费用	(一) + (二) + (三) + (四) + (五) + (六) + (七)	

表 2.22 黑龙江省 2007 年安装工程费用计算程序表

代号	费用名称	计 算 式	备 注
(一)	定额项目费	按预(概)算定额计算的项目基价之和	
(A)	其中:人工费	$\sum$工日消耗量×人工单价(35.05 元/工日)	35.05 元/工日为计算基础
(二)	一般措施费	(A)×(1.15%或 2.65%)	2.65%含冬季施工费
(三)	企业管理费	(A)×(22%~26%)	
(四)	利润	(A)×50%	
(五)	其他	(1)+(2)+(3)+(4)+(5)+(6)+(7)	
(1)	人工费价差	人工费信息价格(包括地、林区津贴、工资类别差)与本定额人工费标准 35.5 元/工日的(±)差价	
(2)	材料价差	材料实际价格(或信息价格、价差系数)与省定额中材料价格的(±)差价	
(3)	机械费价差	机械费实际价格(或信息价格、价差系数)与省定额中机械费的(±)差价	
(4)	材料购置费	根据实际情况确定	预算或报价中不含此材料费时可以计算
(5)	预留金	[(一)+(二)+(三)+(四)]×(1%~8%)	工程结算时按实际调整
(6)	总承包服务(管理)费	分包专业工程的(定额项目费+一般措施费+企业管理费+利润)×(1%~3%)或材料购置费×(1%~3%)	业主进行工程分包或业主自行采购材料时可以计算
(7)	零星工作费	根据实际情况确定	
(六)	安全生产措施费	(8)+(9)+(10)+(11)	
(8)	环境保护费 文明施工费	[(一)+(二)+(三)+(四)+(五)]×0.25%	工程结算时,根据建设行政主管部门安全监督管理机构组织安全检查、动态评价和工程造价管理机构核定的费用费率计算
(9)	安全施工费	[(一)+(二)+(三)+(四)+(五)]×0.19%	
(10)	临时设施费	[(一)+(二)+(三)+(四)+(五)]×1.19%	
(11)	防护用品等费用	[(一)+(二)+(三)+(四)+(五)]×0.09%	
(七)	规费	(12)+(13)+(14)+(15)+(16)+(17)	
(12)	危险作业意外伤害保险费	[(一)+(二)+(三)+(四)+(五)]×0.11%	
(13)	工程定额测定费	[(一)+(二)+(三)+(四)+(五)]×0.10%	
(14)	社会保险费	①+②+③	

续表 2.22

代号	费用名称	计 算 式	备 注
①	养老保险费	[(一)+(二)+(三)+(四)+(五)]×2.99%	
②	失业保险费	[(一)+(二)+(三)+(四)+(五)]×0.19%	
③	医疗保险费	[(一)+(二)+(三)+(四)+(五)]×0.40%	
(15)	工伤保险费	[(一)+(二)+(三)+(四)+(五)]×0.04%	
(16)	住房公积金	[(一)+(二)+(三)+(四)+(五)]×0.43%	
(17)	工程排污费	[(一)+(二)+(三)+(四)+(五)]×0.06%	
(八)	税金	[(一)+(二)+(三)+(四)+(五)+(六)+(七)]×3.41%	市内3.41%、县镇3.35%、城镇以外3.22%、哈市市内3.44%
(九)	单位工程费用	(一)+(二)+(三)+(四)+(五)+(六)+(七)+(八)	

复习思考题

1. 什么是建筑电气安装工程预算定额？它有哪些性质？
2. 建筑电气安装工程预算定额的作用是什么？
3. 预算定额主要由哪几部分组成？
4. 分项工程项目表主要由哪几部分组成？
5. 全国统一房屋修缮工程预算定额适用范围是什么？
6. 全国统一房屋修缮工程预算定额电气分册适用于哪些工程？
7. 全国统一房屋修缮工程预算定额电梯分册适用于哪些工程？
8. 全国统一房屋修缮工程预算定额不包括哪些费用,应如何计算？
9. 什么是施工定额？
10. 施工定额由哪几部分组成？
11. 施工定额的作用是什么？
12. 劳动定额表示形式有哪几种？
13. 劳动定额的表示方法有哪几种？
14. 什么是材料消耗定额？
15. 什么是机械台班使用定额？
16. 建筑电气安装工程费用由哪些内容组成？

17. 什么是间接费？间接费由哪些内容组成？
18. 什么是规费？由哪些内容组成？
19. 什么是定额措施费？定额措施费包括哪些费用？
20. 什么是税金？如何计算？费率与什么有关？

第三章　设计概算的编制

第一节　设计概算的内容

目前,大多数省、市级建筑设计院都采取施工图设计完成后,由设计部门编制设计概算,用以确定其工程概算总造价。

设计概算由设计总概算、综合概算、单位工程概算、其他工程和费用概算组成。

一、总概算

总概算是确定某一个建设项目从筹建到建成全部建设费用的文件,它是国家控制基本建设投资的重要环节,在不同设计阶段应分别编制初步设计总概算和施工图修正概算。总概算由第一部分工程项目费用即综合概算和第二部分其他工程和费用概算两大部分组成。总概算可以按一个建设项目编制,如果一个建设项目规模很大,也可以将它分为几个具有独立性的部分分别编制,然后进行汇总成总概算。

施工图修正总概算是在施工图设计阶段图纸内容较初步设计阶段有重大变化,投资比原总概算要有突破或减少,而必须修正时才编制,它实际上是初步设计总概算的一个补充和修改文件。

二、综合概算

综合概算是确定某一个单项工程建设费用的文件,它是总概算的组成部分。而综合概算又是由各专业单位工程概算所组成。因此,它的编制也是从单位工程开始,然后汇总而成。

三、单位工程概算

单位工程概算是指某个单项工程中的各个专业工程项目的费用文件,它是综合概算的组成部分。它所包含的工程项目与单项工程项目中所划分的专业项目一致。

四、其他工程和费用概算

其他工程和费用按其内容是建筑安装工程和设备不发生直接的关系,但对整个建设项目来说却是完成该项工程不可缺少的费用开支项目,因此必须列入整个工程的总概算中。当建设项目只有一个单项工程时,此项费用应列入综合概算中,例如建设单位管理费,征用土地费;勘察设计费、试车费、职工培训费、工(器)具和备品备件购置费,大型临时设施费等均应列入其他工程项目和费用概算。

第二节 设计概算的作用及编制方法分类

一、设计概算的作用

概算文件是设计文件的重要组成部分。国家主管部门规定,不论大中小型建设项目,在报批设计时,必须同时报批设计概算。经过批准的设计概算是控制建设项目投资最高限额,一般不得任意修改和突破。因此,设计概算在基本建设经济管理中,具有以下重要作用。

(一)控制和确定建设项目投资额的依据

经过主管部门批准的设计总概算,其费用就成为该建设项目建设投资的最高总额。不论是年度基本建设投资计划安排,建设银行拨款和贷款,还是施工图预算、竣工决算,在一般情况下都不能突破这个限额,以维护国家基本建设计划的严肃性。

(二)编制基本建设计划的依据

计划部门编制建设项目年度固定资产投资计划、物资供应计划等,都应以国家主管部门批准的设计概算为依据。没有设计概算或还没有编好初步设计概算的建设项目,不能列入年度基本建设计划。

(三)选择设计方案的依据

设计概算是初步设计方案的技术经济的综合反映。通过设计概算可以衡量和比较设计方案在技术上是否先进,在经济上是否合理。设计中的浪费或节约,通过计算工程量和各种费用,最终都要在设计概算中反映出来。同类工程不同的设计方案和相应的设计概算,将表达出不同的总造价指标、单位造价指标,三大材料的耗用量指标等。对不同设计方案的设计概算进行技术经济分析和比较,在满足生产工艺或使用功能要求的情况下,可以从中选择比较经济合理的设计方案或对不太经济的设计进行局部修改,以达到节约国家建设投资的目的。

(四)签订建设项目总包合同和贷款总包合同的依据

建设周期比较长的大中型建设项目,在施工图总预算没有编制出来以前,设计概算是建设单位与施工单位,以及建设银行签订施工总包合同、投资贷款合同的依据。

(五)编制标底标的依据

实行招标投标承建的工程项目、设计概算是编制标底价的主要依据。

(六)控制、考核预算造价的依据

设计概算是控制施工图预算以及考核工程项目建设成本的依据。

二、概算编制方法

概算编制方法按类别分有以下几种。

(一)按概算定额编制

根据图纸工程量及概算定额编制概算造价。

(二)按概算指标编制

根据有关部门规定的概算指标编制概算造价。

（三）按类似工程预算编制

根据已建类似工程的预算经济指标来编制概算造价。

（四）按分部套用类似造价指标编制

根据以往已工程预算资料，按分部选用类似经济指标编制概算造价。

第三节　单位工程概算的编制依据及原则

一、设计概算的编制依据

1. 设计图纸、设计说明书、材料表

2. 国家或省、市颁发的概算定额

3. 标准设备与非标准设备价格资料

标准设备可按《全国电力设备价格资料汇编》价格计算。非标准设备可按制厂家报价计算。

4. 建筑安装材料概算价格

按各地区现行的建设工程材料预算价格表计算。

5. 费用定额及其他有关资料

编制不同地区的设计概算，应使用工程所在地的费用定额。

二、设计概算的编制原则

1. 深入现场，调查研究

在编制概算前，应深入现场，认真做好调查研究，充分掌握第一手资料。对收集到的基础资料进行认真的研究分析，正确选用，对非标准设备、新材料的价格要调查落实。凡地方有具体规定的，一般按地方规定计算。

2. 结合实际，合理确定工程费用

在编制概算时，要贯彻设计与施工相结合、理论与实际相结合的原则，密切结合工程性质和建设地区的施工条件，合理地计算各项工程。

3. 抓住重点，严格控制工程概算造价

在编制总概算过程中，应有重点地尽量提高主要项目的质量，以便更好地控制整个建设项目的概算造价。

4. 概算要全面完整地反映设计内容

在编制总概算过程中，概算专业负责人必须及时会同项目总设计负责人全面掌握工程设计内容和工程项目表，以便在总概算汇总时，避免漏项和漏算，使总概算的编制项目完整，投资额确定的准确，能全面反映设计的实际情况。

第四节　单位工程概算的编制

单位工程概算是确定一个单位工程造价的经济文件，它是根据设计图纸、概算定额、费用定额和国家有关规定等资料编制的。单位工程概算按其性质可划分为建筑工程概算和设备及安装工程概算两大类。单位建筑工程概算包括：一般土建工程概算、室内给排水概算、室内采暖概算、室内电气照明概算和共用天线概算等。单位设备及安装工程概算一般包括机械设备及安装概算，电力设备及安装工程概算，电讯、自控设备及安装概算等。这里所说的单位工程概算是指电气设备及安装概算而言。

一、单位设计概算的编制步骤

单位设计概算的编制步骤有：①熟悉设计图纸，了解设计意图；②划分和排列分项工程项目；③计算工程量；④编制工程概算表，计算单位工程直接费；⑤计取工程各项费用；⑥编写概算编制说明；⑦计算技术经济指标；⑧填写封皮、装订送审。

二、编制单位工程概算表

单位工程概算表见表3.1。

表 3.1　建筑工程概算表

序号	定额编号	分项工程名称	工程量		概算价值/元		其中人工费		备注
			单位	数量	定额单价	合价	单价	合价	

编制人：　　　　　　　　审核人：　　　　　　　　　年　月　日

(1)定额编号：指概算定额相应子目的编号。

(2)分项工程名称：按图纸计算的项目名称应与相应的概算定额分项工程名称一致。

(3)工程量：按图纸及概算规则计算的与分项工程名称相对应的工程数量。

(4)概算价值：概算分项价值 = 定额单价 × 工程量数量。

(5)人工费：人工费 = 定额人工费单价 × 工程量数量。

三、编制设备及安装工程概算表

设备及安装工程概算表见表3.2。

设备及安装工程概算表包括内容如下。

1.设备数量计算

工程图纸上的设备数量，按设备图及有关规定计算。

2.定额单价

(1)设备费栏目填写设备单价。

(2)安装费栏目填写安装单位设备的基价及其中所含人工费金额。

3.总计

(1)设备费 = 单位设备单价 × 设备数量

(2)安装费 = 单位设备安装基价 × 设备数量

(3)人工费 = 单位设备安装人工费 × 设备数量

表 3.2　设备安装及安装工程概算表

建设单位：　　　　　建筑面积：　　　　　　　　　　　　工程编号：

工程名称：　　　　　概算价值：　　　　　　　　　　　单方造价：　　　元/m²

序号	定额编号	设备及安装工程名称	工程量		概算价值/元						备注
					定额单价			总　计			
			单位	数量	设备费	安装工程费（含其他）		设备费	安装工程费（含其他）		
						安装费	其中:人工费		安装费	其中:人工费	

编制人：　　　　　　　　　审核人：　　　　　　　　　　年　　月　　日

三、设备购置费的编制

设备预算价格包括设备原价和从出厂地点或调拨地点运到安装地点仓库的运杂费,如进口设备,还要加上进口税费。

(一)设备原价的确定

(1)标准:按各部、省、市、自治区统一规定的现行出厂价格计算。

(2)非标准设备:按主管部门批准的非标价格或参照有关规定进行估算。

(3)国外进口设备:按中国进出口公司各专业公司出版的进口商品价格或国外承制厂订货报价单确定。

(二)设备运杂费

设备运杂费是指以设备出厂地点到达安装地点仓库所发生的包装费、供销部门手续费、运输费、采购及保管费等。设备运杂费的计算方法是:设备原价总值×运杂费率。运杂费率可按地区或部门的规定执行。

(三)进口税费

进口设备目前分免税和非免税两种情况,在编制概算时,一般按非免税情况考虑,其税费项目有进口关税、增值税、保险费、银行手续费等,其费率按国家海关规定的现行税率计算。

第五节　单项工程综合概算的编制

一、综合概算的概念

综合概算又称单项工程概算。它是确定建设工程中每一个能够独立发挥生产作用或效益的工程项目中所有单位工程概算造价的综合文件,使建设工程中每个工程项目都可以独立地反映出该项目进行建设所需要的全部费用。

二、综合概算的组成

每一个建设项目的综合概算书的组成是不完全相同的,而应根据项目的繁简而定。一般来说,工业建设项目的综合概算的组成比一般民用建设项目的综合概算组成项目多,以一个完整的工业建设项目为例,它的组成如图3.1。

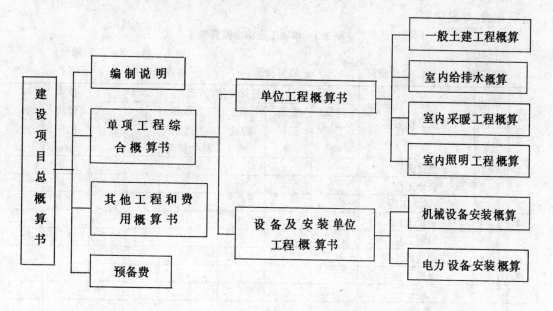

图3.1　综合概算组成

三、综合概算的内容

由于综合概算书是确定建设工程中某一个建设项目所需全部建设额的文件,它的内容主要包括设备购置费,安装工程费,建筑工程费,其他工程费,总值,数量,单位价值。

四、综合概算的编制

(一)综合概算编制的步骤

通常的排列顺序是:

(1)一般土建单位工程概算;

(2)高级装饰单位工程概算;

(3)特殊构筑物单位工程概算;

(4)室内给排水单位工程概算;

(5)室内采暖单位工程概算;

(6)通风、空调单位工程概算;

(7)电气设备安装单位工程概算;

(8)机械设备安装单位工程概算;

(9)工艺管道单位工程概算;

(10)自动控制设备安装单位工程概算;

(11)通信设备安装单位工程概算;

(12)其他单位工程概算。

(二)编制综合概算表

各设计单位一般都有按照国家或部门的统一规定印制的表格,×××设计院印制的综合概算表,如表 3.3。

表 3.3　单项工程综合概算表

建设单位:　　　　　　　　　　　　　　　　　　　　　　　　工程编号:

工程名称:　　　建筑面积:　　　　m² 概算价值:　　　元单方造价:　　　元/m²

序号	单位工程编号	单位工程名称	概算价值/万元						技术经济指标 元/m²	备注
			建筑工程费	安装工程费	设备购置费	工器具生产用具购置费	其他费用	合计		
1	1-1	土建工程								
2	1-2	装修工程								
3	1-3	给排水工程								
4	1-4	采暖工程								
5	1-5	照明工程								
6	1-6	空调通风工程								
7	1-7	电梯工程								
		……								
		总造价								

编制人:　　　　　　　　　审核人:　　　　　　　　　年　月　日

第六节　建设项目总概算的编制

总概算包括建设项目从筹建到竣工验收直至试生产结束正式移交生产为止的全部建设费用。它是由各个单项工程综合概算和其他工程和费用汇总编制而成。

一、总概算费用分类

总概算费用分为两类:

(一)第一部分费用

总概算第一部分费用是直接用于工程建设项目的建设资金,它由各单项工程综合概算书的费用之和确定。

(二)第二部分费用

总概算第二部分费用为其他工程和费用项目,这部分费用不能直接列入各工程项目的单项工程概算内,但是它又是整个建设项目投资不可缺少的组成部分,因而单独列项编制列入总概算或综合概算的后面,作为概算费用的组成之一。

二、其他工程和费用项目内容

(一)土地征购及迁移补偿费

土地征购及迁移补偿费系指根据建设任务情况和需要,按照建设规模和工程要求并经当地有关部门批准向农业征购建设用地所支付的土地征购费及迁移安置费。

其内容包括:

(1)建设单位向被收购者征地,租地所支付的耕地补偿和农民安置费。

(2)被征用土地上已种植农作物,树木而被清除的损失补偿费;

(3)征用土地范围内原建筑物、构筑物及其他障碍物的拆除和迁移居民的补偿费;

(4)征用土地上坟墓的迁葬和处理费。

(二)建设场地障碍物拆迁和处理费

该项费用系指建设场地范围内所有地上、地下影响工程建设施工和建设规划所需要拆除的障碍物,如原有房屋、管道、构筑物、树木等。

(三)拆迁安置费

拆迁安置费系指征地范围内城乡居民的住房、单位用房搬迁过程中所发生的各项费用和搬迁地点新建房屋费。其中包括拆迁户的安置住房费、搬家补助费,拆迁房移交房管部门管理的维修费,拆迁管理费,企业停产、停业损失费等。其费用标准由各地区主管部门制定。

(四)建设场地三通一平费

指建设场地按设计标高进行的土方挖、填、运所发生的费用以及为工程建设而修建的临时道路、上水管道、供电、通讯等项费用。

(五)建设单位管理费

指建设单位为建设项目,从筹建、建设直到交工验收前建设项目管理机构所支付的各种管理费用。其中包括筹建期间各类管理人员的工资、补贴、辅助工资、差旅交通费、工具用具使用费、固定资产折旧费、劳动保护费、职工福利费、办公费以及其他管理性质开支的费用。

(六)生产职工培训费

生产职工培训费指为新建企业投产后所需要的生产工人、技术人员和管理人员进行培训而支付的一切培训费用或委托代培费用。

(七)办公和生活家具的购置费

办公和生活家具购置费系指新建项目交付使用后,为保证正常生产和管理而购置的办公和生活家具用具发生的费用。

费用包括办公室、单身宿舍、食堂、会议室、浴室和与主要建设项目相配套建设的文化福利、卫生、教育等房屋建筑所用的家具、用具的购置费用,但不包括应由企业管理费、奖励基金或事业费、行政费开支的改、扩建项目的办公和生活用具的购置费用。

(八)交通工具购置费

交通工具购置费系指新建工程投入后,为生产、生活、工作需要而必须购置的车、船及其他交通工具支付的费用。

(九)生产用工器具和用具、家具的购置费

指为建设项目(包括新建和扩建项目,投产后为生产准备所必须购置的不够固定资产标准的设备、仪器、工卡模具、器具、家具和备品备件等费用。)

其中不包括:

(1)构成固定资产的设备、工器具和备品、备件的购置费用;

(2)已列入设备费中的专用工具和备品备件费用;

(3)应由生产成本、行政费或事业费开支的原有企业或行政、事业单位购置的设备、工器具的备品备件费用。

(十)勘察设计费

勘察设计费系指建设单位用于建设项目的勘察设计所支付的一切费用,其中包括:

(1)委托国家批准的勘察设计部门进行勘察设计按规定支付的勘察设计费;

(2)按规定的允许范围并经上级主管部门批准由建设单位自行勘察设计所需的费用;

(3)与勘察设计有关的其他方面发生的费用。

(十一)科学研究试验费

科学研究试验费系指对本建设项目的设计基础资料的可靠性进行验证所花费的研究试验费。

其中不包括:

(1)应由科技三项费用(即新产品试验费、中间试验费和重要科学研究补助费)开支的项目;

(2)应由施工管理费中开支的施工企业各种检验、试验费;

(3)应由勘察设计费内开支的试验费。

(十二)施工机构迁移费

施工机构迁移费系指施工机构根据建设任务的需要,经有关部门批准并取得建设任务所在地政府部门许可,成建制地(指公司或公司所属工程处、工区)由原驻地迁往现建设任务所在地区所发生的一次性搬迁费用。

(十三)联合试车费

联合试车费系指工业新建项目或扩建项目在交工验收前,对整个生产系统的设备进行带负荷或无负荷联合运转所发生的费用。

其中不包括:

(1)应由建设单位管理费内支付的各项费用及试车人员工资;

(2)应由设备安装费用开支的单体设备试车费用。

(十四)建设期间材料、设备预调费

在建设期间内因价格调整引起原概算工程费用的提高,必须在总概算投资中预留材料及设备预调费来弥补建设项目因调价引起的工程费用的增额。

(十五)供电贴费

是指按照国家规定,建设项目应支付供电工程贴费、施工临时用电贴费。

此项费用,按国家计委批转水利电力部关于供电工程收取贴费的暂行规定执行。

(十六)工程监理费

是指建设单位委托监理单位对建设工程进行全面监督管理所发生的有关费用。

(十七)工程保险费

是指工程在建设期间根据需要,实施工程保险部分所需的费用。包括建筑工程及施工中的物料、机械设备为保险标的建筑工程一切险;设备安装工程中的各种机器、机械设备为标的安装工程一切险;机械损坏保险等。

近年来,随着基本建设和城市建设体制改革的发展,各地区对工程建设其他费用项目都有变化和调整,在编制其他工程和费用概算时,应按各地区的具体规定执行。

第七节　室内动力、照明工程干线、支线工程量计算与列项要点

一、配电干线计算

(一)干线与支线的划分

从进户线到各层箱、柜、盘之间的管线称为干线;从末端箱、柜、盘至各用电器的管线称为支线。

注意:插座箱至控制箱的管线为干线,配电箱(或控制箱)至普通插座的管线为支线,见图3.2。

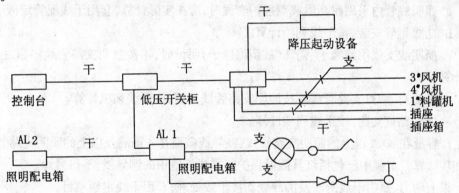

图 3.2　干线与支线划分

(二)干线管线的列项要点

1.干线管路敷设

干线管路敷设按建筑结构形式不同,套用相应定额项目,均以延长米计算。计算时按比例在图纸上量取各段水平长度,立管部分按层高计算各部分长度,水平长度与垂直长度之和即为干线线管的长度。但埋入地面 0.5 m 以内部分及引出地面以上不超过 0.5 m 以内部分,都已经综合在定额内了,不应再计算这部分长度。而地面上的垂直长度或地面下超过 0.5 m 的垂直部分,按实际长度计算,不再减去 0.5 m。

(二)干线管路的列项要点

(1)动力、照明管路敷设

该项目不仅包含干线配管,还综合了接线箱、接线盒、支架安装和管路保护等。

钢结构支架配管项目中未包括镀锌钢管,如遇到镀锌钢管可套砖、混凝土结构明配镀锌钢管定额项目。

(2)干线管路列项要点

①动力干线列项要点:

　　a. 动力支路管线使用电缆时,应套用干线配管定额,因为电缆成本比导线高。

　　b. 主回路与控制回路同时穿过一根管时,按干线对待,套用干线配管定额。

　　c. 高压电动机(3 kV,6 kV)、防爆电动机及容量大于 75 kW 的普通电机、调速电机等线管规格比较大,比一般动力支路线管成本高,应按实际尺寸计算,套用干线配管定额。

　　d. 电磁阀应按干线配管定额。

　　e. 穿过不同楼层的垂直部分应按实际长度计算。套用干线配管定额。

　　f. 连接电缆线槽或连接滑触线的线管,也按实际长度计算,套用干线配管定额。

　　g. 接风机盘管的管线属于支路管线,从风机至多速开关的线管属于干线,应按实际长度计算,套用干线配管定额。

　　h. 干管或干线工程内容中没包含电动机检查接线,应另列电动机检查接线调试项目。

　　②照明干线列项要点:

　　a. 照明线管内采用耐高温或双层护套线时,应按实际计算,套用干线配管定额。

　　b. 防爆钢管安装,按干线列项计算。

　　c. 照明线支线用绝缘子、瓷珠(鼓型绝缘子)明设时,不按照明支路管线定额,按干线列项计算。

　　d. 节日灯、彩灯支路管线不按照明支路管线定额,按干线列项计算。

　　e. 室外路灯支路,按干线列项计算。

　　f. 容量在 30 A 以上的照明支路管线,或导线截面在 4 mm² 及以上的照明支路管线按干线列项计算。定额中已包括灯具需做保护接零或接地用的铜导线,不得另计。

　　以上动力、照明干线所涉及的导线均按干线处理,套用干线定额项目。

二、照明支路管线计算

　　支路管线敷设是概算定额改进工程量计算方法的重要一章。现行概算定额规定,不再以延长米计算管、线长度,而以出线口的个数为单位计算,管、线合为一个项目。

　　支路管线工程量计算,均以每个电器的出线口为准,以"台(个)"计算。如电机、灯具、插座、电铃、风扇等,但灯具的开关等不视为出线口。

1. 动力、照明支路管线敷设

　　动力系统支路管线敷设,定额是按配电箱、柜、台与电动机出口在同一层编制的,若不在同一层时,其垂直部分的管、线工程量可按楼层层高计算,执行干线配管配线定额。

　　动力系统、三相插座支路管线敷设,定额是按支路管线在同一轴距内编制的,若跨轴线敷设时,其跨轴线部分管线,应按跨轴线相应子目计算。跨轴线支路管线工程量计算规定:

　　(1)起点至始点每跨一个轴线(包括横、纵轴),即为跨一轴;

　　(2)如果两轴相距在 6 m 以内称为小轴距,6 m 以上称为大轴距。从小轴距跨到大轴距,或从大轴距跨到小轴距,其跨越轴距均为小轴距,只有从大轴距跨到大轴距时才算跨大轴距。

　　(3)若出线口在轴线上,不视跨轴线。

　　(4)轴线间距不足 1 米时不计算跨距。

照明支路管线敷设,按每个灯具所覆盖面积的大小划分为 20 m² 以下和 20 m² 以上两档。其分档计算式为

$$\frac{单位工程总建筑面积(m^2)}{灯具(含电铃、电扇)出线口(个数)}$$

照明支路管线敷设,其导线截面是综合编制的。如果与设计不符时,一律不得调整定额。

插座支路管线工程量,以安装插座面板的数量计算,一块面板为一个出线口。

日光灯、白炽灯光带的支路管线工程量,按设计图纸的灯具数量,分别乘以 0.5 和 0.3 系数。(白炽灯在槽内安装,灯与灯间距小于 500 mm 的为光带)。

管内穿线定额项目中,考虑了各处预留长度,不得另行增加预留长度。

2.支路管线列项要点

(1)动力支路管线列项要点

①动力支路管线敷设不仅包含支路配管配线,还综合了管路保护、接线盒、接线箱、局部支架、接线端子、电机检查接线调试、防水弯头、金属软管及管内、外刷漆等。

②当三相插座容量大于 20A 时,执行干线配管配线定额。若采用地面插座时,地面插座盒的材料费应另计。

③动力支路管线、三相插座支路管线、电话放射形支路管线这三部分存在跨轴线的问题,因为定额是按支路管线在同一轴距内编制的,如果上述支路管线在平面图中跨过了横轴或竖轴,则应予补偿,另列项目计算。

(2)照明支路管线列项要点

①如果照明支路中同时包含有插座,那么除了套用照明支路管线敷设项目外,再套用一次插座支路管线敷设项目。出线口按照灯具或插座分开计算工程量。

②管内穿线不分动力线和照明线,按导线的型号和截面不同执行相应子目。

③不考虑跨轴线问题的支路管线有:照明支路管线、广播支路管线、串联型电话支路管线、探测器支路管线等。

第八节　车间动力、照明工程设计概算综合编制实例

某一生物制品二厂发酵分厂车间,新建工程,工程类别为二类工程,施工地点在市内,车间照明平面图如图 3.3(a)、(b)、(c)、(d)所示,车间电力平面图如图 3.3(c)、(e)所示,编制单位工程设计概算。

[费用定额按黑龙江省 2000 年费用标准,概算定额按北京市建筑工程概算定额(96)电气部分]

根据上述条件计算所得概算表如表 3.4 所示,安装工程费用计算程序表如表 3.5 所示。

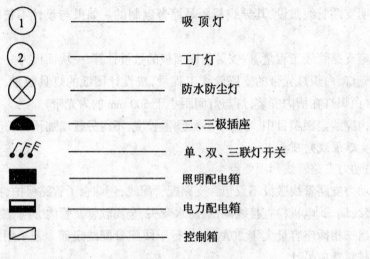

图 3.3(a)　图例符号及设计说明

设计说明：

(1)本工程电源引自厂区独立变电所,电缆埋地进户,进户处做重复接地,电阻小于 10 欧姆;

(2)配电线路除进户段为 VV$_{22}$电缆外,其余为 BV 线,干线电力线穿钢管,照明线穿阻燃塑料管,在地面、墙内、顶板暗敷设,图中线路除标注外,均为 BV 线穿阻燃塑料管沿顶板暗敷设;

(3)配电柜为落地式安装(应甲方要求由甲方自理),配电箱为底边距地 1.5 米墙内暗装;

(4)配电系统接地型式采用 TN - S 系统;

(5)灯开关为距地 1.4 m 暗装。

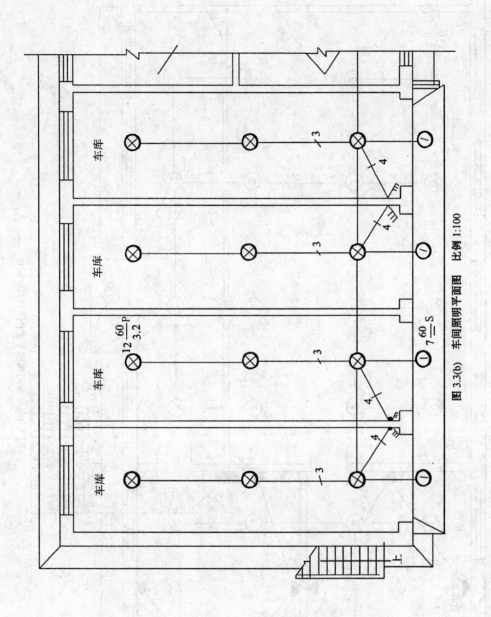

图 3.3(b)　车间照明平面图　比例 1:100

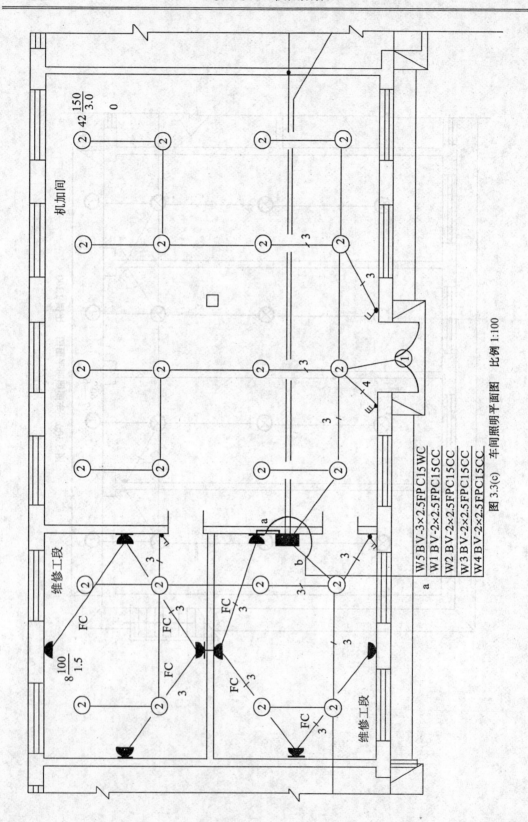

图 3.3(c) 车间照明平面图 比例 1:100

W5 BV-3×2.5FPC15WC
W1 BV-2×2.5FPC15CC
W2 BV-2×2.5FPC15CC
W3 BV-2×2.5FPC15CC
W4 BV-2×2.5FPC15CC

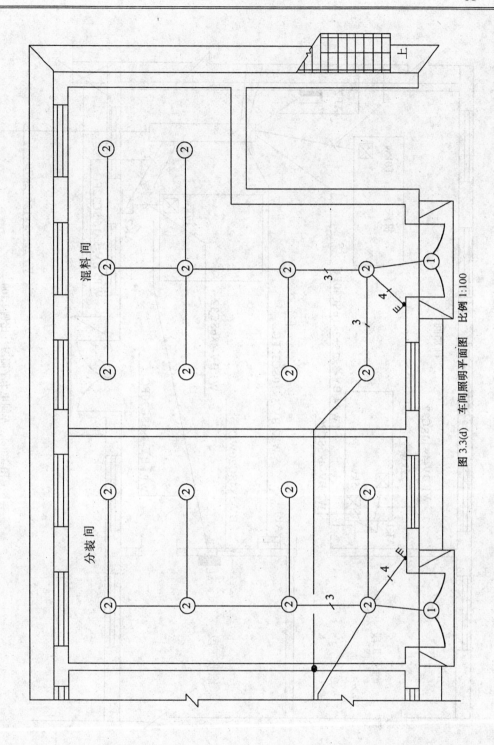

图 3.3(d)　车间照明平面图　比例 1:100

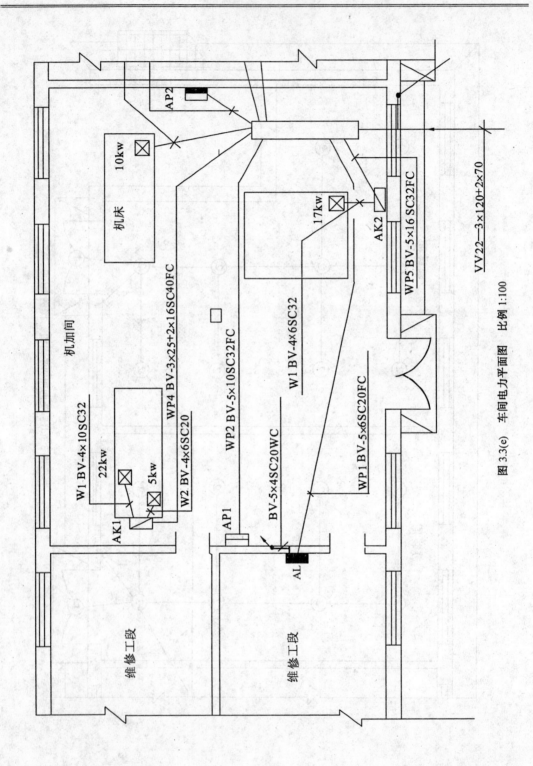

图 3.3(e)　车间电力平面图　比例 1:100

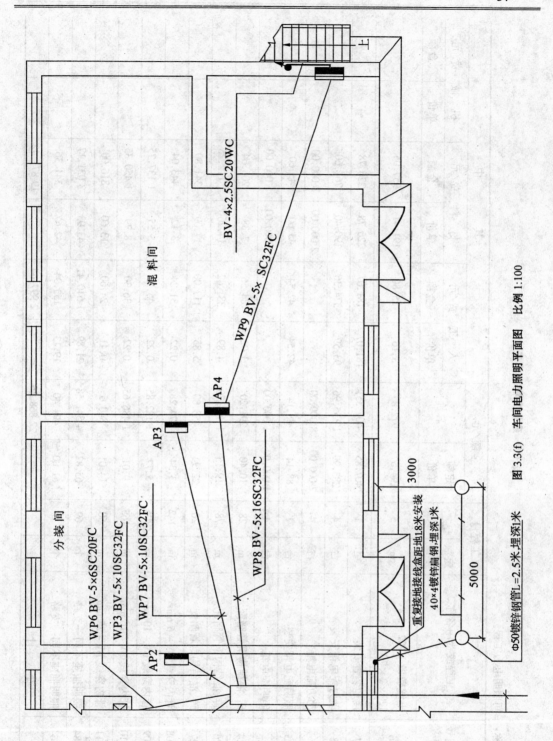

图 3.3(f) 车间电力照明平面图 比例 1:100

表 3.4　建筑工程概算表

工程名称:车间照明电力工程

顺序号	定额编号	工程或费用名称	工程量		金额/元		其　中					
			定额单位	数量	定额单价	总价	人工费/元 单价	金额	材料费/元 单价	金额	机械费/元 单价	金额
1	2-16	电缆敷设 VV22-3×120×2×70	m	5	194.57	972.85	3.16	15.80	191.41	957.05		
2	4-7	接地装置安装	组	1	407.85	407.85	181.07	181.07	226.78	226.78		
3	5-8	动力配电箱安装	台	4	283.99	1 135.96	93.59	374.36	190.40	761.60		
		动力配电箱	台	4	2 000.00	8 000.00			2 000.00	8 000.00		
4	5-15	照明配电箱安装	台	1	88.14	88.14	42.54	42.54	45.60	45.60		
		照明配电箱	台	1	1 000.00	1 000.00			1 000.00	1 000.00		
5	6-24	砖、混结构钢管暗配	m	28	10.40	291.20	3.02	84.56	7.38	206.64		
6	6-26	砖、混结构钢管暗配	m	78	19.15	1 493.70	4.89	381.42	14.26	1 112.28		
7	6-27	砖、混结构钢管暗配	m	20	22.94	458.80	5.85	117.00	17.09	341.80		
8	6-208	管内穿线 BV-6 mm²	m	142	3.34	474.28	0.22	31.24	3.12	443.04		
9	6-209	管内穿线 BV-10 mm²	m	205	5.77	1 182.85	0.22	45.10	5.55	1 137.75		
10	6-210	管内穿线 BV-16 mm²	m	165	9.01	1 486.65	0.22	36.30	8.79	1 450.35		
11	6-211	管内穿线 BV-25 mm²	m	60	14.01	840.6	0.41	24.60	13.60	816.00		
12	7-284	照明插座不同一支路	个	69	65.82	4 541.58	21.89	1 510.41	43.93	3 031.17		
13	7-364	照明插座不同一支路	个	8	61.80	494.40	19.13	153.04	42.67	341.36		
		小　　计				22 868.86		2 997.44		19 871.42		

表3.4

续　表

工程名称:车间照明电力工程

顺序号	定额编号	工程或费用名称	工程量		金额/元		其　中						
			定额单位	数量	定额单价	总价	人工费/元		材料费/元		机械费/元	
							单价	金额	单价	金额	单价	金额
14	8-28	顶灯安装 60 W	套	7	88.39	618.73	8.73	58.59	80.02	560.14		
15	8-93	防水防尘灯安装 60 W	套	12	141.18	1 694.16	29.33	351.96	111.85	1 342.20		
16	8-96	工厂罩灯安装 150 W	套	42	172.85	7 259.70	27.24	1 144.08	145.61	6 115.62		
17	8-124	双联跷板式暗开关安装	套	3	7.39	22.17	2.79	8.37	4.60	13.80		
18	8-125	三联跷板式暗开关安装	套	7	10.48	73.36	3.95	27.65	6.53	45.71		
19	8-167	双联二、三孔插座安装	套	8	8.78	70.24	2.79	22.32	5.99	47.92		
		小　计				9 738.36		1 612.97		8 125.39		
		合　计				32 607.22		4 610.41		27 996.81		
		其他工程费	系数	5%	32 607.22	1 630.36	4 610.41	230.52				
		总　计				34 237.58		4 840.93		27 996.81		

续表3.4

表 3.5　工程费用计算表

单位工程名称：

序号	工程费用名称	费率计算公式	金额/元
（一）	直接费		34 237.58
（A）	其中 人工费		4 840.93
（二）	综合费用	(A)×54%	2 614.10
（三）	利润	(A)×50%	2 420.47
（四）	有关费用	(1)+…+(12)	4 407.19
（1）	远地施工增加费	(A)×%	
（2）	特种保健费	(A)×%	
（3）	赶工措施增加费	(A)×%	
（4）	文明施工增加费	(A)×%	
（5）	集中供暖等项费用	(A)×26.14%	1 265.42
（6）	材料价差		
（7）			
（8）			
（9）	预制构件增值税		
（10）			
（11）			
（12）	工程风险系数	[(一)+(二)+(三)]×8%	3 141.77

序号	工程费用名称	费率计算公式	金额/元
（五）	劳动保险基金	[(一)+(二)+(三)+(四)]×3.32%	1450.15
（六）	工程定额编制管理费、劳动定额测定费	[(一)+(二)+(三)+(四)]×0.16%	698.87
（七）	税金	[(五)+(一)+(二)+(三)+(四)]×3.44%	1576.50
（八）	单位工程费用	(二)+(三)+(六)+(五)+(四)+(七)+	47 404.86

编制说明：

建设单位：　　　　　　施工单位：

表 3.5

第九节　照明器具安装工程量计算与列项要点

照明器具安装定额内容综合了全套灯具、灯泡、配件、吊线或吊链、灯座、金属软管及管内穿线、支架等。开关及按钮、插座安装综合了接线、插座盒、接线盒安装及定时开关调试等。风扇安装项目综合了调速开关、支架安装及调速开关调试等。

一、照明器具安装工程量计算

(1)根据灯具种类、规格、安装方式等,在照明平面图上统计工程量,灯具、导线、灯泡(灯管)等材料费均包括在概算单价内,不应另计。

(2)壁灯安装分普通壁灯和大型壁灯,大型壁灯是以重量大于 7 kg 为界限,小于 7 kg 均为普通壁灯,以"套"为单位计算。

(3)投光灯、碘钨灯和混光灯的安装高度,定额是 10 m 以下编制的,其他照明器具的安装高度均按 5 m 以下编制的,超过 5m 时,应增加超高人工费。

(4)普通吊花灯安装,按每套花灯内的照明器个数和安装条件,以"套"为单位计算。

(5)吸顶灯安装,按安装条件和灯罩数量,以"套"为单位计算。

(6)荧光灯安装,按安装方式和灯具规格,以"套"为单位计算。

(7)工矿灯具安装,按灯具种类以"套"为单位计算。

(8)病房呼唤系统专用灯安装,按灯具的作用不同,以"套"为单位计算。

(9)彩灯安装按挂式和座式区分定额项目,以"m"为单位计算。挂式彩灯安装包括钢丝绳、硬塑料管、塑料绝缘铜线、防水吊线灯具及灯泡安装。座式彩灯安装包括配管、配线、防水彩灯灯具及灯泡安装。

挑臂梁及底把安装包括制作、安装、拉紧装置、底把、底盘及挖填土方,同时也适用于屋顶女儿墙、挑檐上及建筑物表面和垂直悬挂。灯泡间距按 0.6 m 一个计算,即 100 m 线路长度内有 167 套灯具。

(10)在计算平均每个灯具的控制面积时,如果有一部分灯具是光带,应先将其乘以系数(白炽灯为 0.3,荧光灯为 0.5)再加上其他灯具的套数。

二、照明器具安装列项要点

(1)排风扇安装,适用于一般单相排风扇安装,不适用三相排风扇安装。

(2)手术室无影灯灯泡是按随灯具带来编制的,不应再计算灯泡材料费。

(3)"杆上路灯安装"这个项目不含金属型钢支架费用,如果有金属型钢支架,则应该另列项计算。

(4)照明灯具安装定额中已包括对线路及灯具的一般绝缘测量和灯具试亮等工作内容,不得另行计算,但未包括灯具全负荷试运行。

(5)嵌入式筒灯安装执行吊顶上吸顶灯安装单罩子目。

(6)壁扇调速开关执行吊风扇调速开关(五速)子目。

(7)安全变压器安装包括支架的制作安装,不应另列项目。

第十节　架空线路安装工程设计概算编制方法与编制实例

本节主要介绍架空线路工程概算的编制方法。

一、架空线路工程项目

"立混凝土电杆"这一项工程内容综合了挖填土方、立电杆、撑杆、撑杆金具、底盘、卡盘制作安装及厂区内外运输等项目。定额是按电杆高度划分子目的。电杆的卡盘安装数量在转角杆是两块,直线杆、终端杆均为一块卡盘,当设计与此不同时,一般不得调整。

拉线安装方式一般有普通拉线、水平拉线、V形拉线及弓形拉线四种,每种拉线截面有 35 mm² 和 70 mm² 两种。电杆拉线的制作和安装定额综合了挖土方、拉线制作安装、立杆、绝缘子安装等。

进户铁横担安装综合了横担、绝缘子及防水弯头安装,适用于一般低压架空线路引入装置。

"导线架设工程"内容中除综合了横担、绝缘子、厂内外的运输以外,还包含了导线的主材。进户线的架设也套用导线架设相应截面的定额子目。

二、工程量计算方法

电杆拉线按拉线截面以"组"计算。人字形拉线可以套用普通拉线定额,但是工程量应乘以 2。

导线架设以"m"为单位。定额已经考虑了导线在各处的预留长度。计算导线工程量时不要再加各处的预留长度。定额是按单根导线确定的单价,实用中导线架设工程量按照导线不同截面区分,每根导线长度乘以导线根数,即为导线架设的总工程量。

三、实例

某小区有一外线工程,如图 3.4 所示。设计选用混凝土电杆,杆高 $h = 12$ m,间距均为 40 m,另外设有一杆上变压器,其容量为 320 kVA,变压器台杆高 15 m。求:①列概算项目;②写出各项工程量;③计算外线工程直接费。(平原施工)

根据给出条件,其工程量计算如表 3.6。

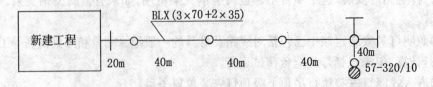

图 3.4　某外线工程平面图

表 3.6　工程量计算表

项目名称	工 程 量 计 算 式	单位	数量
混凝土电杆	$h = 12$ m	根	4
普通拉线		组	3
进户线横担		组	1
杆上变台	320 kVA	台	1
导线架设	BLX – 70 mm² = 3 × 180	m	540
导线架设	BLX – 35 mm² = 2 × 180	m	360

本例电杆在 5 根以下,根据定额规定,电杆 5 根及以下应计算增加费用,增加费用为外线总人工费 30%,故概算中应另列增加费用一项,计算后的概算表如表 3.7 所示。

第十一节　变配电安装工程设计概算编制方法与编制实例

一、定额内容

电气设备安装工程定额中主要内容有三相电力变压器安装、高压架空引入装置、开关柜的安装、硅整流柜的安装、高低压母线桥及保护网制作安装等九项。

二、工程量计算规则

(1)变压器安装是按照母线的材质和变压器的容量以"台"为单位计算的。高压母线是从高压电缆头到变压器绝缘瓷套管。低压母线是从变压器的低压瓷套管到低压配电柜之间的所有母线,如果设计图纸中的主母线很长,也不得调整定额。开关柜、配电屏及母线桥这些项目里所包含的铜、铝母线、绝缘子、金属支架的工程量是综合测算的,在概算时,如果与设计不符,也一律不得调整。

(2)定额中高低压母线桥的材料含量不考虑母桥跨度大小,只按高压与低压、母线的材质和截面区分,以"座"为单位进行计算,材料含量不作调整。

(3)本章各项内容的单位除了保护网、门制作安装采用 m²,变压器封闭式母线及插接母线槽安装采用 m 以外,其余各项的单位均为"台、座、组、个"等。

(4)关于定额损耗量,在定额中有明确的规定,除了人工费、材料费和机械费以外,还规定有辅助材料的施工损耗量。

(5)三相电力变压器安装,适用于油浸式、干式变压器安装,不适用于单相变压器安装和组合式变电站工程。

(6)变电室内主母线,定额已按不同材质、截面分别综合在变压器、开关柜、配电屏及母线桥项目中,不得另行计算。

(7)定额中均已综合了变电室内接地母线。但不包括接地母线沿墙明敷设及室外接地装置,未包括二次回路所用的控制电缆和管线的敷设以及有载调压变压器分接开关至有载调压控制器的管线,它们可执行其他章节相应子目。

(8)三相电力变压器安装,定额中未包括变压器吊心检查。如需吊心检查,可另行计算。

实例:某变电所接地装置平面图如图 3.5 所示,根据平面图计算工程量,编制概算表,计算安装及设备费用。

表 3.7　建筑工程概算表

工程名称：架空线路工程

顺序号	定额编号	工程或费用名称	工程量		金额/元		其中					
			定额单位	数量	定额单价	总价	人工费/元		材料费/元		机械费/元	
							单价	金额	单价	金额	单价	金额
1	3-4	立混凝土电杆	根	4	761.45	3 045.80	122.72	490.88	615.81	2 463.24	22.92	91.68
2	3-8	普通拉线制作安装	组	3	244.17	732.51	57.59	172.77	186.58	559.74		
3	3-18	进户铁横担安装	组	1	374.29	374.29	60.14	60.14	314.15	314.15		
4	3-47	导线架设 35 mm²	m	360	7.13	2 566.80	0.38	136.80	6.75	2 430.00		
5	3-49	导线架设 70 mm²	m	540	10.67	5 761.80	0.47	253.80	10.20	5 508.00		
6	3-82	杆上变压器组装 320 kVA	台	1	8 642.51	8 642.51	1 701.08	1 701.08	6 855.51	6 855.51	85.92	85.92
		小　计				2 1123.71		2 815.47		18 130.64		177.60
		5 根以内电杆增加费用	系数	30%	21 123.71	6 337.11	21 123.71	6 337.11				
		总　计				27 460.82		9 152.58		18 130.64		177.60

表 3.7

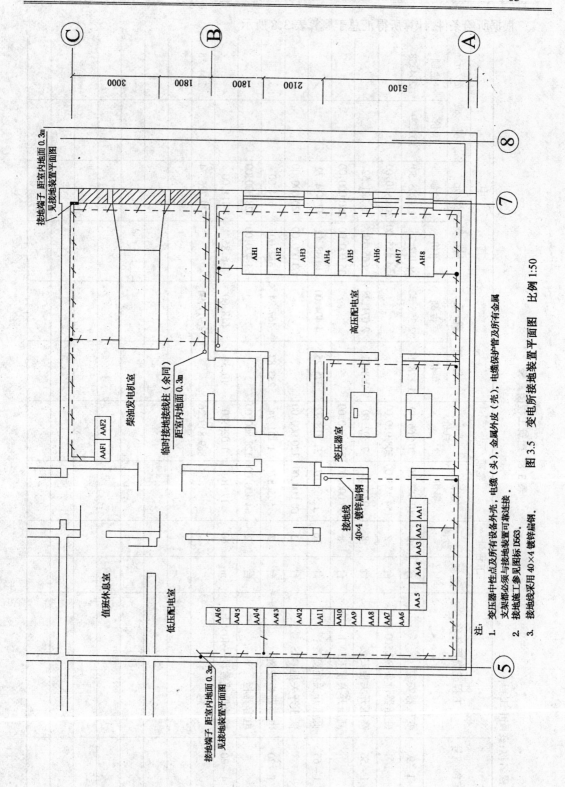

图 3.5 变电所接地装置平面图 比例 1:50

注:
1. 变压器中性点及所有设备外壳、电缆(头)、金属外壳(壳)、电缆保护管及所有金属支架都必须与接地装置可靠连接。
2. 接地施工参见图标 D563。
3. 接地线采用 40×4 镀锌扁钢。

根据所给条件,计算所得汇总于概算表3.8所示。

表 3.8　建筑工程概算表

工程名称:变配电工程

顺序号	定额编号	工程或费用名称	工程量		金额/元		其中					
			定额单位	数量	定额单价	总价	人工费/元		材料费/元		机械费/元	
							单价	金额	单价	金额	单价	金额
1	1-9	变压器安装	台	2	10 383.20	20 766.40	1 178.16	2 356.32	9 102.75	18 205.50	102.29	204.58
	1-56	变压器设备 SC₈500 KVA	台	2	154 455.00	308 910.00			154 455.00	308 910.00		
2		高压开关柜安装	台	8	924.10	7 392.80	258.91	2 071.28	665.19	5 321.52		
		高压开关柜 KYN₁b-10	台	8	35 000.00	280 000.00			35 000.00	280 000.00		
3	1-65	低压开关柜安装	台	16	1 363.67	21 818.72	275.25	4 404.00	1 088.42	17 414.72		
		低压开关柜 GCS	台	2	60 000.00	120 000.00			60 000.00	120 000.00		
4	1-70	电容器柜安装	台	2	565.87	1 131.74	233.87	467.74	332.00	664.00		
		电容器柜	台	2	64 400.00	128 800.00			64 400.00	128 800.00		
5	4-20	接地母线敷设—40×4	m	60	17.16	1 029.60	10.31	618.60	6.85	411.00		
		总　计				889 849.26		9 917.94		879 726.74		204.58

表3.8

第十二节　弱电安装工程设计概算

电气概算定额中,弱电这一章主要内容有共用天线电视系统、电话、广播和火灾自动报警系统等。

一、定额主要项目

(1)"电话组线箱安装",定额中均为定型电话组线箱的安装,分明装、暗装,分 50 对、100 对、200 对。本项定额电话组线箱的安装不包括设备费。定型成套电话组线箱属于设备,不是主材。

(2)"电话支路管线敷设"项目是按照管材不同而划分子目的。其工程量的内容包括支路管线、接线盒、管路保护、出口面板等。这一项的工程量计算是以电话出线口的个数为单位,具体指的是整个单位安装工程的全部电话机及分机的总数。而电话干线则按实量,如果是平面关系的按图示比例量取,如果是上下层立管关系则按建筑物层高计算。

注意在量干线尺寸时是量到第一个用户盒,而在计算电话支路管线工程量时,则仍要计算第一个电话出线口,即包括并联形式电话系统距电话组线箱最近的第一个电话插座。

电话系统管线可以区分为"串联形式"和"并联形式"两种。所谓"串联形式"是指若干电话线共穿在同一根管内,而"并联形式"是指电话线呈放射形式,即每根管内仅穿一对电话线。

在"串联形式"电话系统中,从电话组线箱到第一个电话插座这段管线称为干线,其余称为支线。在最后的电话组线箱以前的管线均称为干线。

在"并联形式"的电话系统中,从电话组线箱到各电话插座均称为支线,而电话组线箱以前的线路称为干线。"并联形式"的电话系统的支路管线存在跨轴线的问题。即有跨 5 m 以上和跨 5 m 以下的补偿项目。

(3)共同天线电视系统各项仅适用于一般的共同天线电视系统的安装,对于带自播和卫星接收系统的闭路电视只适用于其支路管线敷设、管缆敷设等项目,其他设备安装,可另行编制补充项目。

(4)天线底座的制作安装项目综合了天线杆底座安装、槽钢、钢板、预埋件、防风拉线、地锚制作、安装及屋顶避雷网连接的扁钢焊接等工作。

(5)共用天线电视系统定额里列有各种单项器件的安装,比如天线放大器、混合器、二分配器、四分配器、二分支器、宽频带放大器、用户插座等项。其工程内容均包含本体安装、接线、调试,以"台"或"个"为计算单位,适用于各种盘面的安装。如果在保护箱内安装,其箱体的制作安装费用可套用动力、照明控制设备的配电箱体及配电板安装项目。

二、弱电安装工程列项要点

(1)施工图中的一分支器或串接可以套用"用户插座"的单价,因定额测算结果是按相同的单价计算。它们的盒体也综合在内。

(2)共用天线系统中"支路配管"项目与照明支路管线相仿,都是以电视插座的个数或出线口个数为计算单位的。一般带有插座的二分支器也算作一个出线口。

(3)"电视支路配管"不含电缆,此项电视电缆另列项目。这一项只适用于暗敷设的电视支路管线。

(4)共用天线电视系统中干线保护管分别列项,执行其相应定额子目。

(5)广播系统也按照干线和支线分别列项,规律与照明线路相同,其支路管线以扬声器个数为单位计算。内容包括配管配线、接线盒、管路保护和管内的导线,不存在跨轴线的问题。

扬声器的安装分木箱和定型扬声器箱安装两种,适用于简易广播系统扬声器的安装,不适合于高级建筑物内的无线传声器及多功能的扩音系统。如果有这些系统,可以另编补充项目。木制扬声器箱不属于设备,单价为完全价。而成套扬声器箱属于设备,须另列设备费。

"火灾自动报警装置"这一部分定额适用于中、小型消防报警系统。

(7)感温、烟探测器及集中报警器均属设备,定额单价里仅仅是其安装费,设备费要单独列项。此项安装适用于各种探测器。

(8)报警器安装项目中所列控制点分三个子目,实际工作中取其上限。工程内容包括盘柜配线、接线、金属软管、金属支架安装和调试。

(9)火灾自动报警系统也区分干线和支线,支路管线敷设定额中已经综合了配管、配线、探测器专用接线盒、金属支架的制作安装、刷漆等。单位是以探测器个数为准。不分探测器的规格种类。

第十三节　　电缆工程工程量计算规则

一、定额内容

电缆工程定额包括电缆沟铺砂盖砖或保护板、密封电缆保护管安装、电缆敷设、高压电缆终端头制作安装、室内电话电缆穿管敷设、电缆沟支架制作安装、电缆梯架安装、电缆托盘安装和防火枕安装九项内容。

二、工程量计算规则

(1)电缆沟铺砂盖砖、盖保护板项目中,土方的土质及工程量已作了相应的综合,除遇有流沙、岩石及对电缆的埋深有特殊要求时,一般不得调整定额。工程量按单根"延长米"计算,每增一根另套相应定额项目。

(2)密封电缆保护管敷设按管径以"根"计算。密封保护管敷设只有电缆进出建筑物的外墙时计算。密封电缆保护管是按长度 1.8 m 测定的,保护管规格按设计图纸确定。

(3)电缆敷设按截面以"m"计算。计算工程量时,应考虑电缆在各处的预留量。预留长度见表 2.6。水平工程量按图纸比例量取,垂直工程量除表 2.6 中规定外,其余按实际计算。电缆材料费包括在定额单价内,不应另计。

(4)电缆长度的计算式为

电缆总长 = (水平长度 + 进建筑物之前的预留长度 + 电缆终端头预留长度 + 电缆中间头
预留长度 + 进低压柜预留长度 + 电缆从电缆沟垂直引上长度)× 电缆根数

(5)电缆敷设定额适用于三芯、四芯、五芯及各种电缆敷设。如果是单芯电缆敷设,按相应电缆截面单价乘以系数0.66计算。

(6)电缆敷设项目工程内容综合了电缆中间头、低压电缆终端头、电缆头支架、保护盒制作安装、电缆局部钢管保护等。不应另列项目。

(7)高压电缆、电缆头的耐压试验,已综合在相应的高压设备系统调试项目中,不得另算。

(8)高压电缆终端头制作安装按电缆截面以"个"计算。

(9)电缆沟支架制作安装项目,定额是按沟内单边安装编制的,若设计图纸是双边安装的,其工程量乘以2。

(10)电缆沟支架制作安装,按支架层数以"延长米"计算。

(11)电缆梯架、托盘按宽度以"m"计算。工程内容综合了电缆梯架、托盘组装、支架安装和接地母线敷设等。电缆梯架和电缆托盘都是定型产品,定额包括其费用。

(12)防火枕安装,按梯架或托盘的宽度,以"处"计算。防火枕安装已综合考虑了填充防火枕数量及型钢数量,不论楼梯厚度多少,预留孔多大,均不得调整。

第十四节 防雷接地装置工程量计算规则

一、定额内容

防雷接地装置安装定额包括接地装置安装,接地母线、避雷引下线敷设,避雷针、网制作安装和烟囱、水塔避雷装置、低压避雷器安装,接地端子箱安装五项内容。

二、工程量计算规则

(1)防雷接地装置安装定额中,均已考虑了高空作业因素,不得另计超高人工增加费用。

(2)避雷网、高层均压环按建筑物轴线长度以"m"计算。避雷网、高层均压环,已包括了建筑物中金属物的连接,但不包括钢窗、铝合金窗跨接地线的连接。

(3)钢窗、铝合金窗跨接地线以"樘"计算,套防雷定额相应项目。

(4)高层均压环焊接,是以建筑物内钢筋作为接地引线,如果采用型钢做均压环接地母线时,可执行接地母线在砖、混凝土内暗敷设子目。

(5)避雷针分安装方式,按针长以"根"计算。。

(6)避雷引下线分明、暗敷设,以"m"计算。工程内容包括主筋焊接、支持卡子制作安装等。每处的引下线柱筋长度为檐高加室内外高差值。如有女儿墙,则应从室外地坪至女儿墙顶端。明敷设引下线长度为檐高至防雷接地断接卡子中心。

(7)接地母线敷设分明、暗敷设,按材质规格以"m"计算。工程内容综合了支持卡子制作安装、接地母线敷设、挖填土方及接地电阻试验等。接地母线敷设这个项目适用于户外环墙接地线;直埋在土层中与接地极相连的水平接地线;防止侧向雷击的避雷线。

(8)接地装置安装分规格以"组"计算,利用基础钢筋作接地极的以"m²"计算。室外带接地极的环型接地极计算方法:接地极的总数量除以三根,得出几组数量,执行三根一组的相应子目,剩余的接地极及接地母线数量,执行每增一根接地极子目及接地母线埋设子目。

(9)接地装置安装,定额中不包括接地电阻率高的土质换土和化学处理的土壤及由此发生的接地电阻测试等费用。另外,定额中也未包括铺设沥青绝缘层,如确需铺设,可另行计算。

(10)接地端子箱为成套设备箱,安装以"台"计算。

复习思考题

1. 设计概算由哪些内容组成?
2. 设计概算的作用是什么?
3. 设计概算方法按类别分有哪几种?
4. 设计概算的编制依据是什么?
5. 设计概算的编制原则是什么?
6. 什么是单位设计概算?
7. 单位设计概算的编制步骤是什么?
8. 什么是综合概算?它由哪些内容组成?
9. 什么是总概算?它由哪些内容组成?
10. 动力、照明工程干线与支线如何划分?
11. 干线管路列项要点包括哪些内容?
12. 支路管线列项要点包括哪些内容?
13. 跨轴线支路管线工程量计算的规定是什么?
14. 照明支路管线敷设,分档的规定是什么?列出分档计算式。
15. 照明器具安装列项要点包括哪些内容?
16. 弱电安装工程列项要点主要包括哪些内容?

第四章 电气安装材料和设备的预算价格

在编制施工图预算时,为了便于建设单位和审计部门对建设项目投资的审核和对建设项目各项费用的统计,必须对设备和材料进行正确划分。

在编制预算时,应准确地计算出其材料费,材料费计算的准确与否直接影响到工程造价,为使工程造价准确,所列的材料应包括图纸中全部内容。设备与材料的划分可从《全国统一安装工程预算定额》中去掌握。常用的电气设备和材料如下。

第一节 常用电气材料和设备

一、常用的电气设备

各种电机、高压成套配电柜、组合型成套箱式变电站、电力变压器、高低压隔离开关、断路器、高压负荷开关、电压互感器、电流互感器、熔断器、避雷器、电抗器、电力电容器、变电所内绝缘子及穿墙套管、控制及配电屏、硅整流柜、成套动力配电箱、控制开关、限位开关、交流接触器、磁力起动器、空气断路器、电阻器、变阻器、按钮、电笛、电铃、蓄电池、电梯、火灾报警控制器、火灾报警电源装置、紧急广播控制装置、火警通讯控制装置、气体灭火控制装置、探测器、模块、手动报警按钮、消火栓报警按钮、电话、消防系统接线箱、重复显示器、报警装置、入侵探测器、入侵报警控制器、报警信号传输设备、出入口控制设备、安全检查设备、电视监控设备、终端显示设备等均为设备。

二、常用的主要电气材料

各种绝缘子、架空软导线、铜(铝)母排、封闭式插接母线、槽钢、角钢、圆钢、扁钢、钢管、移动软电缆、电力电缆、桥架、控制电缆、混凝土底盘、卡盘、拉线盘、拉线棒、抱箍、螺栓、金具、电杆、横担、拉线、绝缘导线、可挠金属套管、硬塑料管、刚性阻燃管、半硬阻燃塑料管、金属软管、瓷夹、塑料夹、绝缘子、木槽板、塑料槽板、线槽、钢索、接线箱、接线盒、开关、插座、按钮、0.5 kVA 以下的照明变压器、电铃、电扇、光缆、同轴电缆、分配器、分支器、用户终端盒、扬声器、电话电缆等均为材料。

第二节 材料预算价格

电气安装工程所需要的各种材料,其货源有三个渠道,一是从生产厂家直接购买的定型系列产品或新试制的产品;二是从材料供销部门购买的材料;三是从市场商业批发部门购买的材料。不管哪种渠道,材料都具有不同规定的价格,如出厂价、调拨价、批发价。材料既然有上述价格,为什么还要编制材料预算价格呢? 下面从四个方面加以说明。

(1)材料仅仅只有出厂价(或调拨价、批发价)格是不够的,因为它反映不出该商品的完整成本,建筑安装企业在施工过程中所需的建筑材料,都要发生采购、包装、运输、保管等项费用,这是产品从生产到流通之间必须产生的差价。建筑企业由于工程分散,材料来源地点不固定,这样就很难准确地计算出工程预算成本。因此,建设单位也就很难确定统一的工程投资计划,这样就产生了一种方法,即由当地建委根据上几年度实际发生的情况,经综合调查分析后制定出该地区建筑安装材料的统一预算价格,各建设单位和施工企业共同遵照执行,并以此计算工程的材料费用。

(2)编制工程预决算、工程招投标及对建筑安装工程的估价,都必须依照国家颁发的现行预算定额、间接费定额和其他有关规定进行计算。而材料价格是定额基价的主要组成部分,在建筑安装工程中,材料费约占工程造价的 60% ~ 70%。因此,在一个地区内建筑安装工程材料必须规定一个统一的价格,这就是该地区的材料预算价格。材料价格统一也就使建筑安装产品的价格接近一致,这样对核算工程成本和施工企业的管理水平,就有了一个较为可靠的依据。

(3)预算价格又分为两类,一类是地区建筑安装材料预算价格,主要作为建设单位与施工单位材料转账及采购核算的依据。它是以"地区材料预算价格表"的形式由地区主管部门制定的。另一类是综合预算价格,它是在地区材料预算价格的基础上,根据预算定额的要求加以综合,作为计算定额基价的依据。它的反映形式就是预算定额中的材料价格表。

(4)两种预算价格的用途各不相同。预算定额中规定的价格,是按照常用的标准图纸,经过测算,依照一定的比例以地区材料预算价格为基础,综合各种因素而制定的,故称为综合预算价格。它是作为建设单位与施工单位编制工程预、结算的依据。而地区材料预算价格,是以各生产厂家及各种产品目录所列的品种、规格和价格为依据而制定的。它是作为施工单位采购、供应材料和核算的依据,也是建设单位向施工单位供料和结算材料价款及转账的依据。

建筑安装工程中材料费用是工程造价的重要组成部分,材料费占工程预算造价的 70%左右,其价格组成又比较复杂,材料价格的高低直接影响工程造价。因此,要真实地反映工程造价,就必须了解材料预算价格的组成内容和有关规定。

工程材料的预算价格是指材料从来源地(或交货点)运到工地仓库(或施工现场存放地点)后的出库价格。

材料预算价格 = 材料供应价格 + 市内运杂费 + 采购保管费

(一)材料供应价格

材料供应价格是指材料在本地的销售价格。

材料供应价格 =(材料原价 + 供销部门手续费 + 包装费 + 外地至本地的运输费 + 材料采购保管费)- 包装材料回收值

1.材料原价

材料原价是确定价格的基础。

材料原价的确定:

(1)国营工业产品

按国家规定的出厂价格计算。

(2)地方工业产品

按地方主管部门规定的价格计算。

(3)地方乡镇企业产品

按地方主管部门规定的价格计算。

(4)市场采购材料

按国营批发价格计算。如工程急需,可考虑部分零售价格。

(5)企业自销产品

按工商主管部门规定的出厂价计算。

(6)外委加工的零部件,半成品

按主管部门批准的计划价格计算。

(7)进口材料

按国家批准的进口材料调拨价格计算。

2. 材料供销部门手续费

材料供销部门手续费是指由当地物资供销部门进货时,应计取的费用,只能计取一次。计算式为

$$材料供销部门手续费 = 材料原价 \times 供销部门手续费费率$$

费率:金属材料 2.5%、建筑材料 3%、机电产品 1.5%、轻工产品 2%

3. 材料包装费

材料包装费是指材料在运输过程中所需的包装,为便于材料运输和保证材料不受损失而发生的费用。

凡材料原来有包装的,可不再计取包装费。易碎或较贵重的材料可考虑包装费。

4. 材料运输费

材料运输费是指材料由生产地、销售地起,包括中间仓库转运,运至供销部门或车站、码头货场运输过程中所发生的费用。

5. 材料采购的保管费

材料采购的保管费是指材料供应部门在组织采购、保管、供应中所发生的各项费用。计算式为

$$材料采购保管费 = 材料供应价格 \times 采购保管费率$$

费率:建材 3%、照明 2%

6. 包装材料回收值

包装材料回收值是指可以反复利用的包装品的回收价格。

如电缆轴、架空线线轴等。

(二)市内运杂费

市内运杂费是指从当地供货部门运至工地仓库所发生的费用,或从外地订购的材料,由车站、码头货场运至工地仓库所发生的费用,包括装卸费等。

市内运杂费应按各省规定的各项运杂费的计算方法计算。哈尔滨市市内运杂费费率仍执行1998年哈尔滨市建设工程材料预算价格表之规定。

(三)市内采购保管费

市内采购保管费是采购保管材料所发生的费用。计算式为

采购保管费 =(材料供应价格 + 市内运杂费)× 采购保管费费率

采购保管费费率按各地区主管部门的规定执行。

工程材料是构成工程实体的因素。材料费占工程费用比例很大,因此确定材料预算价格,克服价格的偏高偏低现象,对加强工程造价管理具有重要意义。

为了克服材料预算价格计算和取定的随意性,各地区工程建设主管部门,除规定材料运杂费、采购及保管费率以外,还制定和颁发《地区工程材料预算价格表》,作为本地区统一的材料预算价格使用。表 4.1 所列,为 1998 年哈尔滨市地区材料预算价格表的实例。

由表 4.1 可看出,哈尔滨市 1998 年材料预算价格除钢材等少数材料按吨计算外,其他材料的运杂费可按简化费率计算,即

$$运杂费率 = \frac{该类\ 1998\ 年材料的运杂费}{该类\ 1998\ 年材料的供应价}$$

表 4.1　哈尔滨市 1998 年材料预算价格

序号	材料名称	规格型号	单位	预算价格/元	其　中		
					供应价/元	运杂费/元	采保费/元
030001	圆钢	$\phi6$	t	2 348.83	2 254.00	33.08	61.75
030031	等边角钢	4#	t	2 601.47	2 500.00	33.08	68.39
030061	槽钢	10#	t	2 683.63	2 580.00	33.08	70.55
030101	扁钢	40 × 4	t	2 652.82	2 550.00	33.08	69.74
030162	焊接钢管	3/4″	t	3 114.97	3 000.00	33.08	81.89
150443	应急荧光灯	YD02 单 1 × 8 W	套	580.94	557.28	8.39	15.27
150156	浅扁圆吸顶灯	X03C6	套	32.76	30.96	0.94	0.86
152696	十九头圆球柱灯	XDD8039 ϕ 5500 H2500	套	8 860.44	8 500.00	127.50	232.94
143153	单相有功电度表	DD101 220 V 10(40) A	块	168.02	162.50	1.10	4.42
144410	控制模块	BRCH2330	个	370.75	360.00	1.00	9.75

表 4.2　哈尔滨市 2000 年材料预算价格

序号	材料名称	规格型号	单位	预算价格/元	其　中	
					供应价/元	采保费/元
030131	扁钢	40 × 4	t	2 425.98	2 383.08	42.90
173172	单联双控开关	K31/2/3 A 250 − 16 A	个	14.81	14.55	0.26
180666	二十五火水晶吊灯	HDD1006 ϕ1000 H2100	套	24 085.52	23 659.65	425.87

由表 4.2 可看出,哈尔滨市 2000 年材料预算价格,由供应价、采保费二项构成,其中供应价中包括市内运杂费。

对于缺口材料：

(1)供应价可按材料预算价格组成计算。

(2)运杂费可按下式计算。

$$市内运杂费 = 缺口材料供应价 \times 换算后的运杂费率$$

(3)采购保管费可按下式计算

$$市内采购保管费 = (供应价 + 市内运杂费) \times 采购保管费费率$$

哈尔滨市采购保管费费率为1.8%，其中采购费为0.6%，保管费为1.2%。

说明：

(1)甲方将材料、设备供应到施工现场,市内采购保管费中的采购费归甲方,保管费归乙方。

(2)甲方将材料、设备采购入库或由外地采购并负责运至本地到货站,由乙方提货并运至现场所需地点时,运杂费及保管费归乙方。

(3)甲方指定厂家由乙方定货,提运时,市内运杂费及采购和保管费全部归乙方。

第三节　材料差价的调整和处理方法

一、材料差价的产生

材料差价是指预算定额基价所依据的材料预算价格与电气安装工程所在地的现行材料预算价格之间的差异。产生的材料差价主要有地区差价和时间差价。

由于预算定额基价中的材料费是按省会所在地的材料预算价格计算的,而各工程所在地的材料预算价格各不相同,因此就产生了材料预算价格的地区差价。

由于时间的推移,省会所在地的材料价格也会发生变化。这样就产生了材料预算价格的时间差价。

二、材料差价的调整和处理

在计算电气安装工程造价时,为使工程造价正确合理,就需结合当地的实际情况,合理的调整材料差价,予以抵消。为此在确定电气安装工程的材料费时,应严格执行当地材料预算价格表的规定价格进行计算,同时要按主管部门不同时期规定的材料调整方法和系数进行调整。常用的调整处理方法有三种：

(一)单项材料差价调整

这种方法适用于对工程造价影响较大的主要材料进行差价调整。如电气照明工程中的电缆、绝缘导线、灯具等。计算式为

$$材料差价 = \sum [单位工程某种材料用量 \times (本地区现行材料预算价格 - 原地区材料预算价格)]$$

(二)材料差价综合系数调整

采用这种方法调整材料差价,就是将需要调整的各项主要材料统一用综合系数调整。该方法适用于电气安装工程中一些数量大而价值较低的主要材料的调整(如开关、插座、接线盒等)。计算式为

$$材料差价 = 单位工程需要调整差价的主要材料费 \times 调整系数$$

材料差价综合调整系数由地区工程造价管理部门制定。

(三)定额内材料费差价调整

电气预算定额执行一段时间后,由于建筑材料预算价格发生了变化,在编制预算时需调整辅助材料、消耗材料差价。计算式为

$$材料差价 = 定额内材料费 \times 调整系数$$

第四节　电气设备的预算价格

一、电气设备预算价格的组成

电气设备预算价格是指设备由其来源地,运到施工现场仓库(或指定地点)后的出库价格。设备的预算价格是由设备原价和设备运杂费所组成。

由于设备品种繁多、规格繁杂,各地基建主管部门在编制设备预算价格时,只编一少部分常用设备的预算价格。大多数设备预算价格需要概预算人员在编制概预算时,按电气设备预算价格组成计算。

二、电气设备原价(出厂价)的确定

电气设备可划分为两大类:一类为标准型设备,即按国家规定生产的定型系列产品,这类设备各生产厂家均有规定价格。另一类为非标准型设备,这类厂家不成批生产,生产厂家依据设备图纸单独加工,设备原价按厂家报价计算。

(一)标准电气设备原价的确定

(1)依据国家计委及各主管部门颁发的产品出厂价格计算;

(2)依据各省、市、自治区颁发的地方产品的出厂价格计算;

(3)按当地机电设备公司的供应价格计算;

(4)各制造厂家生产的新产品按其计划价格计算。

不同的生产厂家,相同的设备出厂价有时也不同,在计算设备的原价时,应按选定的厂家出厂价计算。

(二)国外供应设备原价的确定

(1)依据各专业设备进口公司的进口价格计算,但应换算成人民币。

(2)以国外承制厂订货报价或国外订货设备价格计算。

各专业设备进口公司的价格一般已包括国外部分的运杂费,实际属于供应价。但实际计算时,往往也作为原价计算,原因是国外部分运杂费比较复杂,难以扣除。

三、设备运杂费的确定

设备运杂费是指设备由来源地运至工地仓库或指定地点所发生的各项费用。国内设备运杂费包括运输费、包装费、装卸费、搬运费、采购及保管费等。国外进口设备的运杂费包括的内容与卖方国家和交货地点有关,其内容各不相同,计算时应根据不同情况分别对待。但进口设备的国内运杂费与国产设备相同。

国内设备运杂费是按设备原价乘以运杂费率计算,计算式为

$$国内设备运杂费 = 设备原价 \times 运杂费率$$

运杂费是由主管部门根据统计资料按实际发生的运杂费与设备原价之比以百分率确定的。如无规定,一般按 3%~5% 计取。

复习思考题

1. 什么是电气安装材料预算价格?
2. 什么是地区材料预算价格?
3. 什么是综合预算价格?
4. 材料供应价格由哪些内容组成?
5. 可以作为材料原价的有哪些?
6. 什么是材料差价? 产生的材料差价有哪几种?
7. 材料差价有哪几种调整方法? 各适用哪些材料调整?
8. 电气设备预算价格由哪些费用组成?

第五章 施工图预算的编制

以单位工程为对象,以施工图和预算定额为依据,以地区材料预算价格为计费标准,用来反映单位工程造价的经济文件,称为施工图预算。

第一节 施工图预算的编制步骤和方法

一、熟悉施工图纸、全面了解工程情况

在编制施工图预算之前,必须认真阅读图纸,领会设计意图,了解工程内容。把图纸中的疑难问题记录下来,通过查找有关资料或向有关技术人员咨询解决,这样才能正确确定分项安装工程项目及数量,否则就会影响施工图预算的进度和质量。

二、计算工程量

工程量的计算在编制预算过程中至关重要,它是整个预算的基础,工程量计算的准确性直接影响工程的造价,所以在计算工程量时应严格按要求进行,才能保证预算的质量。

(一)工程量计算顺序

1. 划分和排列分项工程项目

首先根据施工图所包括的分项工程内容,按所选预算定额中的分项工程项目,划分排列分项工程项目。例如,一般民用多层住宅室内照明工程,其划分的分项工程项目大体排列如下:

(1)悬挂式配电箱安装;

(2)嵌入式配电箱安装;

(3)砖、混结构钢管暗配;

(4)半硬质阻燃管暗敷设;

(5)暗装接线盒安装;

(6)暗装开关盒安装;

(7)照明线路管内穿线;

(8)扳式(单控)暗开关安装;

(9)单相暗插座安装;

(10)座灯头安装;

(11)半圆球吸顶灯安装;

(12)软线吊灯安装;

(13)防水灯头安装;

(14)壁灯安装;

(15)成套吊链式荧光灯安装;

(16)户内接地母线敷设;

(17)利用建筑物主筋引下线安装(或沿建筑物引下线安装)。

(18)接地端子箱安装;

(19)断接卡子制作安装;

(20)户外接地母线敷设;

(21)钢管接地极制作安装;

(22)接地跨接线安装;

(23)避雷网沿墙板支架敷设;

(24)独立接地装置调试;

(25)1 KV 以下交流供电系统调试。

(以上各项均属于全国统一安装工程预算定额第二册定额范围)

2. 逐项计算工程量

在划分排列分项工程项目后,可根据工程量计算规则逐项计算工程量。在计算工程量时,应严格按下列要求进行。

(1)应严格按定额规定进行计算,其工程量单位应与定额一致。

(2)要按一定的顺序进行计算。

在一张电气平面图上有时设计多种工程内容,这样计算起来很不方便,为准确计算工程量,应对图纸中内容进行分解,一部分一部分地按一定顺序计算。如果图纸中只设计一种工程内容,比如电气照明工程,应从引入电源处开始,按着事先划分的分项工程项目计算。

(3)计算过的工程项目在图纸上作出标记。

初学者在计算工程量时,可在图纸上按施工程序或事先排列好的分项工程项目计算工程量,计算过的工程项目在图纸上作出标记,这样既能避免重复计算和漏算,又便于核对工程量。

(4)平面图中线路各段长度的计算均以轴线尺寸或两个符号中心为准,力争计算准确,严禁估算。

(5)所列分项工程项目应包括工程的全部内容。

三、工程量汇总

线管工程量是在平面图上逐段计算和根据供电系统图计算出的,这样在不同管段、不同的位置上会有种类、规格相同的线管。同样在各张平面图上统计出的各种工程量也有种类、规格相同的。因此,要将单位工程中型号相同、规格相同、敷设条件相同、安装方式相同的工程量汇总成一笔数字,这就是套用定额计算定额直接费时所用的数据。

四、套定额单价,计算定额直接费

根据选用的预算定额套用相应项目的预算单价,计算出定额直接费。通常采用填表的方法进行计算。

(1)将顺序号、定额编号、分项工程名称或主材名称、单位、换算成定额单位以后的数量抄写在表中相应栏目内;再按定额编号,查出定额基价以及其中的人工费、材料费、机械费的单价,也填入定额直接费计算表中相应栏目内。用工程量乘以各项定额单价,即可求出该分项工程的预算金额。

(2)凡是定额单价中未包括主材费的,在该分项工程项目下面应补上主材费的费用,定额直接费表中的安装费加上材料费,才是该安装项目的全部费用。

(3)在定额直接费中,还包括各册定额说明中所规定的按系数计取的费用及由定额分项工程子目增减系数而增加或减少的费用。

(4)在每页定额直接费表下边最后一行进行小计(页计),计算出该页各项费用,便于汇总计算。在最后一页小计下面,写出总计,即工程基价、人工费、材料费、机械费各项目的总和,为计取工程各项间接费等提供依据。

如果最后一页的分项工程项目没填满,小计紧跟最后项目填写。

五、计取工程各项费用,计算工程造价

在计算出单位工程定额直接费后,应按各省规定的"安装工程取费标准和计算程序表计取各项费用,并汇总得出单位工程预算造价。

六、编写施工图预算的编制说明

编制说明是施工图预算的一个重要组成部分,它是用来说明编制依据和施工图预算必须进行说明的一些问题。

预算书编制说明的主要内容如下。

(一)编制依据

(1)说明所用施工图纸名称、设计单位、图纸数量、是否经过图纸会审。

(2)说明采用何种预算定额。

(3)说明采用何种地方预(结)算单价表。

(4)说明采用何地区工程材料预算价格。

(5)说明执行何种工程取费标准。

(二)其他费用计取的依据

(1)施工图预算以外发生的费用计取方法。

(2)说明材料预算价格是否调差及调差时所采用的主材价格。

(三)其他需要说明的情况

(1)本工程的工程类别。

(2)本工程施工地点。

(3)本工程开竣工时间。

(4)施工图预算中未计分项工程项目和材料的说明。

要求编制说明简明扼要,语言文字简练,书写工整。

七、编制主要材料表

定额直接费计算表中各分项工程项目下所补的主要材料数量,就是表中每一项目的主要材料需要量。把各种材料按材料表各栏要求逐项填入表内,材料数额小数点后一位采用

四舍五入的方法以整数形式填写。主要材料表如表 5.1 所示。

表5.1　主　要　材　料　表

序号	材 料 名 称	单　　位	规 格 型 号	数量	单价	金额

表中金额最后进行总计。

较小的工程可不编制主要材料表,规模较大的或重点工程必须编制,便于预算的审核。

八、填写封面,装订送审

预算封面应采用各地规定的统一格式。封面需填写的内容一般包括:工程名称、建设单位名称、施工单位名称、建筑面积、经济指标、建设单位预算审核人专用图章以及建设单位和施工单位负责人印章及单位公章、编制日期等。

最后,把预算封面、编制说明、费用计算程序表、工程预算表等按顺序编排并装订成册。装订好的工程预算,经过认真的自审,确认准确无误后,即可送交主管部门和有关人员审核并签字加盖公章,签字盖章后生效。

装订份数按建设单位要求。

第二节　施工图预算的编制依据

一、会审后的施工图纸和设计说明

编制预算必须是经过建设单位、施工单位和设计部门三方共同会审后的施工图纸。图纸会审后,会审记录要及时送交预算部门和有关人员。编制施工图预算不但要有全套的施工图纸,而且要具备所需的一切标准图集、验收规范及有关的技术资料。

二、电气安装工程预算定额

它包括国家颁发的《全国统一安装工程预算定额》中的《电气设备安装工程》、《消防及安全防范设备安装工程》、《自动化控制仪表安装工程》和各地方主管部门颁发的现行预算定额以及地区单位估价表。

三、材料预算价格

安装材料预算价格是计算《全国统一安装工程预算定额》及地方预算定额中未计价材料价值的主要依据。在计算材料价格时,应使用各省、市建设委员会编制的地区建设工程材料预算价格表。

四、建筑安装工程费用定额

目前各省、市、自治区都颁布有各地区的建筑安装工程费用定额,地区不同,取费项目、取费标准也有所不同,编制施工图预算时,应按工程所在地的规定执行。

五、工程承包合同或协议书

工程承包合同中的有关条款,规定了编制预算时的有关项目、内容的处理办法和费用计取的各项要求,在编制施工图预算时必须充分考虑。

六、施工组织设计或施工方案

它所确定的施工方法和组织方法是计算工程量,划分分项工程项目,确定其他直接费时,不可缺少的依据。为确保施工图预算编制的准确,必须在编制预算前熟悉施工组织设计或施工方案,了解施工现场情况。

七、有关工程材料设备的出厂价格

对于材料预算价格表中查不到的价格,可以以出厂价格为原价,按预算价格编制方法编制出预算价格。

八、有关资料

如电气安装工程施工图册、标准图集、本书所述的技术参数及有关材料手册等。

第三节　室内照明安装工程施工图预算编制实例

下面以×××市某住宅楼为例,介绍照明工程施工图预算的编制方法。

一、施工图与设计说明

1. 施工图纸

本例所用施工图为图 5.1 住宅楼照明工程供电系统图;图 5.2 照明工程标准层;图 5.3 干线平面图;图 5.4 照明工程局部平面图。

2. 设计说明

(1)本工程采用 380 V/220 V、50HZ、TN – C – S 系统供电。电源引至架空线路,进户处高度为 6 m。

(2)本工程照明配电箱均为暗设,除 AL22 外,其他配电箱型号及箱内设备均同 AL25,中心距地 1.6 m。AL25 照明配电箱外型尺寸为 390 mm × 430 mm × 130 mm,AL22 照明配电箱为 780 mm × 430 mm × 130mm。

(3)本工程供电系统所用导线除标注外,均采用 BV – 500 型,进户线、水平及垂直干线采用穿钢管暗设,各回路均穿阻燃型半硬塑料管沿墙及穿板孔、板缝暗设,2～3 根绝缘导线穿 ϕ 15 半硬塑料管,4～5 根绝缘导线穿 ϕ20 半硬塑料管。

(4)各居室选用 YG_2 – 1C 控照型荧光灯(40 W),吸顶安装。客厅选用软线吊灯(25 W),安装高度为 2.5 m。方厅选用 $X_{03}C_5$ 浅扁圆吸顶灯(60 W),吸顶安装。厨房选用 $X_{04}A_6$ 防水圆球吸顶灯(60 W),吸顶安装。卫生间选用瓷质墙壁座灯头 25 W 白炽灯,在门口上 0.2 m 处安装。各楼梯间选用天棚座灯头 25 W 白炽灯,直接从各层配电箱引出。

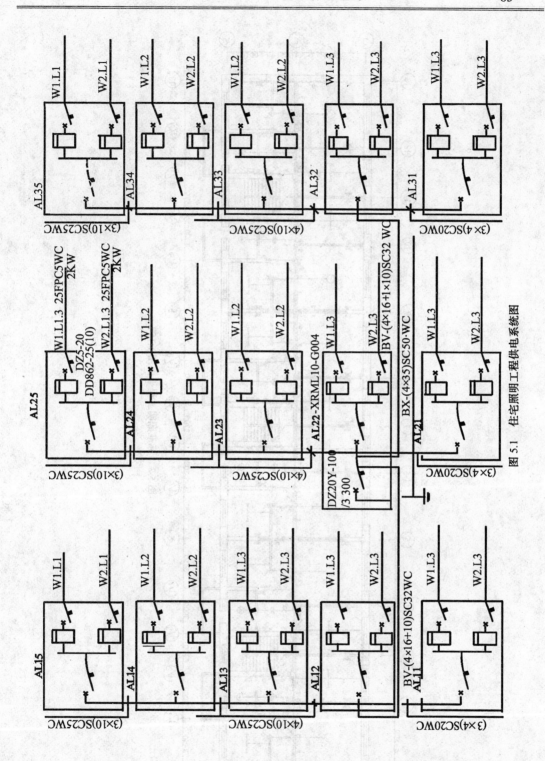

图 5.1　住宅照明工程供电系统图

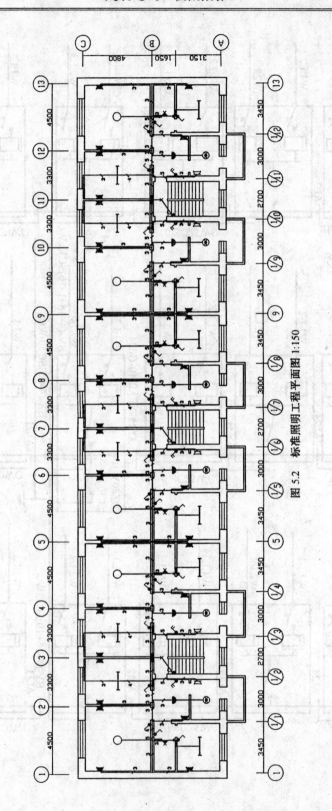

图 5.2　标准照明工程平面图 1:150

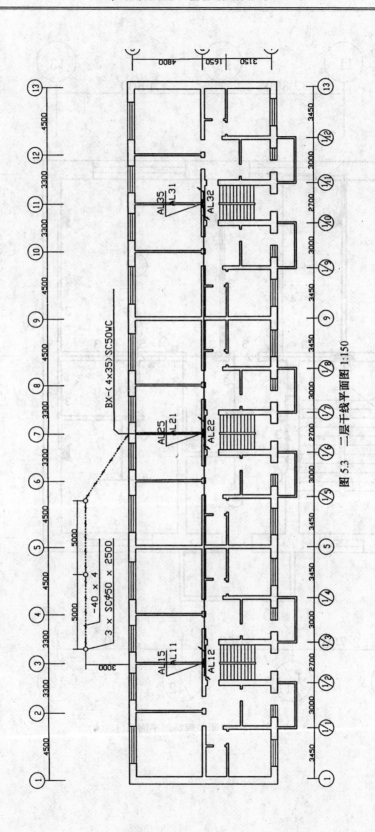

图 5.3　二层干线平面图 1:150

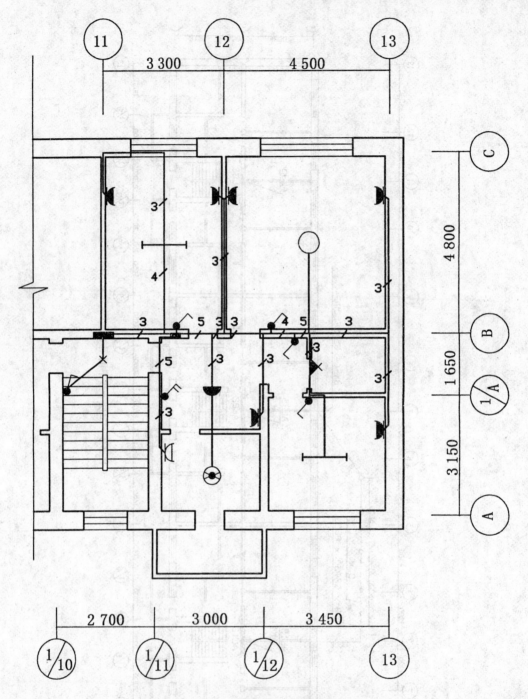

图 5.4　照明工程局部平面图(1:100)

（5）各房间及方厅内插座选用 A86Z$_{223}$ - 10 二、三孔安全插座，暗设在墙内，中心距地 0.3 m。厨房选用 86Z$_{223}$ - 10 二、三孔防溅安全插座，暗设在墙内，中心距地 1.8 m。

（6）开关选用 86 K$_{11}$ - 6 单极开关、86 K$_{21}$ - 6 双极开关暗设墙内，开关中心距地 1.4 m。

（7）分户开关箱选用 XHK - Ⅱ型暗设每户墙内，中心距地 1.8 m，分户箱为 300 mm × 200 mm × 150 mm。

（8）重复接地引下线采用 Φ10 圆钢，距地 1.8 m 处安装断接卡子箱。接地母线为 40×4 镀锌扁钢，接地极为 Φ50 镀锌钢管，接地母线埋深 1 m。

（9）施工中，应与土建专业密切配合，做好预埋预留工作。

二、划分与排列分项工程项目

在计算工程量之前，应列出照明工程的安装项目，所列安装项目应与预算定额项目一致，并按预算定额排列分项工程项目。本例分项工程项目排列如下：

（1）嵌入式配电箱安装；

（2）单相电度表安装；

（3）压铜接线端子；

（4）钢管接地极制作安装；

（5）户外接地母线敷设；

（6）接地跨接线安装；

（7）沿建筑物引下线安装；

（8）断接卡子制作安装；

（9）接地端子箱安装；

（10）1 kV 以下铁横担安装；

（11）进户线横担安装；

（12）进户线架设；

（13）1 kV 以下交流供电系统调试；

（14）独立接地装置调试；

（15）砖、混结构钢管暗配；

（16）半硬质阻燃管暗配；

（17）照明线路管内穿线；

（18）暗装接线盒安装；

（19）暗装开关盒安装；

（20）圆球吸顶灯安装；

（21）半圆球吸顶灯安装；

（22）软线吊灯安装；

（23）座灯头安装；

（24）成套吸顶式荧光灯安装；

（25）扳式（单控）暗开关安装；

（26）单相暗插座安装。

本例除接地端子箱安装外，分项工程只涉及《全国统一安装工程预算定额》第二册定额。

三、工程量计算

1. 嵌入式配电箱安装

照明配电箱工程量按供电系统图计算。照明配电箱安装不包括配电箱材料费,应按不同规格单独计算。

总配电箱	XRML$_{10}$ – G004	1 台
层间配电箱	XRML$_{10}$ – G002	14 台
分户开关箱	XHK – Ⅱ	30 台

分户开关箱按标准层平面图计算。分户开关箱材料费按开关箱规格、型号另计。

有些图纸将分户开关箱画在供电系统图和干线平面图上,计算工程量时可在系统图上统计分户开关箱数量,在干线平面图上计算由配电箱至分户开关箱的线管长度及导线长度。

2. 单相电度表安装

照明配电箱的材料费不包括单相电度表费用,为此应计算单相电度表的工程量时,应计取单相电度表安装费用和单相电度表材料费。工程量如下:

单相电度表	DD$_{862}$ – 4　220 V、5(10) A、30 块	30 块

3. 压铜接线端子

压铜接线端子定额材料费中包括主材铜接线端子材料费,不应另计主材费。但 10 mm^2 的铜接线端子套用 16 mm^2 以内的定额项目,应调整 10 mm^2 与 16 mm^2 的差价。铜接线端子工程量如下:

35 mm^2	4 个
16 mm^2	16 个
10 mm^2	70 个

以上工程量计算按供电系统图累计计算。

4. 钢管接地极制作安装

重复接地接地极制作安装工程量按干线平面图中图例符号统计计算,干线平面图中用圆圈表示的接地极为钢管接地极,以"根"为单位计算。工程量如下:

钢管接地极　φ50 镀锌钢管	3 根

钢管接地极材料费应另计。

5. 户外接地母线敷设

计算式为

(接地端子箱中心距地高度 + 接地母线埋深 + 接地极距墙水平距离 + 接地极之间连接长度) × (1 + 3.9%) = (1.8 + 1 + 3 + 10) × (1 + 3.9%) = 16.42(m)

其中 3.9% 为接地母线上下波动、搭接头等所占长度。户外接地母线材料费应另计。

6. 接地跨接线安装

接地跨接线以"处"为单位计算。为了保证钢管与接地母线连接可靠,成为一个良好的接地导体,应在钢管与扁钢焊接处用 Ω 形铁件包住钢管,并焊接牢固。工程量如下:

接地跨接线	3 处

接地跨接线材料费包括在定额材料费中,不应另计材料费。

7. 沿建筑物引下线安装

重复接地引下线安装执行沿建筑物引下线安装项目,计算式为

(进户电源管距地高度 – 接地端子箱中心距地高度) × (1 + 3.9%) = (6 – 1.8) × (1 + 3.9%) = 4.36(m)

重复接地引下线材料费应另计。

8. 断接卡子制作安装

断接卡子是指连接引下线与接地母线的卡子。工程量与引下线数量相同。工程量如下:

断接卡子　　　　　　　　　　　　　　　　　　　　　　　　　　　1个

断接卡子材料费包括在定额材料费中,不应另计材料费。

9. 接地端子箱安装

接地端子箱是指安装断接卡子的专用暗装箱。工程量与引下线数量相同。工程量如下:

接地端子箱　　　　XHK – Ⅱ 300 × 200 × 150 mm　　　　　　　　　1台

接地端子箱安装不包括箱的材料费,应另计箱的材料费。

10. 1 KV 以下铁横担安装

接户杆横担安装,在平面图及系统图上均反映不出来。从设计说明已知,电源线引至附近架空线路。根据施工验收规范规定,架设的导线不应承受导线的拉力。所以进户线与架空电源线连接时,应在电杆上另安装一组角钢横担,接户线横担安装分二线、四线、六线三类,本施工图采用 TN – C – S 系统供电,应选用四线角钢横担。从电杆引下至建筑物的电杆相当于终端杆,应选双横担。水泥杆横担安装不包括横担、绝缘子、连接件及螺栓的材料费。工程量如下:

四线双根角钢横担　　　　　　　　　　　　　　　　　　　　　　　1组

应另计未计价的材料费。

11. 进户横担安装

架空进户还应计算进户横担安装这个项目。进户横担安装在图纸上也反映不出来,进户横担的作用是用来固定引至建筑物绝缘导线的。进户横担安装分两类,一类是一端固定,另一类是两端固定,应根据进户线引入室内的位置确定哪种固定方式,本例施工图为二单元二层进户,采用两端固定。进户横担的规格又分为二线、四线、六线三种,选四线角钢横担。进户横担安装不包括横担、绝缘子、防水弯头、支撑铁件及螺栓的材料费。工程量如下:

四线角钢横担　　　　　　　　　　　　　　　　　　　　　　　　　1根

应另计未计价的材料费。

12. 进户线架设

首先从图纸上了解所用导线的型号和规格。架空进户线的距离按设计说明计算,计算式为

(进户线架设距离 + 导线预留长度) × 导线根数 = 进户线架设长度

如果架设距离设计说明无规定时,按 25 m 计算,计算式为

进户线架设距离 × 导线根数 = 进户线架设长度

进户线架设不包括绝缘导线的材料费,应另计材料费用。

本例进户线架设工程量计算如下。

$$进户线架设长度 = 25 \times 4 = 100(m)$$

13. 1 kV 以下交流供电系统调试

住宅照明工程送配电设备系统调试工程量计算,按供电系统图中进户处数量统计,本例一处进户,送配电设备系统调试为一个系统。

14. 独立接地装置调试

独立接地装置调试是指按施工图纸要求,用接地电阻测试仪器对已施工完的接地装置进行测试,看是否达到设计要求。本例重复接地装置测试,执行独立接地装置调试项目,以"组"为单位计算工程量,工程量如下。

独立接地装置调试　　　　　　　　　　　　　　　　　　　　　　　　1组

15. 砖、混结构钢管暗配

线管工程量计算方法有两种:一种方法是按图纸标注尺寸计算;另一种是按图纸标注比例计算。若采用后一种方法时,计算方如下:

首先量取平面图上各段线路的水平长度,量取的规定是:以两处符号中心为一段,逐段量取。然后根据层高及照明器具安装高度,按规定计算出垂直长度,水平长度加上垂直长度即为线管敷设工程量。量取平面长度时,不扣除配电箱、接线盒和灯具的长度。为减少工程量计算,可采用分数表示计算法,即线管敷设与管内穿线工程量同时计算,计算式为

$$\frac{导线长度}{线管长度} = \frac{线管长度 \times 导线根数}{线管长度}$$

将各段分子数量相加为导线长度;

将各段分母数量相加为线管长度。

注意:不同规格线管、导线均应单独计算。计算管内穿线工程时,灯位、开关、插座及接线盒处均不考虑预留,因管内穿线定额内已综合考虑了接线头长度。

由土建施工图查得:层高 2.8 m,门间墙 0.28 m、大屋,中屋门宽均为 0.84 m,门高1.9 m。

下面按第一种方法,即图纸标注尺寸法计算本例电照平面图中的线管工程量。

(1)电源钢管暗敷设

①轴⑦外墙至配电箱,SC50 焊接钢管 5.98 m,其计算式为

0.2(外墙预留) + 4.8(轴线ⓒ至轴线Ⓑ水平长度) + 0.98〔轴线⑦顶棚至 AL_{22} 立管长度:2.8(层高) - 1.82(配电箱顶面距地高度)〕= 5.98(m)

②总配电箱 AL_{22} 至 AL_{12} 配电箱,SC32 焊接钢管 17.56 m,其计算式为

15.6(轴线③至轴线⑦水平长度) + 1.96〔2(顶棚至 AL_{22} 立管长度):2 × (2.8 - 1.82)〕= 17.56(m)

③总配电箱 AL_{22} 至 AL_{32} 配电箱,SC32 焊接钢管 17.56 m,其计算式为

15.6(轴线⑦至轴线⑪水平长度) + 1.96〔2(顶棚至 AL_{22} 立管长度):2 × (2.8 - 1.82)〕= 17.56(m)

④三个单元的立管,SC25 焊接钢管 23.13 m,SC20 焊接钢管 7.71 m,其计算式为

〔(层数 - 1) × (层高 - 配电箱高 + 管进上、下箱预留长度)〕× 单元数 = 各单元总立管长度

如果各层立管管径不同,应按不同管径分别计算。

二层至五层立管:SC25

$$[(4-1)\times(2.8-0.43+0.2)]\times3=23.13(m)$$

二层至一层立管:SC20

$$[(2-1)\times(2.8-0.43+0.2)]\times3=7.71(m)$$

16. 半硬质阻燃管暗配

本住宅楼为三个单元、五层、一梯二户,各户建筑结构相同,房间使用功能相同,电气线路设计、照明器具安装位置、照明器具规格种类相同,所以只要计算出一户线管敷设工程量,就可以算出整个单位工程的线管敷设工程量。下面以轴线⑪~⑬轴为例计算工程量。

线管水平长度计算:

ϕ15 管(管内穿二根导线)

2.4〔方厅吸顶灯至厨房吸顶灯距离:3.15(轴线Ⓐ至Ⓓ) + 0.3(轴线Ⓓ至方厅吸顶灯中心距离) - 1.05(轴线Ⓐ至厨房防水吸顶灯中心距离:轴线$\frac{1}{3}$Ⓐ~Ⓓ = 1.05) = 2.4〕 + 0.83(卫生间座灯头至轴线Ⓓ处接线盒距离:轴线$\frac{1}{2}$Ⓓ~Ⓑ = 0.83) + 1.98〔小屋内接线盒至荧光灯距离:轴线$\frac{1}{2}$Ⓐ~Ⓓ + 0.4(接线盒至荧光灯中心距离) = 1.98〕 + 2.4(大屋软线吊灯处接线盒至软线吊灯中心距离:轴线$\frac{1}{2}$Ⓑ~Ⓒ = 2.4) = 7.61(m)

楼梯间水平工程量计算:

ϕ15 管(管内穿二根导线)

2.1〔照明配电箱至楼梯间开关距离:0.5(配电箱中心至座灯头中心距离) + 1.6(座灯头至墙上单联开关距离) = 2.1〕 = 2.1(m)

ϕ15 管(管内穿三根导线)

1.65(配电箱至分户开关箱距离:轴线$\frac{1}{2}$⑪~⑫ = 1.65) + 1.58 (方厅双联开关上端接线盒至厨房内二、三孔防溅插座距离:轴线$\frac{1}{2}$Ⓐ~Ⓓ) = 1.58) + 5.65〔中屋荧光灯至插座距离:2.4(轴线$\frac{1}{2}$Ⓑ~Ⓒ) + 1.65(轴线$\frac{1}{2}$⑪~⑫) + 1.6(轴线$\frac{1}{3}$Ⓑ~Ⓒ = 5.65〕 + 1.35〔轴线Ⓑ至方厅吸顶灯距离:轴线Ⓑ~Ⓓ - 0.3(轴线Ⓓ至方厅吸顶灯中心距离) = 1.35〕 + 0.42〔轴线Ⓓ~Ⓓ 中心至轴线⑫处接线盒距离:0.28($\frac{1}{3}$中屋门宽) + 0.14($\frac{1}{2}$门间墙) = 0.42〕 + 1.18〔轴线⑫~Ⓓ 处接线盒距离:0.14($\frac{1}{2}$门间墙) + 0.84(大屋门宽) + 0.2(门边至轴线Ⓓ处) = 1.18〕 + 2.07〔轴线Ⓑ大屋开关上端接线盒至方厅插座处距离:1.65(轴线Ⓑ~Ⓓ) + 0.12($\frac{1}{2}$卫生间间墙厚度) + 0.3(小屋内墙至方厅插座中心距离) = 2.07〕 + 0.83〔轴线⑫~⑬中心接线盒至卫生间座灯头处距离:(轴线$\frac{1}{2}$Ⓡ~Ⓓ) = 0.83〕 + 5.45〔轴线$\frac{1}{2}$⑫~⑬处接线盒中心至大屋插座处距离:2.25(轴线$\frac{1}{2}$⑫~⑬) + 3.2(轴线$\frac{2}{3}$Ⓑ~Ⓒ) = 5.45〕 + 5.6(小屋插座至大屋插座间距离:2.4(轴线$\frac{1}{2}$Ⓐ~Ⓑ) + 3.2(轴线$\frac{2}{3}$Ⓑ~Ⓒ) = 5.6) = 25.78(m)

ϕ20管(管内穿四根导线)

2.4(分户开关箱至中屋荧光灯距离:轴线$\frac{1}{2}$Ⓑ~ Ⓒ = 2.4)+0.2〔卫生间控制开关至轴线⑭处距离:0.4(卫生间控制开关至大屋门边距离)-0.2(大屋门边至大屋开关距离)=0.2〕=2.6(m)

ϕ20管(管内穿五根导线)

1.23〔分户开关箱至轴线$\frac{1}{2}$⑭ ~ ⑭处距离:1.65(轴线$\frac{1}{2}$⑪ ~ ⑫)-0.28($\frac{1}{3}$中屋门宽)-0.14($\frac{1}{2}$门间墙)=1.23〕+1.75〔分户开关箱至厨房双联开关处距离:1.65(轴线)Ⓑ~ ⑭)+0.1(轴线 ⑭至双联开关距离)=1.75〕+0.87〔轴线$\frac{1}{2}$⑫ ~ ⑬处接线盒至卫生间控制开关处距离:2.25(轴线$\frac{1}{2}$⑫ ~ ⑬)-0.14($\frac{1}{2}$门间墙)-0.84(大屋门宽)-0.4(大屋门边至卫生间控制开关距离)=0.87〕=3.85(m)

线管垂直长度计算:

ϕ15管(管内穿二根导线)

4〔单联开关立管长度:2.8(层高)-0.1(预制板内长度)-0.3(接线盒中心距顶棚距离)-1.4(开关中心距地高度)×4(开关数量)=4〕+0.6〔卫生间座灯头立管长度:2.8(层高)-0.1(预制板内长度)-1.9(门高)-0.2(座灯头距门距离)=0.6〕+1.2〔接线盒立管长度:0.4(大屋墙上立管长度)+2×0.4(小屋墙上立管长度2根)=1.2〕=5.8(m)

楼梯间立管:

ϕ15管(管内穿二根导线)

0.97〔楼梯间配电箱立管长度:2.8(层高)-1.6(配电箱中心距地高度)-$\frac{0.43}{2}$(配电箱中心至顶面距离)=0.97〕+1.3〔单联开关立管长度:2.8(层高)-0.1(预制板内长度)-1.4(开关中心距地高度)=1.3〕=2.27(m)

ϕ15管(管内穿三根导线)

1〔双联开关立管长度:2.8(层高)-0.1(预制板内长度)-0.3(接线盒中心距棚距离)-1.4(开关中心距地高度)=1〕+0.9〔二、三孔防溅插座立管长度:2.8(层高)-0.1(预制板内长度)-1.8(插座中心距地高度)=0.9〕+9.6〔二、三孔安全插座立管长度:2.8(层高)-0.1(预制板内长度)-0.3(开关中心距地)〕×4(引下数量)=9.6〕+0.98〔配电箱立管长度:2.8(层高)-1.6(配电箱中心距地高度-$\frac{0.43}{2}$(配电箱中心至顶面高度)=0.98〕+0.9〔分户开关箱立管长度:2.8(层高)-0.1(预制板内长度)-1.8(分户开关箱中心距地高度)=0.9〕+0.5〔分户开关箱中心至接线盒中心立管长度:2.8(层高)-0.2(楼板厚度)-0.3(接线盒至顶棚高度)-1.8(分户箱中心距地高度)=0.5〕+0.6〔卫生间座灯头处立管长度:2.8(层高)-0.1(预制板内长度)-1.9(门高)-0.2(座灯头距门距离)=0.6〕+4〔接线盒处立管长度:0.4(轴线Ⓑ上⑪ ~ ⑫中心)+0.8(轴线Ⓑ上⑭ ~ ⑭中心)+1.2(轴线 Ⓑ上⑫)+0.8(轴线Ⓑ上⑭)+0.8(轴线Ⓑ上⑫ ~ ⑬中心)=4〕=27.3(m)

ϕ20管(管内穿四根导线)

1.2〔接线盒处立管长度:0.4(轴线Ⓑ上$\frac{1}{2}$⑪~⑫)+0.4(轴线Ⓑ上⑭)+0.4(轴线Ⓑ上卫生间控制开关处)=1.2〕=1.2(m)

ϕ20管(管内穿五根导线)

2.4〔接线盒处立管长度:0.8(轴线Ⓑ上$\frac{1}{2}$⑪~⑫)+0.8(轴线Ⓑ上$\frac{1}{2}$⑭~⑭)+0.4(轴线Ⓑ上卫生间控制开关)+0.4(轴线Ⓑ上⑫~⑬=2.4〕=2.4(m)

工程量汇总:

FPC15　　　　　　　56.49 m
FPC15　　　　　　　4.37 m
FPC20　　　　　　　10.05 m

一至五层(标准层)线管工程量计算:

FPC15:56.49(每户线管数量)×6(每层户数)×5(层数)+4.37(每个楼梯间线管数量)×3(每层楼梯间数量)×5(层数)=1 760.25(m)

FPC20:10.05(每户线管数量)×6(每层户数)×5(层数)=301.5(m)

17. 照明线路管内穿线

采用图纸标注尺寸计算法计算管内穿线工程量时,应将线管长度乘以管内导线根数,管径相同导线根数不同应分别计算;不同管径应分别计算;管径相同,管内导线截面不同,应按导线截面分别计算出导线工程量。除配电箱、分户开关箱内每根导线预留箱的半周长外,其它各处均不预留。工程量计算如下:

35 mm²(电源管管内穿线)

〔5.98(轴线⑦外墙至总配电箱 AL₂₂钢管长度)+1.21(配电箱半周长)〕×4(导线根数)=28.76(m)

16 mm²(电源管管内穿线)

35.12(AL₂₂至 AL₁₂、AL₃₂水平和垂直线管长度)×4(导线根数)+0.82(配电箱半周长)×8(导线根数)+1.21(配电箱半周长)×8(导线根数)=156.64(m)

10 mm²(电源管管内穿线)

35.12(AL₂₂至 AL₁₂、AL₃₂水平和垂直线管长度)×1+0.82(配电箱半周长)×2(导线根数)+1.21(配电箱半周长)×2(导线根数)=39.18(m)

4 mm²(一层~二层立管管内穿线)

〔(2.8-0.43+0.2)(标准层层间立管长度)+2(配电箱半周长数量)×0.82(配电箱半周长)〕×2(单元数量)×3(导线根数)+〔(2.8-0.43+0.2)(标准层层间立管长度)+0.82(AL₂₁配电箱半周长)+1.21(AL₂₂配电箱半周长)〕×1(单元数量)×3(导线根数)=39.06(m)

10 mm²(二层至四层立管管内穿线)

〔5.14(二层至四层层间立管长度)+3(配电箱半周长数量)×0.82(配电箱半周长)+1(配电箱半周长数量)×1.21(配电箱半周长)〕×1(单元数量)×4(导线根数)+〔5.14(二层至四层层间立管长度)+4(配电箱半周长数量)×0.82(配电箱半周长)〕×2(单元数量)×4(导线根数)=102.6(m)

10 mm²(四~五层立管管内穿线)

〔2.8-0.43+0.2(四~五层立管长度)+2(配电箱半周长数量)×0.82(配电箱半周长)〕×3

(单元数量) × 3(导线根数) = 37.89(m)

2.5 mm²(一至五层管内穿线)

水平线管管内穿线：

7.61(每户 φ15 线管长度) × 6(户数) × 5(层数) × 2(导线根数) + 25.78(每户 φ15 线管长度) × 6(户数) × 5(层数) × 3(导线根数) + 2.6(每户 φ20 线管长度) × 6(户数) × 5(层数) × 4(导线根数) + 3.85(每户 φ20 线管长度) × 6(户数) × 5(层数) × 5(导线根数) = 3 666.3(m)

垂直线管管内穿线：

5.8(每户 φ15 线管长度) × 6(户数) × 5(层数) × 2(导线根数) + 〔27.3(每户 φ15 线管长度) + 0.82(配电箱半周长)〕 × 6(户数) × 5(层数) × 3(导线根数) + (0.78 − 0.39)(总配电箱与分配电箱宽度差) × 2(户数) × 3(导线根数) + 0.5(分户开关箱半周长) × 1(分户箱数量) × 6(户数) × 5(层数) × 3(导线根数) + 1.2(每户 φ20 线管长度) × 6(户数) × 5(层数) × 4(导线根数) + 2.4(每户 φ20 线管长度) × 6(户数) × 5(层数) × 5(导线根数) = 3430.14(m)

2.5 mm²(楼梯间线管管内穿线)

2.1(配电箱至楼梯间开关水平长度) × 3(单元数) × 5(层数) × 2(导线根数) + 2.27(楼梯间立管长度) × 3(单元数) × 5(层数) × 2(导线根数) = 131.10(m)

18. 暗装接线盒安装

工程量计算方法：按平面图线路中的接线盒符号，按回路、按单元、按层累计计算。如平面图中未标出或表示不清，可按下述原则计算。

(1)T 字形连接处；

(2)十字形连接处；

(3)明设管线的灯位处；

(4)现浇楼板内灯位处(无接线盒盖)。

计算工程量时，应区分明接线盒、暗接线盒、明装防爆接线盒和钢索上铸铁接线盒。在计算材料费时，应分清接线盒的种类、型号和规格。

本施工图中接线盒内暗装塑料接线盒，工程量如下：

接线盒	300 个
灯位盒	75 个

在线管敷设的照明工程中除计算接线盒工程量外，还应计算开关盒、插座盒的工程量。

19. 暗装开关盒安装

凡是暗装的开关和插座都必须安装在开关和插座内。常用的开关盒、插座盒可分为钢盒和塑料盒两种。开关盒又分为单联、双联、三联和四联盒。开关盒和插座盒数量同开关和插座数量。开关盒、插座盒材料费单独计算。

在套定额时，开关盒与插座盒数量合并在一起计算，套开关盒定额项目，因定额中无插座盒安装项目。本例平面图中单联开关盒、双联开关盒、插座盒工程量如下：

单联开关盒	135 个
双联开关盒	30 个
插座盒	210 个
总计	375 个

20. 圆球吸顶灯安装

圆球吸顶灯应区分灯罩直径正确套定额，本施工图中采用的圆球吸顶灯直径250 mm，灯具材料费应另计，工程量如下

防水圆球吸顶灯   30套

21. 半圆球吸顶灯安装

半圆球吸顶灯安装应区分灯罩直径正确套定额，本施工图中采用的浅半圆吸顶灯直径250 mm，灯具材料费应另计，工程量如下。

浅半圆吸顶灯   30套

22. 软线吊灯安装

其他普通灯具安装应区分灯具不同种类正确套定额项目，灯具材料费应另计。本例软线吊灯工程量如下。

软线吊灯   30套

23. 座灯头安装

座灯头安装应将瓷质座灯头和胶木座灯头工程量合并在一起套定额，补灯具材料费时应分别计算其价格。本例座灯头工程量如下：

座灯头   45套

其中瓷质座灯头   30套

胶木座灯头   15套

24. 成套吸顶式荧光灯安装

荧光灯具安装应区分组装型还是成套型，成套型还要区分吊链式、吊管式、吸顶式及灯管数量后，再套相应定额子目，灯具材料费另计。本施工图中荧光灯为成套型40 W单管吸顶式荧光灯。工程量如下：

单管吸顶式荧光灯   60套

25. 扳式（单控）暗开关安装

工程量计算方法：按平面图中开关符号、按回路、按单元、按层累计计算。

计算工程量时，应区分明装、暗装开关，开关应分清拉线、扳把或扳式开关，扳式开关区分单联、双联、三联、四联。应按安装方式和种类正确套定额，开关材料费应另计。在计算开关材料费时，应分清开关的种类、型号和规格。工程量如下：

单联跷板式开关   135套

双联跷板式开关   30套

26. 单相暗插座安装

插座工程量计算方法同开关。计算工程量按插座符号累计计算，区分插座、防爆插座，插座还要分清单相还是三相，单相明插座、单相暗插座及额定电流和孔数。插座安装套定额时，应按不同孔数正确执行定额。插座安装费用不包括插座材料费，应另计材料费。计算材料费时，应分清插座的种类、型号和规格。本例工程量如下：

二、三孔安全暗插座   180套

二、三孔防溅安全暗插座   30套

27. 工程量计算表和工程量汇总表

本例工程量计算表见表5.2，工程量汇总表见表5.3。

表5.2　工程量计算表

工程名称:住宅楼照明工程

序号	工程名称	计算式	单位	工程量
1	嵌入式配电箱安装		台	45
其中:	照明配电箱	780 mm × 430 mm × 130 mm	台	1
		390 mm × 430 mm × 130 mm	台	14
	分户开关箱	300 mm × 200 mm × 150 mm	台	30
2	单相电度表安装	DD862 – 4 220 V.5(10) A	块	30
3	压铜接线端子		个	90
其中:	铜接线端子	35 mm^2	个	4
		16 mm^2	个	16
		10 mm^2	个	70
4	钢管接地极制作安装	ϕ50 镀锌钢管	根	3
5	户外接地母线敷设	$(1.8 + 1 + 3 + 10) \times (1 + 3.9\%)$	m	16.42
6	接地跨接线安装		处	3
7	沿建筑物引下线安装	$(6 - 1.8) \times (1 + 3.9\%)$	m	4.36
8	断接卡子制作安装		个	1
9	接地端子箱安装	250 mm × 150 mm × 100 mm	台	1
10	1 KV 以下铁横担安装		组	1
11	进户横担安装		根	1
12	进户线架设	25 × 4	m	100
13	1 KV 以下交流供电系统调试		系统	1
14	独立接地装置调试		组	1
15	砖、混结构钢管暗配	SC50 0.2 + 4.8 + 0.98	m	5.98
		SC 32 15.6 + 1.96	m	17.56
		SC 32 15.6 + 1.96	m	17.56
		SC25$[(4 - 1) \times (2.8 - 0.43 + 0.2)] \times 3$	m	23.13
		SC20$[(2 - 1) \times (2.8 - 0.43 + 0.2)] \times 3$	m	7.71
16	半硬质阻燃管暗配			
		FPC15:$(2.4 + 0.83 + 1.98 + 2.4 + 1.65 + 1.58$ $+ 5.65 + 1.35 + 0.42 + 1.18 + 2.07 + 0.83 +$ $5.45 + 5.6 + 4 + 0.6 + 1.2 + 1 + 0.9 + 9.6 +$ $0.98 + 0.9 + 0.5 + 0.6 + 4) \times 6 \times 5 + (2.1 +$ $0.97 + 1.3) \times 3 \times 5$	m	1 760.25

续 表

序号	工 程 名 称	计 算 式	单位	工程量
		FPC20:$(2.4 + 0.2 + 1.23 + 1.75 + 0.87 + 1.2 + 2.4) \times 6 \times 5$	m	301.5
17	照明线路管内穿线			
		35 mm²:$(5.98 + 1.21) \times 4$	m	28.76
		16 mm²:$35.12 \times 4 + 0.82 \times 8 + 1.21 \times 8$	m	156.64
		10 mm²:$35.12 \times 1 + 0.82 \times 2 + 1.21 \times 2 + (5.14 + 3 \times 0.82 + 1 \times 1.21) \times 1 \times 4 + (5.14 + 4 \times 0.82) \times 2 \times 4 + (2.8 - 0.43 + 0.2 + 2 \times 0.82) \times 3 \times 3$	m	179.67
		4 mm²:$(2.8 - 0.43 + 0.2 + 2 \times 0.82) \times 2 \times 3 + (2.8 - 0.43 + 0.2 + 0.82 + 1.21) \times 1 \times 3$	m	39.06
		2.5 mm²:$7.61 \times 6 \times 5 \times 2 + 25.78 \times 6 \times 5 \times 3 + 2.6 \times 6 \times 5 \times 4 + 3.85 \times 6 \times 5 \times 5 + 5.8 \times 6 \times 5 \times 2 + (27.3 + 0.82) \times 6 \times 5 \times 3 + (0.78 - 0.39) \times 2 \times 3 + 0.5 \times 1 \times 6 \times 5 \times 3 + 1.2 \times 6 \times 5 \times 4 + 2.4 \times 6 \times 5 \times 5 + 2.1 \times 3 \times 5 \times 2 + 2.27 \times 3 \times 5 \times 2$	m	7 227.54
18	暗装接线盒安装		个	375
其中	塑料接线盒		个	300
	塑料灯位盒		个	75
19	暗装开关盒安装		个	375
其中	单联开关盒		个	135
	双联开关盒		个	30
	插座盒		个	210
20	圆球吸顶灯安装		套	30
21	半圆球吸顶灯安装		套	30
22	软线吊灯安装		套	30
23	座灯头安装		套	45
其中	瓷质座灯头		套	30
	胶木座灯头		套	15
24	成套吸顶式荧光灯安装		套	60
25	扳式暗开关安装	单联	套	135
		双联	套	30
26	单相暗插座安装		套	210
其中	五孔安全暗插座		套	180
	五孔防溅安全暗插座		套	30

表 5.3　工　程　量　汇　总　表

工程名称:住宅楼照明工程

序号	定额编号	分　项　工　程　名　称	单位	数量
1	2－265	嵌入式配电箱安装	台	1
2	2－264	嵌入式配电箱安装	台	14
3	2－263	嵌入式配电箱安装	台	30
4	2－307	单相电度表安装	块	30
5	2－338	压铜接线端子	10个	0.4
6	2－337	压铜接线端子	10个	8.6
7	2－688	钢管接地极制作安装	根	3
8	2－697	户外接地母线敷设	100 m	1.64
9	2－701	接地跨接安装	10处	0.3
10	2－745	沿建筑物引下线安装	10 m	0.44
11	2－747	断接卡子制作安装	10套	0.1
12	黑9-60	接地端子箱安装	10套	0.1
13	2－794	1 kV以下铁横担安装	组	1
14	2－802	进户横担安装	根	1
15	2－825	进户线架设	100 m/单线	1
16	2－849	1 kV以下交流供电系统调试	系统	1
17	2－885	独立接地装置调试	组	1
18	2－1009	砖、混凝土结构暗配	100 m	0.08
19	2－1010	砖、混凝土结构暗配	100 m	0.23
20	2－1011	砖、混凝土结构暗配	100 m	0.35
21	2－1013	砖、混凝土结构暗配	100 m	0.06
22	2－1131	半硬质阻燃管暗配	100 m	17.60
23	2－1132	半硬质阻燃管暗配	100 m	3.02
24	2－1172	照明线路管内穿线	100 m 单线	72.28
25	2－1173	照明线路管内穿线	100 m 单线	0.39
26	2－1201	照明线路管内穿线	100 m 单线	1.80
27	2－1202	照明线路管内穿线	100 m 单线	1.57
28	2－1204	照明线路管内穿线	100 m 单线	0.29
29	2－1377	暗装接线盒安装	10个	37.5
30	2－1378	暗装开关盒安装	10个	37.5
31	2－1382	圆球吸顶灯安装	10个	3
32	2－1384	半圆球吸顶灯安装	10套	3
33	2－1389	软线吊灯安装	10套	3
34	2－1396	座灯头安装	10套	4.5
35	2－1594	成套吸顶式荧光灯安装	10套	6
36	2－1637	单联(单控)扳式暗开关安装	10套	13.5
37	2－1638	双联(单控)扳式暗开关安装	10套	3
38	2－1670	单相暗插座安装	10套	21

四、套定额单价,计算定额直接费

1. 所用定额单价和材料预算价格

(1)本例所用定额为全国统一安装工程预算定额第二册电气设备安装工程。

(2)定额单价采用 2000 年黑龙江省建设工程预算定额哈尔滨市单价表。

(3)材料预算价格采用 2000 年哈尔滨市建设工程材料预算价格表。

2. 编制定额直接费计算表

直接费计算表见表 5.4

对表中的有关问题说明如下:

(1)本实例分项工程项目内容,仅有 10 mm² 接线端子安装和 35 mm² 接线端子安装与定额项目内容不同,需进行调整。

①10 mm² 接线端子也套 16 mm² 以下压铜接线端子定额子目。但该子目中的单价,哈尔滨市建设工程材料预算价格为 3.15 元/个,而 10 mm² 的接线端子预算价格为 2.91 元/个,应调整价差。

每个价差:3.15 – 2.91 = 0.24(元)

②定额中 35 mm² 以内压铜接线端子主材费是按 25 mm² 和 35 mm² 各占 50% 计算的,但本例用的全部都是 35 mm² 的,应增加二者价差。35 mm² 的铜接线端子单价,哈尔滨市建设工程材料预算价格为 4.61 元/个,而 25 mm² 的接线端子预算价格为 3.39 元/个。

每个价差:4.61 – 3.39 = 1.22(元/个)

(2)按定额中规定系数计取的费用。

本例按规定系数计取的费用有脚手架搭拆费和超高部分增加费,按下列规定计取:

脚手架搭拆费按定额总人工费的 4% 计算,其中人工费占脚手架搭拆费的 25%,其余75% 计入材料费金额中。

超高部分增加费按进户横担安装人工费的 33% 计算,同时计入人工费金额中。

(3)接地端子箱安装,执行黑龙江省 2000 年电气预算定额。

五、计算安装工程取费,汇总单位工程预算造价

安装工程取费应按照各省颁发的《建筑安装工程费用定额》(或称取费标准)和取费计算程序表进行取费。本例按 2000 年黑龙江省建筑安装工程费用定额安装工程费用计算程序计算。工程地点在市内,工程类别为三类工程,按上述条件编制的安装工程取费计算表,见表 5.5。

至此,照明安装工程施工图预算已编制完毕。但还应按本章第一节的要求,编写施工图预算和编制说明并按程序装订成册。

工程名称：

表 5.4 定额直接费计算表

顺序号	定额编号	分项工程名称	工程量 定额单位	工程量 数量	定额价值/元 定额单价	定额价值/元 金额	其中 人工费/元 单价	其中 人工费/元 金额	其中 材料费/元 单价	其中 材料费/元 金额	其中 机械费/元 单价	其中 机械费/元 金额
1	2-263	嵌入式配电箱安装	台	30	58.43	1 752.90	34.32	1 029.60	24.11	723.30		
		XHK-2	台	30	102.82	3 084.60			102.82	3 084.60		
2	2-264	嵌入式配电箱安装	台	14	69.61	974.54	41.18	576.52	28.43	398.02		
		XRML10-G002	台	14	292.49	4 094.86			292.49	4 094.86		
3	2-265	嵌入式配电箱安装	台	1	83.02	83.02	52.62	52.62	30.40	30.40		
		XRML10-G004	台	1	457.03	457.03			457.03	457.03		
4	2-307	单相电度表安装	块	30	71.36	2 140.80	10.52	315.60	60.84	1 825.20		
		DD862-4 220 V 5(10) A	块	30	97.73	2 931.90			97.73	2 931.90		
5	2-337	压铜接线端子	10个	8.6	45.48	391.13	10.07	86.60	35.41	304.53		
		扣16 mm² 与 10 mm² 价差	个	71.05	-0.24	-17.05			-0.24	-17.05		
6	2-338	压铜接线端子	10个	0.4	60.39	24.16	15.10	6.04	45.29	18.11		
		增35 mm² 与 25 mm² 价差	个	2.03	1.22	2.48			1.22	2.48		
7	2-668	钢管接地极制作安装	根	3	48.22	144.66	14.19	42.57	2.32	6.96	31.71	95.13
		SC50 镀锌钢管	kg	37.7	3.01	113.48			3.01	113.48		
8	2-697	户外接地母线敷设	10 m	1.64	75.63	124.03	69.78	114.44	1.15	1.89	4.70	7.71
		40×4 镀锌扁钢	kg	21.7	2.43	52.73			2.43	52.73		
		页　计				16 355.27		2 223.99		14 028.44		102.84

续　表

工程名称：

序号	定额编号	分项工程名称	工程量		价值/元		其中					
			定额单位	数量	定额单价	金额	人工费/元		材料费/元		机械费/元	
							单价	金额	单价	金额	单价	金额
9	2－701	接地跨线安装	10处	0.3	79.23	23.77	25.40	7.62	30.34	9.10	23.49	7.05
10	2－745	避雷沿建筑物引下线敷设	10 m	0.44	69.02	30.36	25.85	11.37	13.81	6.07	29.36	12.92
		φ10圆钢	kg	28.51	2.27	64.72			2.27	64.72		
11	2－747	断接卡子制作安装	10套	0.1	101.32	10.13	82.37	8.23	18.80	1.88	0.15	0.02
12	黑9－60	接地端子测试箱安装	10套	0.1	20.18	2.02	19.45	1.95	0.73	0.07		
		接地端子测试箱	台	1	35.99	35.99			35.99	35.99		
13	2－794	1 kV以下铁横担安装	组	1	14.97	14.97	9.84	9.84	5.13	5.13		
		镀锌角钢横担∠63x6x1500	根	2	46.67	93.34			46.67	93.34		
		镀锌角钢拉带∠50x5x1030	根	4	21.60	86.40			21.60	86.40		
		低压茶台ED－2	个	4.08	1.34	5.47			1.34	5.47		
14	2－802	进户横担安装	根	1	25.89	25.89	8.47	8.47	17.42	17.42		
		镀锌角钢横担∠63x6x1500	根	1	46.67	46.67			46.67	46.67		
		低压茶台ED－2	个	4.08	1.34	5.47			1.34	5.47		
		防水弯头φ50塑制	个	1	4.02	4.02			4.02	4.02		
		超高部分增加费	系统	33%	8.47	2.80	8.47	2.80				
15	2－825	进户线架设	100 m单线	1	73.82	73.82	19.91	19.91	53.91	53.91		
		页　　计				525.84		70.19		435.66		19.99

续　表

工程名称：

顺序号	定额编号	分项工程名称	工程量		价值/元		其　中					
---	---	---	---	---	---	---	人工费/元		材料费/元		机械费/元	
			定额单位	数量	定额单价	金额	单价	金额	单价	金额	单价	金额
16	2-849	BX-35 mm²	m	101.8	13.07	1 330.53			13.07	1 330.53		
17	2-885	1 kV以下交流供电系统调试	系统	1	283.28	283.28	228.80	228.80	4.64	4.64	49.84	49.84
18		独立接地装置调试	系统	1	123.62	123.62	91.52	91.52	1.86	1.86	30.24	30.24
19	2-1009	砖、混凝土结构暗配 SC20	100 m	0.08	245.81	19.66	164.74	13.18	39.96	3.20	41.11	3.29
		SC20	kg	13.43	2.68	35.99			2.68	35.99		
20	2-1010	砖、混凝土结构暗配 SC25	100 m	0.23	317.08	72.93	199.74	45.94	58.15	13.37	59.19	13.61
		SC25	kg	57.33	2.66	152.50			2.66	152.50		
21	2-1011	砖、混凝土结构暗配 SC32	100 m	0.35	346.23	121.18	212.56	74.40	74.48	26.07	59.19	20.72
		SC32	kg	115.03	2.66	305.98			2.66	305.98		
22	2-1013	砖、混凝土结构暗配 SC50	100 m	0.06	564.79	33.89	363.79	21.83	123.07	7.38	77.93	4.68
		SC50	kg	30.16	2.64	79.62			2.64	79.62		
23	2-1131	半硬质阻燃管暗配 FPC15	100 m	17.60	186.42	3 280.99	152.84	2 689.98	33.58	591.01		
		FPC15	kg	361.71	9.60	3 472.42			9.60	3 472.42		
		FPC20	kg	16.37	9.60	157.15			9.60	157.15		
	2-1132	半硬质阻燃管暗配 FPC20	100 m	3.02	214.51	647.82	177.09	534.81	37.42	113.01		
		FPC20	kg	76.83	9.60	737.57			9.60	737.57		
页　计						10 785.54		3 700.46		6 962.70		122.38

续　表

工程名称：

顺序号	定额编号	分项工程名称	定额单位	数量	定额单价	金额	人工费/元 单价	人工费/元 金额	材料费/元 单价	材料费/元 金额	机械费/元 单价	机械费/元 金额
					价值/元				其中			
24	2-1172	FPC25	kg	0.86	9.60	8.26			9.60	8.26		
		照明线路管内穿线	100 m 单线	72.28	34.28	2 477.04	22.88	1 653.77	11.39	823.27		
25	2-1173	BV-2.5 mm²	m	8 384.48	0.72	6 036.83			0.72	6 036.83		
		照明线路管内穿线	100 m 单线	0.39	27.72	10.81	16.02	6.25	11.70	4.56		
26	2-1201	BF-4 mm²	m	42.9	1.14	48.91			1.14	48.91		
		照明线路管内穿线	100 m 单线	1.80	33.81	60.86	21.74	39.13	12.07	21.73		
27	2-1202	BV-10 mm²	m	189	3.13	591.57			3.13	591.57		
		照明线路管内穿线	100 m 单线	1.57	37.39	58.70	25.17	39.52	12.22	19.19		
28	2-1204	BV-16 mm²	m	164.85	4.87	802.82			4.87	802.82		
		照明线路管内穿线	100 m 单线	0.29	47.47	13.77	33.18	9.63	14.29	4.14		
29	2-1377	BV-35 mm²	m	30.45	10.09	307.24			10.09	307.24		
		暗装接线盒安装	10 个	37.5	18.50	693.75	10.30	386.25	8.20	307.50		
		塑料接线盒	个	306	1.05	321.30			1.05	321.30		
		塑料灯位盒	个	76.5	0.70	53.55			0.70	53.55		
30	2-1378	暗装开关盒安装	10 个	37.5	14.77	553.87	10.98	411.75	3.79	142.12		
		开关盒(单联)	个	137.7	1.40	192.78			1.40	192.78		
		页　计				12 232.07		2 546.30		9 685.77		

续　表

工程名称：

顺序号	定额编号	分项工程名称	定额单位	数量	定额单价	金额	人工费单价	人工费金额	材料费单价	材料费金额	机械费单价	机械费金额
		开关盒(双联)	个	30.6	1.40	42.84			1.40	42.84		
		插座盒	个	214.2	1.40	299.88			1.40	299.88		
31	2-1382	圆球吸顶灯安装	10套	3	95.37	286.11	49.42	148.26	45.95	137.85		
		X₀₄A₆	套	30.3	30.30	1190.79			39.30	1190.79		
32	2-1384	半圆球吸顶灯安装	10套	3	96.47	289.41	49.42	148.26	47.05	141.15		
		X₀₃C₅	套	30.3	28.39	860.22			28.39	860.22		
33	2-1389	软线吊灯安装	10套	3	48.79	146.37	21.51	64.50	27.28	81.84		
		无开关灯头	套	30.3	1.15	34.85			1.15	34.85		
34	2-1396	座灯头安装	10套	4.5	35.78	161.00	21.51	96.80	14.27	64.22		
		瓷质座灯头	套	30.3	1.85	56.06			1.85	56.06		
		胶木座灯头	套	15.15	1.15	17.42			1.15	17.42		
35	2-1594	成套吸灯荧光灯安装	10套	6	64.50	387.00	49.65	297.90	14.85	89.10		
		YG₂-1C	套	60.6	81.84	4959.50			81.84	4959.50		
36	2-1637	单联扳式暗开关安装	10套	13.5	21.36	288.36	19.45	262.58	1.91	25.79		
		86K11-6	套	137.7	2.60	358.02			2.60	358.02		
37	2-1638	双联扳式暗开关安装	10套	3	22.78	68.34	20.36	61.08	2.42	7.26		
		页计				9446.17		1079.38		8366.79		

续 表

工程名称：

顺序号	定额编号	分项工程名称	工程量		价 值/元		其 中					
			定额单位	数量	定额单价	金额	人工费/元		材料费/元		机械费/元	
							单价	金额	单价	金额	单价	金额
	86K21-6		套	30.6	3.86	118.12			3.86	118.12		
38	2-1670	单相暗插座安装	10套	21	29.74	624.54	25.17	528.57	4.57	95.97		
	A86ZZ23-10		套	183.6	12.79	2 348.24			12.79	2 348.24		
	86ZZ23-10		套	30.6	12.68	388.01			12.68	388.01		
		白炽灯泡 25 W	只	77.25	0.83	64.12			0.83	64.12		
		白炽灯泡 60 W	只	61.8	0.90	55.62			0.90	55.62		
		荧光灯管 40 W	支	60.9	6.40	389.76			6.40	389.76		
		页 计				3 988.41		528.57		3 459.84		
		合 计				53 333.30		10 048.89		43 039.20		245.21
		脚手架搭拆费	系数	4% 10 048.89		401.96	401.96× 25%	100.49	401.96× 75%	301.49		
		总 计				53 735.26		10 149.38		43 340.67		245.21

表 5.5 工 程 费 用 计 算 表

工程名称：

序号	工程费用名称	费率计算公式	金额/元
(一)	直 接 费		53 735.26
(A)	其中 人 工 费		10 149.38
(二)	综 合 费 用	(A) × 36.8%	3 734.97
(三)	利 润	(A) × 28%	2 841.83
(四)	有 关 费 用	(1) + … + (12)	2 653.05
(1)	远地施工增加费	(A) × %	
(2)	特种保健津贴	(A) × %	
(3)	赶工措施增加费	(A) × %	
(4)	文明施工增加费	(A) × %	
(5)	集中供暖等项费用	(A) × 26.14%	2 653.05
(6)	材 料 价 差		
(7)			
(8)			
(9)	预制构件增加费		
(10)			
(11)			
(12)	工程风险系数	[(一) + (二) + (三)] × %	
(五)	劳 动 保 险 基 金	[(一) + (二) + (三) + (四)] × 3.32%	2 090.44
(六)	工程定额编制管理费，劳动定额测定费	[(一) + (二) + (三) + (四)] × 0.16%	100.74
(七)	税 金	[(一) + (二) + (三) + (四) + (五) + (六)] × 3.44	2 241.38
(八)	单 位 工 程 费 用	(一) + (二) + (三) + (四) + (五) + (六) + (七)	67 397.67

编制说明：

一、本施工图为××住宅照明工程施工图，图纸由市建筑设计院设计，图纸共 3 张，图纸经过会审；

二、本施工图预算采用黑龙江省建设工程预算定额（电气）；

三、本施工图预算采用 2000 年哈尔滨市渡市建筑安装工程材料预算价格表；

四、本施工图预算执行 2000 年黑龙江省建筑费用定额；

五、本施工图预算之外发生的费用以现场签证的形式计入结算；

六、工程地点：市内

七、工程类别：三类

八、施工工程 2002 年 4 月 5 日开工，2002 年 10 月 30 日竣工。

建设单位：　　　　　　　　施工单位：

第四节　锅炉房安装工程施工图预算编制实例

下面以某市某民用住宅锅炉房为例,介绍锅炉房电气安装动力工程施工图预算的编制方法。

一、施工图与设计说明

1.施工图纸

本例所用图纸为图5.5住宅楼锅房电力平面图;图5-6住宅楼锅炉房电力系统图。

2.设计说明

(1)本工程电源采用电缆直埋引入室外电缆接转箱,电压380 V/220 V三相四线式配电。电缆引至小区变电亭,变电亭距锅炉房35 m。

(2)配线均采用铜心绝缘导线,均穿钢管保护,沿地沿墙暗敷设。

(3)动力配电箱采用定型标准铁制箱,底边距地1.5 m嵌墙暗装。动力配电箱外型尺寸AP1为800 mm×800 mm×120 mm,AP2、AP3为800 mm×400 mm×120 mm。

(4)按钮箱采用厂家加工的非标准铁制空箱,底边距地1.5 m嵌墙暗装。按钮箱外型尺寸ANX1为800 mm×250 mm×100 mm;ANX2为200 mm×250 mm×100 mm。

(5)电源进户处做重复接地,接地电阻值不大于10Ω。

(6)接地母线为40×4镀锌扁钢,接地极为Φ50镀锌钢管,接地母线埋深1 m。

二、划分和排列分项工程项目

(1)成套配电箱安装;

(2)按钮安装;

(3)盘柜配线;

(4)焊铜接线端子;

(5)交流电动机检查接线;

(6)电缆沟挖填;

(7)电缆沟铺砂、盖砖;

(8)电缆保护管敷设;

(9)铜芯电力电缆敷设;

(10)户内干包式电力电缆头制作、安装;

(11)户外电力电缆终端头制作、安装;

(12)接地极制作安装;

(13)户外接地母线敷设;

(14)接地跨接线安装;

(15)接地端子测试箱安装;

(16)断接卡子制作安装;

(17)1 kV以下交流供电送配电装置系统调试;

(18)独立接地装置调试;

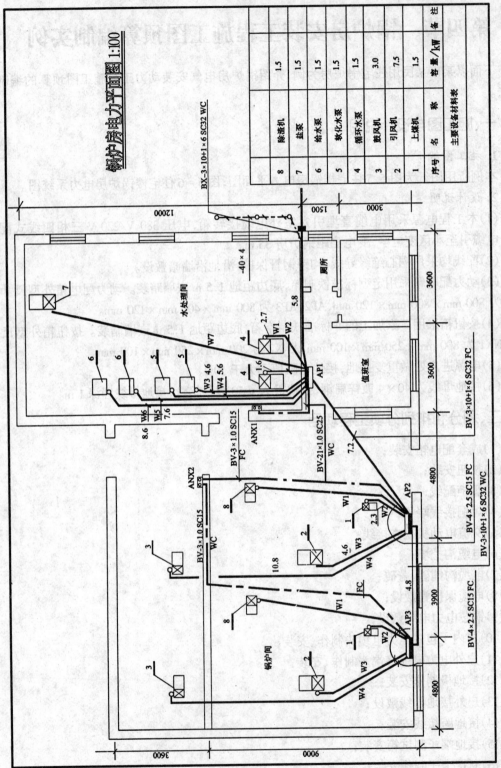

锅炉房电力平面图 1:100

序号	名　称	容量/kW	备　注
8	除渣机	1.5	
7	盐泵	1.5	
6	给水泵	1.5	
5	软化水泵	1.5	
4	循环水泵	1.5	
3	鼓风机	3.0	
2	引风机	7.5	
1	上煤机	1.5	
	主要设备材料表		

图 5.5　住宅楼锅炉房电力平面图

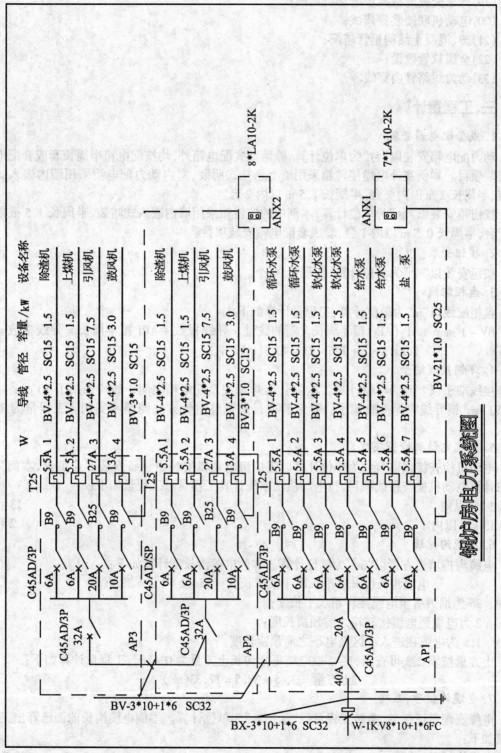

图 5.6　住宅楼锅炉房电力系统图

(19)低压交流笼型异步电动机调试；

(20)电动机联锁装置调试；

(21)砖、混凝土结构钢管暗配；

(22)金属软管敷设；

(23)动力线路管内穿线。

三、工程量计算

1. 成套配电箱安装

动力配电箱安装以"台"为单位计算，除落地式配电箱外，均按配电箱半周长套成套配电箱安装项目。本例室外电缆接转箱采用墙上悬挂式明装，室内动力配电箱采用墙内嵌入式暗装，半周长 2 m 以内 2 台，半周长 1.5 m 以内 2 台。

按钮箱安装以"台"为单位计算，本例中的按钮箱采用墙内嵌入式暗装，半周长 1.5 m 以内 1 台，半周长 0.5 m 以内 1 台，套成套配电箱安装项目。

2. 按钮安装

按钮安装以"个"为单位计算，工程量 30 个。

3. 盘柜配线

盘柜配线以"m"为单位计算，工程量计算如下：

$BV-1 mm^2$　$AP_2(AP_3)$箱半周长×箱的数量×导线根数 + AP1 箱半周长×导线根数 = $1.2 \times 2 \times 3 + 1.6 \times 21 = 40.8$(m)

4. 焊铜接线端子

接线端子以"个"为单位计算。本例引入电源线及配电箱之间干线均采用了 $10 mm^2$ 导线，$10 mm^2$ 铜导线应焊接线端子。套定额项目及调整差价方法同照明实例。工程量为 18 个。

5. 交流电动机检查接线

电动机检查接线以"台"为单位计算。锅炉房电动机安装由设备安装专业负责，本例只考虑计算电动机检查接线项目，按电动机功率统计其工程量。工程量如下：

3 kV 以内　　　　　　　　　　　　　　　　　　　　　　　　　　　　13 台

13 kW 以内　　　　　　　　　　　　　　　　　　　　　　　　　　　2 台

6. 电缆沟挖填

电缆沟挖填土方量以"m^3"为单位计算。本例电缆沟长度计算如下：

电缆沟长度 = 水平长度 + 预留长度 = 35 + 2 + 1.5 = 38.5(m)

式中　35 为锅炉房至电缆接转箱水平长度；

2 为电缆到电缆接转箱之前预留长度；

1.5 为电缆在进入小区变电亭之前预留长度。

土方量按表 2.3 可查出，1～2 根电缆每米沟长土方量为 $0.45m^3$，工程量计算如下：

土方量 = $0.45 \times 38.5 = 17.33(m^3)$

7. 电缆沟铺砂、盖砖

电缆直埋敷设铺砂、盖砖工程量以"延长米"为单位计算。本例电缆沟长前面已算出，工程量如下：

电缆沟铺砂、盖砖　　　　　　　　　　　　　　　　　　　　　　　　38.5m

8. 电缆保护管敷设

电缆保护管敷设以"m"为单位计算。本例电缆穿墙引入变电亭时，应加装保护管，直埋

电缆引入室外电缆接转箱之前,应加保护管,工程量如下:

$$钢管保护管长度 = 1.5 + 3.5 = 5(m)$$

钢管保护管内径不应小于电缆外径的1.5倍,选 $\Phi 32$ 钢管。

由工程量计算规则已知,钢管直径 $\phi 100$ mm以下的电缆保护管敷设执行砖、混结构钢管敷设定额。

9. 铜芯电力电缆敷设

电缆长度以"m"为单位计算。

计算式如下

$$L = [35 + [(1.5 \times 2 + 1.5 + 0.5) + (1.5 \times 2 + 0.5 + 2) + (2 + 1.5)] \times (1 + 2.5\%)] = 50.23$$

式中 35为电缆水平长度;

$(1.5 \times 2 + 1.5 + 0.5)$ 为电缆垂直长度,其中 1.5×2 为2个电缆沟引上两处垂直长度,1.5为地面至电缆接转箱中心垂直长度,0.5为室内地面至电源屏内隔离开关垂直长度;

$(1.5 \times 2 + 0.5 + 2)$ 为电缆预留长度,其中 1.5×2 为2个电缆终端头预留长度,0.5为电缆过墙长度,2为电源屏屏下进线预留长度;

$(2 + 1.5)$ 为电缆进建筑物之前预留长度,其中2为电缆进入电缆接转箱之前预留长度,1.5为进入变电亭之前预留长度;

2.5%为电缆波形敷设系数。

10. 户内干包式电力电缆终端头制作、安装

户内干包式电力电缆终端头制作安装以"个"为单位。工程量如下:

户内干包式电力电缆终端头 1个

11. 户外电力电缆终端头制作、安装

户外电力电缆终端头制作安装以"个"为单位计算。工程量如下:

户外热缩式电力电缆终端头 1个

12. 接地极制作安装

重复接地接地极制作安装以"根"为单位计算,工程量按电力平面图中图例符号统计计算,工程量如下:

接地极制作安装 $\phi 50$ 镀锌钢管 3根

13. 户外接地母线敷设

户外接地母线敷设以"m"为单位计算。本例接地母线采用 40×4 镀锌扁钢,工程量如下:

户外接地母线敷设 $(1.5 + 1 + 3 + 10) \times (1 + 3.9\%) = 16.1m$

14. 接地跨接线安装

接地跨接线安装以"处"为单位计算,工程量如下:

接地跨接线安装 3处

15. 接地端子测试箱安装

接地端子测试箱安装以"套"为单位计算,工程量如下:

接地端子测试箱安装 1套

16. 断接卡子制作安装

断接卡子制作安装以"套"为单位计算,工程量如下:

断接卡子制作安装 1套

17. 1 kV 以下交流供电送配电装置系统调试

送配电装置系统调试,按系统图中进户数量统计,以"系统"为单位计算。本例一处进户,工程量如下:

1 kV 以下交流供电送配电装置系统调试　　　　　　　　　　　　　　　　　1 系统

18. 独立接地装置调试

独立接地装置调试以"系统"为单位计算,工程量如下:

独立接地装置调试　　　　　　　　　　　　　　　　　　　　　　　　　　1 系统

19. 低压交流笼型异步电动机调试

低压交流笼型异步电动机调试以"台"为单位计算,本例电动机调试执行电磁控制定额项目,工程量如下:

低压交流笼型异步电动机调试　　　　　　　　　　　　　　　　　　　　15 台

20. 电动机联锁装置调试

电动机联锁装置调试以"组"为单位计算,本例鼓风机与引风机相互联锁,电动机联锁原理可见电动机原理接线图。工程量如下:

电动机联锁装置调试　　　　　　　　　　　　　　　　　　　　　　　　2 组

21. 砖、混凝土结构钢管暗配

为简便计算,采用分数表示法将管线同时算出。

(1)进户电源钢管及导线

$$\frac{BX-10\ mm^2}{SC32} \quad \frac{(1.4+5.8+1.9)\times3+(0.7+1)\times3+(0.8+0.8)\times3}{1.3+5.8+1.9} = \frac{37.2(m)}{9(m)}$$

$$BX-6\ mm^2 \quad (1.4+5.8+1.9)+(0.7+1)+(0.8+0.8)=12.4(m)$$

(2)干线钢管及导线

$$\frac{BX-10\ mm^2}{SC32} \quad \frac{(1.9+7.2+1.9)\times3+(0.8+0.8)\times3+(0.8+0.4)\times3}{1.9+7.2+1.9} +$$

$$\frac{(1.9+4.8+1.9)\times3+(0.8+0.4)\times3\times2}{1.9+4.8+1.9} = \frac{74.6(m)}{19.6(m)}$$

$$BV-6\ mm^2 \quad (1.9+7.2+1.9)+(0.8+0.8)+(1.9+4.8+1.9)+(0.8+0.4)\times2=23.6$$
$$(m)$$

(3)分支回路钢管及导线

①AP1 分支回路

$$\frac{BV-2.5mm^2}{SC15} \quad \frac{(1.9+2.7+0.6)\times4+(0.8+0.8)\times4}{1.9+2.7+0.6} +$$

$$\frac{(1.9+1.6+0.6)\times4+(0.8+0.8)\times4}{1.9+1.6+0.6} + \frac{(1.9+4.6+0.6)\times4+(0.8+0.8)\times4}{1.9+4.6+0.6} +$$

$$\frac{(1.9+5.6+0.6)\times4+(0.8+0.8)\times4}{1.9+5.6+0.6} + \frac{(1.9+7.6+0.6)\times4+(0.8+0.8)\times4}{1.9+7.6+0.6} +$$

$$\frac{(1.9+8.6+0.6)\times4+(0.8+0.8)\times4}{1.9+8.6+0.6} + \frac{(1.9+11.7+0.6)\times4+(0.8+0.8)\times4}{1.9+11.7+0.6} =$$

$$\frac{284.4(m)}{59.9(m)}$$

②AP2 分支回路

$$\frac{BV-2.5\ mm^2}{SC15} \quad \frac{(1.9+6.8+0.8)\times4+(0.8+0.4)\times4}{1.9+6.8+0.8} + \frac{(1.9+2.3+1.1)\times4+(0.8+0.4)\times4}{1.9+2.3+1.1} +$$

$$\frac{(1.9+4.6+0.6)\times4+(0.8+0.4)\times4}{1.9\div4.6+0.6}+\frac{(1.9+10.8+0.6)\times4+(0.8+0.4)\times4}{1.9+10.8+0.6}=$$

$$\frac{160(m)}{35.2(m)}$$

③AP3 分支回路

同 AP2 分支回路

$$\frac{BV-2.5\ mm^2}{SC15}\qquad\frac{160(m)}{35.2(m)}$$

(4)控制按钮箱回路

ANX1：

$$\frac{BV-1.0\ mm^2}{SC25}\qquad\frac{(1.9+3.6+1.8)\times21+(0.8+0.8)\times21+(0.8+0.25)\times21}{1.9+3.6+1.8}=\frac{208.95(m)}{7.3(m)}$$

ANX2：

$$\frac{BV-1.0\ mm^2}{SC15}\qquad\frac{(2\times1.9+9+13.3+2\times1.8)\times3+(0.8+0.4)\times2\times3+(0.2+0.25)\times2\times3}{2\times1.9+9+13.3+2\times1.8}$$

$$=\frac{99(m)}{29.7(m)}$$

钢管工程量合计：

SC15	160 m
SC25	7.3 m
SC32	28.6 m

绝缘导线工程量合计：

$BX-10\ mm^2$	37.2 m
$BX-6\ mm^2$	12.4 m
$BV-10\ mm^2$	74.6 m
$BV-6\ mm^2$	23.6 m
$BV-2.5\ mm^2$	604.4 m
$BV-1\ mm^2$	307.95 m

22. 金属软管敷设

一般出地面钢管管口至电动机接线盒多采用金属软管保护导线,金属软管两端分别用金属软管接头连接。本例所涉及的钢管与电动机接线盒连接均应考虑金属软管敷设,金属软管长度每处按 1.25 m 考虑。工程量如下：

ϕ 15 金属软管敷设　　　1.25×15	18.75 m

23. 动力线路管内穿线

钢管内绝缘导线前面已算出。工程量如下：

铜导线 $10\ mm^2$	118.8 m
铜导线 $6\ mm^2$	36 m
铜导线 $2.5\ mm^2$　　　$604.4+(18.75\times4)$	679.4 m
铜导线 $1\ mm^2$	307.95 m

24. 工程量计算表和工程量汇总表

本例工程量计算表见表 5.6,工程量汇总表见表 5.7。

四、套用定额单价,计算定额直接费

1. 所用定额单价和材料价格

(1)本例所用定额为全国统一安装工程预算定额第二册电气设备安装工程。

(2)定价单价采用 2000 年黑龙江省建设工程预算定额哈尔滨市单价表。

(3)材料预算价格采用 2000 年哈尔滨市建设工程材料预算价格表。

表 5.6　工程量计算表

工程名称:锅炉房动力工程

序号	工程名称	计算式	单位	工程量
1	成套配电箱安装			
	动力配电箱	AP1 半周长 2.5 m 以内	台	1
	电缆接转箱	AJ 半周长 2.5 m 以内	台	1
	动力配电箱	AP2、AP3 半周长 1.5 m 以内	台	2
	按钮箱	ANX1 半周长 1.5 m 以内	台	1
	按钮箱	ANX2 半周长 0.5 m 以内	台	1
2	按钮安装	LA10 - 2K	个	18
3	盘柜配线	BV - 1 mm²	m	40.8
4	焊铜接线端子	10 mm²	个	30
5	交流电动机检查接线	3 kW 以内	台	13
		13 kW 以内	台	2
6	电缆沟挖填		m³	17.33
7	电缆沟铺砂盖砖		m	38.5
8	电缆保护管敷设	SC32	m	5
9	铜芯电力电缆敷设	VV - 1 KV　3×10 + 1×6	m	50.23
10	户内干包式电力电缆终端头制作安装		个	1
11	户外电力电缆终端头制作、安装	热缩式	个	1
12	接地极制作安装	φ50 镀锌钢管	根	3
13	户外接地母线敷设	$(1.5 + 1 + 3 + 10) \times (1 + 3.9\%)$ 40×4 镀锌扁钢	m	16.1

续　表

序号	工　程　名　称	计　　算　　式	单位	工程量
14	接地跨接线安装		处	3
15	接地端子测试箱安装		套	1
16	断接卡子制作安装		套	1
17	1 kV 以下交流供电送配电装置系统调试		系统	1
18	独立接地装置调试		系统	1
19	低压交流笼型异步电动机调试		台	15
20	电动机联锁装置调试		组	2
21	砖、混凝土结构钢管暗配			
	进户电源钢管	SC32	m	9
	干线电源钢管	SC32	m	19.6
	AP1 回路钢管	SC15	m	59.9
	AP2 回路钢管	SC15	m	35.2
	AP3 回路钢管	SC15	m	35.2
	控制按钮箱回路钢管	SC25（ANX1）	m	7.3
	控制按钮箱回路钢管	SC15（ANX2）	m	29.7
22	金属软管敷设	ϕ15 每根管长 1.25 m	m	18.75
23	动力线路管内穿线			
	铜导线	10 mm^2	m	118.8
	铜导线	6 mm^2	m	36
	铜导线	2.5 mm^2	m	679.4
	铜导线	1 mm^2	m	307.95

2. 编制定额直接费表

本例定额直接费计算表见表 5.8 示。

对表中的有关问题说明如下：

本实例分项工程项目内容,仅有 10 mm^2 接线端子安装与安装项目内容不同,需进行调整。

10 mm^2 接线端子也需套用 16 mm^2 焊铜接线端子定额子目。但该子目中的单价 3.15 元/个,应调整价差。

每个价差　3.15 - 2.91 = 0.24 元/个

五、计算安装工程取费,汇总单位工程造价

锅炉房安装工程的取费计算方法,与室内照明安装工程施工图预算编制实例相同,本例省略。

工程名称：锅炉房动力工程

表 5.7　工程量汇总表

序号	定额编号	分项工程名称	单位	数量	序号	定额编号	分项工程名称	单位	数量
1	2-263	嵌入式按钮箱安装	台	1	19	2-747	断接卡子制作安装	10套	0.1
2	2-265	嵌入式按钮箱、动力配电箱安装	台	3	20	2-849	1 kV以下交流供电送配电装置系统调试	系统	1
3	2-266	悬挂、嵌入式动力配电箱安装	台	2	21	2-885	独立接地装置调试	系统	1
4	2-299	按钮安装	个	30	22	2-930	低压交流笼型异步电动机调试	台	15
5	2-317	盘柜配线	10 m	4.1	23	2-963	电动机联锁装置调试	组	2
6	2-331	焊铜接线端子	10个	1.8	24	2-1008	砖、混凝土结构钢管暗配	100 m	1.60
7	2-438	交流电动机检查接线	台	13	25	2-1010	砖、混凝土结构钢管暗配	100 m	0.07
8	2-439	交流电动机检查接线	台	2	26	2-1011	砖、混凝土结构钢管暗配	100 m	0.29
9	2-521	电缆沟挖填	m³	17.33	27	2-1155	金属软管敷设	10 m	1.88
10	2-529	电缆沟铺砂、盖砖	100 m	0.39	28	2-1196	动力线路管内穿线	100 m单线	3.08
11	2-1011	砖、混凝土结构钢管暗配	100 m	0.05	29	2-1198	动力线路管内穿线	100 m单线	6.79
12	2-618	铜心电力电缆敷设	100 m	0.50	30	2-1200	动力线路管内穿线	100 m单线	0.36
13	2-626	户内干包式电力电缆终端头制作安装	个	1	31	2-1201	动力线路管内穿线	100 m单线	1.19
14	2-648	户外热缩式电力电缆终端头制作安装	个	1					
15	2-688	接地极制作安装	根	3					
16	2-697	户外接地母线敷设	10 m	1.61					
17	2-701	接地跨接线安装	10处	0.3					
18	黑9-60	接地端子测试箱安装	10套	0.1					

工程名称：

表 5.8　定额直接费计算表

顺序号	定额编号	分项工程名称	工程量 定额单位	工程量 数量	价值/元 定额单价	价值/元 金额	其中 人工费/元 单价	其中 人工费/元 金额	其中 材料费/元 单价	其中 材料费/元 金额	其中 机械费/元 单价	其中 机械费/元 金额
1	2-263	嵌入式按钮箱安装	台	1	58.43	58.43	34.32	34.32	24.11	24.11		
2	2-265	嵌入式按钮箱,动力配电箱安装	台	3	83.02	249.06	52.62	157.86	30.40	91.20		
3	2-266	悬挂式,嵌入式动力配电箱安装	台	2	102.85	205.70	64.06	128.12	27.04	54.08	11.75	23.50
4	2-299	按钮安装	个	18	15.65	281.70	6.86	123.48	7.62	137.16	1.17	21.06
5	2-317	盘柜配线	10 m	4.1	21.59	88.52	11.44	46.90	10.15	41.62		
		BV-1 mm²	m	41.74	0.35	14.61			0.35	14.61		
6	2-331	焊铜接线端子	10个	3.0	51.40	154.20	6.86	20.58	44.54	133.62		
		扣减16 mm²与10 mm²差价	个	18.27	-0.24	-4.38			-0.24	-4.38		
7	2-438	交流电动机检查接线	台	13	58.92	765.96	30.66	398.58	16.25	211.25	12.01	156.13
8	2-439	交流电动机检查接线	台	2	103.63	207.26	58.57	117.14	29.53	59.06	15.53	31.06
9	2-251	电缆沟挖填	m³	17.33	11.90	206.23	11.90	206.23				
10	2-529	电缆沟铺砂、盖砖	100 m	0.39	739.66	288.47	143.00	55.77	596.66	232.70		
11	2-1011	砖、混凝土结构暗配	100 m	0.34	346.23	117.72	212.56	72.27	74.48	25.32	59.19	20.13
		SC32	kg	109.61	2.66	291.56			2.66	291.56		
		页　计				2 925.04		1 361.25		1 311.91		251.88

续　表

工程名称：

顺序号	定额编号	分项工程名称	工程量 定额单位	工程量 数量	价值/元 定额单价	价值/元 金额	其中 人工费/元 单价	其中 人工费/元 金额	其中 材料费/元 单价	其中 材料费/元 金额	其中 机械费/元 单价	其中 机械费/元 金额
12	2-618	铜心电力电缆敷设	100 m	0.50	259.82	129.91	160.85	80.43	92.78	46.39	6.19	3.09
		VV-1 kV 3×10+1×6	m	50.73	15.81	802.04			15.81	802.04		
13	2-626	户内干包式电力电缆终端头制作安装	个	1	57.74	57.74	12.58	12.58	45.16	45.16		
14	2-648	户外热缩式电力电缆终端头制作安装	个	1	103.99	103.99	59.49	59.49	44.50	44.50		
15	2-688	接地极制作安装	根	3	48.22	144.66	14.19	42.57	2.32	6.96	31.71	95.13
		SC50 镀锌钢管	kg	37.70	2.64	99.53			2.64	99.53		
16	2-697	户外接地母线敷设	10 m	1.61	75.63	121.76	69.78	112.35	1.15	1.85	4.70	7.56
		40×4 镀锌扁钢	kg	21.30	2.43	51.76			2.43	51.76		
17	2-701	接地跨接线安装	10处	0.3	79.23	23.77	25.40	7.62	30.34	9.10	23.49	7.05
18	黑9-60	接地端子测试箱安装	10套	0.1	20.18	2.02	19.45	1.95	0.73	0.07		
		接地端子测试箱	套	1	35.99	35.99			35.99	35.99		
19	2-747	断接卡子制作安装	10套	0.1	118.66	11.87	82.37	8.24	36.14	3.61	0.15	0.02
20	2-849	1 kV以下交流供电送配电装置系统调试	系统	1	283.28	283.28	228.80	228.80	4.64	4.64	49.84	49.84
		页　计				1 868.32		554.03		1 151.60		162.69

续 表

工程名称：

顺序号	定额编号	分项工程名称	工程量 定额单位	工程量 数量	价值/元 定额单价	价值/元 金额	其中 人工费/元 单价	其中 人工费/元 金额	其中 材料费/元 单价	其中 材料费/元 金额	其中 机械费/元 单价	其中 机械费/元 金额
21	2-855	独立接地装置调试	系统	1	123.62	123.62	91.52	91.52	1.86	1.86	30.24	30.24
22	2-930	低压交流笼型异步电动机调试	台	15	269.68	4045.20	183.04	2745.60	3.72	55.80	82.92	1243.80
23	2-963	电动机联锁装置调试	组	2	135.52	271.04	91.52	183.04	1.86	3.72	42.14	84.28
24	2-1008	砖、混凝土结构钢管暗配 SC15	100 m	1.60	228.20	365.12	154.44	247.10	32.65	52.24	41.11	65.78
			kg	207.65	2.69	558.58			2.69	558.58		
25	2-1010	砖、混凝土结构钢管暗配 SC25	100 m	0.07	317.08	22.19	199.74	13.98	58.15	4.07	59.19	4.14
			kg	17.45	2.66	46.42			2.66	46.42		
26	2-1155	金属软管敷设 CP15	10 m	1.88	50.30	94.56	32.49	61.08	17.81	33.48		
			m	19.36	2.29	44.33			2.29	44.33		
27	2-1196	动力线路管内穿线 BV-1 mm²	100 m单线	3.08	23.75	73.15	15.56	47.92	8.19	25.23		
			m	323.40	0.35	113.19			0.35	113.19		
28	2-1198	动力线路管内穿线 BV-2.5 mm²	100 m单线	6.69	24.72	164.88	16.02	106.85	8.70	58.03		
			m	712.95	0.72	513.32			0.72	513.32		
29	2-1200	动力线路管内穿线 BV-6 mm²	100 m单线	0.36	28.61	10.30	18.30	6.59	10.31	3.71		
			m	24.78	1.72	42.62			1.72	42.62		
		页 计				6488.52		3503.68		1556.60		1428.24

续表

工程名称：

顺序号	定额编号	分项工程名称	工程量 定额单位	数量	价值/元 定额单价	金额	其中 人工费/元 单价	金额	材料费/元 单价	金额	机械费/元 单价	金额
		BX－6 mm²	m	13.02	2.58	33.59			2.58	33.59		
30	2－1201	动力线路管内穿线	100 m单线	1.19	33.81	40.23	21.74	25.87	12.07	14.36		
		BV－10 mm²	m	78.33	3.12	244.39			3.12	244.39		
		BX－10 mm²	m	39.06	4.14	161.71			4.14	161.71		
		页计				479.92		25.87		454.05		
		合计			5 444.83	11 761.80		5 444.83		4 474.16		1 842.81
		脚手架搭拆费	系数	4%		217.79	217.79×25%	54.45	217.79×75%	163.34		
		总计				11 979.59		5 499.28		4 637.50		1 842.81

第五节　变电所设备安装工程施工图预算编制实例

以某车间变电所为例,介绍变电所设备安装工程施工图预算的编制方法。

一、施工图纸与设计说明

1. 施工图纸

本例所用施工图为图5.7××车间变电所平面图;设备材料表如表5.9所示;图5.8为××车间变电所主接线图;图5.9(a)为××车间变电所平剖面图Ⅰ-Ⅰ断面图;图5.9(b)为××车间变电所平剖面图Ⅱ-Ⅱ断面图;图5.10为低压母线支架图;图5.11为负荷开关在墙上安装及操作机构支架图;图5.12为L3型电缆敷设用支架图;图5.13为NTN-33型电缆头安装及支架图。

表5.9　设备材料表

图位号	名　称	型　号　及　规　格	单位	数量
1	三相电力变压器	SL7-630/6　800 kVA 10/0.4~0.23 kV	台	1
2	三相电力变压器	SL7-630/6型　1000 kVA 10/0.4~0.23 kV	台	1
3	户内高压负荷开关	FN3-19型　10 kV　400 A	台	2
4	手动操作机构	CS3型	台	2
5	低压配电屏	PGL1-05A	台	1
6	低压配电屏	PGL1-06A	台	1
7	低压配电屏	PGL1-14	台	1
8	低压配电屏	PGL1-34A	台	1
9	低压配电屏	PGL1-35A(B)	台	2
10	低压配电屏	PGL1-40	台	2
11	低压铝母线	LMY-100×8	m	40
12	高压铝母线	LMY-40×4	m	10
13	中性母线	LMY-40×4	m	52
14	电车绝缘子	WX-01　500 V	个	36
15	高压支柱绝缘子	ZA-10Y 10 kV	个	2
16	FN3-10型负荷开关安装		台	2
17	低压母线支架及穿墙隔板	1型	个	2
18	电车绝缘子装配		个	28
19	低压母线夹板	1型	个	2

续　表

图位号	名　　称	型　号　及　规　格	单位	数量
20	低压母线桥型支架		个	2
21	低压配电屏后母线桥支架		个	2
22	户内尼龙电缆终端盒	NTN－33 型　10kV 3×35 mm²	个	2
23	电缆头固定件	∠40×4	个	2
24	电缆固定件		个	6
25	低压母线支架		个	4
26	信号箱		台	1
27	L 型电缆支架	L₃ 型	个	22

2. 设计说明

(1)本工程电源由厂区变电所直埋引入室内电缆沟,沿墙引接到负荷开关。

(2)电缆采用 ZLQ20－3×35 分两路为 2 台变压器分别供电。

(3)电缆头安装高度为 2.8 m,距两变压器室隔墙中心 1.45 m,安装方法见图 5.13。

(4)高压负荷开关安装在变压器室与配电室隔墙的正中,中心距侧墙面 1.98 m,与变压器中心一致,安装高度为下边绝缘子距地 2.3 m,负荷开关的操作机构为 CS3 型,安装高度为中心距地 1.1 m,距侧面墙为 0.5 m。

(5)20 号桥架距地 3.215 m 安装,桥架中心距变压器室和配电室的隔墙 1.5 m。

(6)21 号母线桥架安装高度为距地 2.2 m。

(7)25 号母线支架安装在配电室和变压器室隔墙的配电室一侧,第一个支架安装高度为 2.9 m,第二个支架安装高度为 2.4 m,支架中心距⑨轴线为 0.9 m,安装时在墙上打孔埋设。

(8)施工中应与土建密切配合。

二、划分与排列分项工程项目

(1)油浸电力变压器安装;

(2)户内高压负荷开关安装;

(3)户内式支持绝缘子安装;

(4)带形铝母线安装;

(5)低压配电屏安装;

(6)穿通板制作安装;

(7)一般铁构件制作;

(8)一般铁构件安装;

(9)户内浇注式电力电缆头制作安装;

(10)三相电力变压器系统调试;

(11)送配电设备系统调试;

(12)备用电源自投装置调试;

(13)低压母线系统调试；

(14)独立接地装置调试；

(15)绝缘子试验；

(16)绝缘油试验；

(17)电缆保护管敷设；

(18)信号箱安装。

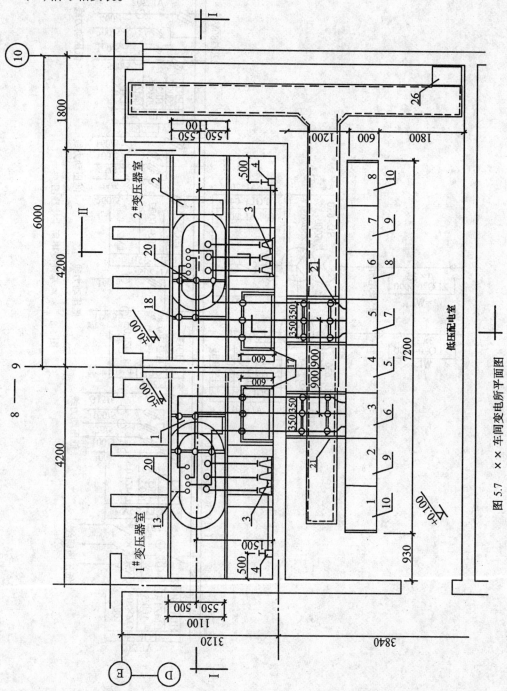

图 5.7　××车间变电所平面图

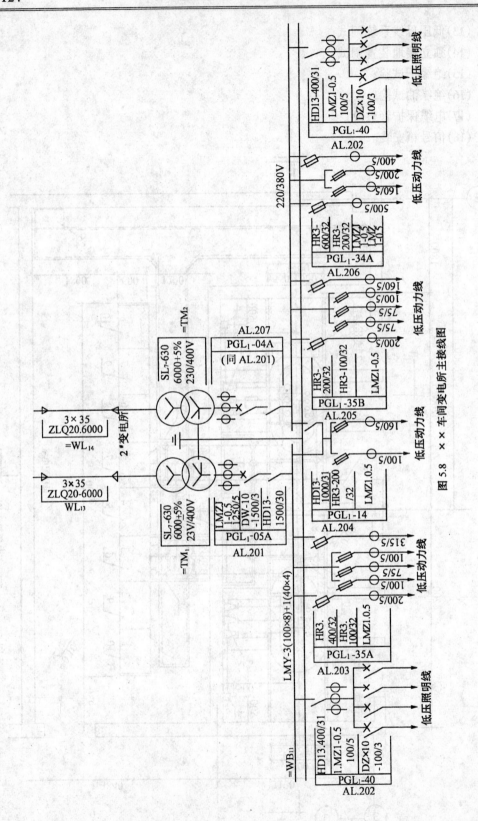

图 5.8　××车间变电所主接线图

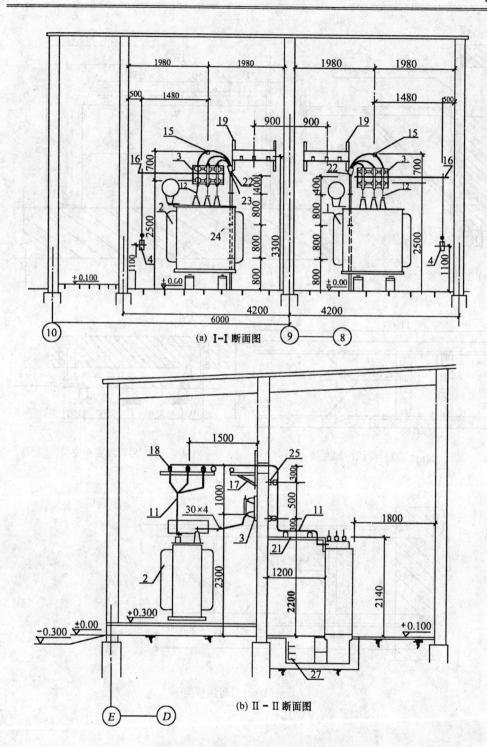

(a) Ⅰ-Ⅰ 断面图

(b) Ⅱ- Ⅱ 断面图

图 5.9　××车间变电所平剖面图

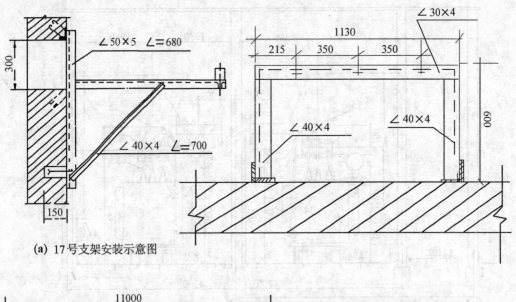

(a) 17号支架安装示意图

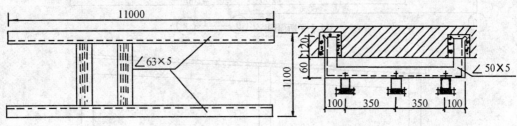

(b)　20 号母线桥架支架　　　　　　　(c)　　25 号母线支架安装

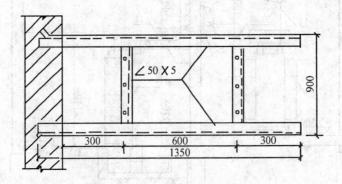

(d) 21号母线桥架

图 5.10　低压母线支架图

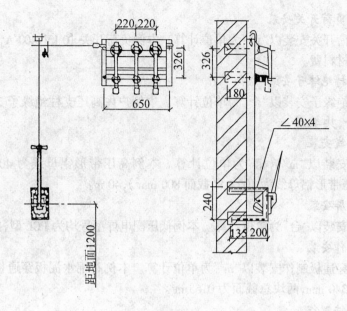

图5.11 负荷开关在墙上安装及操作机构支架图

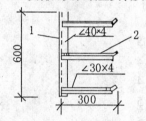

图5.12 L3型电缆敷设用支架图

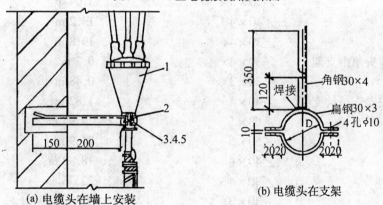

(a) 电缆头在墙上安装

(b) 电缆头在支架

图5.13 NTN-33型电缆头安装及支架图
1-电缆头;2-电缆头支架;3-螺栓;4-螺母;5-垫圈

三、工程量计算

1. 油浸电力变压器安装

油浸电力变压器安装以"台"为单位计算。本例变压器800 kVA 1台,1 000 kVA 1台,共2台,容量均在1 000 kVA以内。

2．户内高压负荷开关安装

户内高压负荷开关安装以"台"为单位计算。本例负荷开关 10 kV、400 A，共 2 台。定额中包括基础型钢材料费。

3．户内式支持绝缘子安装

户内式支持绝缘子安装以"个"为单位计算。本例户内高压支柱绝缘子 2 个，户内低压电车绝缘子 40 个，共 42 个。

4．带形铝母线安装

带形铝母线安装以"m/单相"为单位计算。本例高压带形铝母线为 40 × 4（截面 160 mm²），10 m。低压带形铝母线为 100 × 8（截面 800 mm²），40 m。

5．低压配电屏安装

低压配电屏安装以"台"为单位计算。本例低压配电屏型号均为 PGL 型，共 8 台。

6．穿通板制作安装

石棉水泥板穿通板制作安装以"m²"为单位计算。本例石棉水泥板穿通板两块，每块规格为 1 100 mm × 340 mm，两块总截面为 0.65 m²。

7．一般铁构件制作

一般铁构件制作以"kg"为单位计算。

本例各种支架工程量计算如下：

17# 支架	∠50 × 5	1.36 m
	∠40 × 4	3.8 m
	∠30 × 4	2.26 m
20# 支架	∠63 × 5	24.95 m
21# 支架	∠50 × 5	12.9 m
25# 支架	∠50 × 5	5.04 m
27# 支架	∠40 × 4	13.2 m
	∠30 × 4	19.8 m
固定电缆头角钢支架	∠30 × 4	0.7 m
	− 30 × 3	0.48 m
负荷开关操作机构支架	∠40 × 4	1.82 m
合计：	∠63 × 5	24.95 m
	∠50 × 5	31.9 m
	∠40 × 4	18.82 m
	∠30 × 4	22.76 m
	− 30 × 3	0.48 m

总质量：269.14 kg

8．一般铁构件安装

工程量同上。

9．户内浇注式电力电缆头制作安装

户内浇注式电力电缆头制作安装以"个"为单位计算。本例工程量为 2 个。

10．三相电力变压器系统调试

三相电力变压器系统调试以"系统"为单位计算。本例工程量为 2 个系统。

11. 送配电设备系统调试

送配电设备系统调试以"系统"为单位计算。本例工程量为2个系统。

12. 备用电源自投装置调试

备用电源自投装置调试以"系统"为单位计算。本例工程量为2个系统。

13. 低压母线系统调试

低压母线系统调试以"段"为单位计算。本例工程量为2段。

14. 独立接地装置调试

独立接地装置调试以"组"为单位计算。由于变压器中性点接地在平面图中没有画出具体接地形式,所以只列出了调试项目。本例工程量为1组。

15. 绝缘子试验

绝缘子试验以"个"为单位计算。本例中高压支柱绝缘子2个;低压电车绝缘子40个。

16. 绝缘油试验

绝缘油试验以"每一试样"为单位计算。本例中变压器有两台,每台均应做绝缘油试验,工程为2。

17. 电缆保护管敷设

根据电缆敷设规定,电缆保护管 $\Phi100$ mm以下执行砖、混结构敷设定额,本例的电缆保护管直径为 80 mm,为此本例电缆保护管敷设执行砖、混结构钢管明配定额项目,工程量为6 m。

18. 信号箱安装

信号箱安装执行接线箱安装定额项目,以"台"为单位计算,按箱半周长区分定额编号,由于设备材料表中没给出规格,按半周长 1.5 m 以内考虑,工程量1台。

四、套用定额单价、计算定额直接费

1. 所用定额单价和材料价格

(1)本例所用定额为全国统一安装工程预算定额第二册。

(2)定额单价采用2000年黑龙江省建设工程预算定额哈尔滨市单价表。

(3)材料预算价格采用2000年哈尔滨市建设工程材料预算价格表。

2. 编制定额直接费计算表

对表中的有关问题说明如下:

(1)因为是变电所设备安装工程,设备由建设单位提供,所以涉及到设备时只列分项工程项目,不计算设备费用。

(2)本例中没有列项计算电力电缆,原因是图纸、条件不全。当图纸、条件齐全时,应列项计算。

(3)图纸中无接地平面图,在车间变电所主接图中已知变压器中性点接地,计算时按1组独立接地装置调试考虑,接地装置制作安装未考虑。

定额直接费计算表见表5.10。

五、计算安装工程费用,汇总单位工程造价。

变电所设备安装工程的取费方法同照明工程,工程类别按独立的电气设备安装划分,本例省略。

表 5.10　定额直接费计算表

工程名称：

顺序号	定额编号	分项工程名称	工程量		定额价值/元		其中					
			定额单位	数量	定额单价	金额	人工费/元		材料费/元		机械费/元	
							单价	金额	单价	金额	单价	金额
1	2-3	油浸电力变压器安装	台	2	1116.75	2233.50	463.78	927.56	204.68	409.36	448.29	896.58
2	2-45	户内高压负荷开关安装	台	2	229.30	458.60	63.15	126.30	136.79	273.58	29.36	58.72
3	2-108	户内式支持绝缘子安装	10个	2.8	93.92	262.98	19.45	54.46	56.85	159.18	17.62	49.34
4	2-137	带形铝母线安装	10 m/单相	6.2	98.65	611.63	29.52	183.03	41.71	258.60	27.42	170.00
		LMY-40×4	m	22.51	21.64	1 372.63			21.64	1 372.63		
5	2-138	带形铝母线安装	10 m/单相	4	117.87	471.48	41.18	164.72	43.38	173.52	33.31	133.24
		LMY-100×8	m	40.92	21.64	885.51			21.64	885.51		
6	2-240	低压配电屏安装	台	8	201.17	1609.36	108.22	865.76	31.98	255.84	60.97	487.76
7	2-352	低压穿通板制作安装	m²	0.38	107.22	40.74	51.25	19.48	38.35	14.57	17.62	6.69
8	2-358	一般铁构件制作	100 kg	3.27	440.06	1 438.99	247.10	808.01	87.55	286.29	105.41	344.69
		∠63×5	kg	126.32	2.10	265.27			2.10	265.27		
		∠50×5	kg	126.27	2.23	281.58			2.23	281.58		
		∠40×4	kg	47.88	2.28	109.12			2.28	109.12		
		∠30×4	kg	42.68	2.12	90.48			2.12	90.48		
		-30×3	kg	0.36	2.43	0.87			2.43	0.87		
9	2-359	一般铁构件安装	100 kg	3.27	258.17	844.22	160.62	525.23	17.07	55.82	80.48	263.17
10	2-632	户内浇注式电缆头制作安装	个	2	86.18	172.36	21.51	43.02	64.67	129.34		
11	2-844	三相电力变压器系统调试	系统	2	2805.79	5611.58	1967.68	3935.36	39.94	79.88	798.17	1596.34
		页 计				16 760.90		7 652.93		5 101.44		4 006.53

续　表

工程名称：

顺序号	定额编号	分项工程名称	工程量		价值/元		其　　中					
			定额单位	数量	定额单价	金额	人工费/元		材料费/元		机械费/元	
							单价	金额	单价	金额	单价	金额
12	2-849	送配电设备系统调试	系统	2	283.28	566.56	228.80	457.60	4.64	9.28	49.84	99.68
13	2-863	备用电源自投装置调试	系统	2	506.71	1013.42	320.32	640.64	6.50	13.00	179.89	359.78
14	2-880	低压母线系统调试	段	2	197.95	395.9	137.28	274.56	2.79	5.58	57.88	115.76
15	2-885	独立接地装置调试	组	1	123.62	123.62	91.52	91.52	1.86	1.86	30.24	30.24
16	2-969	绝缘子试验	10个	2.8	15.05	42.14	11.44	32.03	0.23	0.64	3.38	9.46
17	2-970	绝缘子试验	10个	0.2	20.58	4.12	16.02	3.20	0.33	0.07	4.23	0.85
18	2-972	绝缘油试验	每一试样	2	12.94	25.88	9.15	18.30	0.19	0.38	3.60	7.20
19	2-1004	电缆保护管敷设 SC80	100 m	0.06	1509.25	90.55	955.70	57.34	447.57	26.85	105.98	6.36
			kg	51.54	2.62	135.03			2.62	135.03		
20	2-1374	信号箱安装	台	1	320.07	320.07	295.15	295.15	24.92	24.92		
		页　计				2712.28		1890.34		217.61		629.33
		合　计			9533.27	19478.18	9533.27	9523.27		5319.05		4635.86
		脚手架搭拆费	系数	4%	380.93	380.93	380.93 ×25%	95.23	380.93 ×75%	285.70		
		总　计				19859.11		9618.50		5604.75		4635.86

第六节　消防安装工程施工图预算编制实例

以×××市某综合楼工程为例,介绍电气消防安装工程施工图预算。本工程电气消防施工图纸共 11 张,地下 1 层,地上 22 层(其中包括出屋面机房消防平面图),共 23 层,总建筑面积 20 336 m^2,本例受篇幅所限,仅以首层、3～12 层(标准层)为例说明消防预算的编制方法。

一、施工图与设计说明

1. 图例符号

电气消防安装施工图图例符号见下表。

序号	图例	符号	名　　称	型　　号	安装高度
1		FJX	消防系统接线箱	箱内端子数见系统图	底边距地 1.5m
2		(系统)	总线短路隔离器	ZA6152	吸　顶
3		D(平面)	总线短路隔离器	ZA6152	吸　顶
4			离子感烟探测器	ZA6011	吸　顶
5			多态感温探测器	ZA6031	吸　顶
6		SA	手动报警按钮	ZA6121B	中心距地 1.5m
7			消火栓栓内控制按钮	ZA6122B	中心距地 1.9m
8		C	控制模块	ZA6211	中心距顶棚 0.5m
9		M	输入模块	ZA6132	中心距顶棚 0.5m
10			固定式对讲电话	ZA5712	中心距地 0.4 m
11			火警电话插孔	ZA2714	中心距地 1.5m
12			声光报警器	ZA2112	中心距顶棚 0.5m
13			紧急广播扬声器	ZA2724 3W	(吸顶)中心距顶棚 0.5m
14			强电切换盒	ZA2224	
15			水流指示器	消防水系统元件	棚下安装 0.5m
16			安全信号阀	消防水系统元件	棚下安装
17		SF PY	正压送风阀 排烟阀		安装高度见风施
18		YL	压力开关		
19			消防排烟系统防火阀		安装高度见风施
20			正压送风系统防火阀		安装高度见风施
21		AEL	事故照明箱		底边距地 1.5m
22		AEP	消防动力配电箱		底边距地 1.5m
23			消防电梯自带控制装置		落地安装
24					
25					

2. 设计说明

(1)本设计为火灾自动报警及消防联动控制系统的设计,其设计内容为:

a. 火灾自动报警系统;

b. 消防联动控制系统;

c. 火灾事故广播系统;

d. 消防专用通讯系统。

(2)火灾自动报警系统

该系统设备按照建设单位要求选用"ZA6000 系列地址编码两总线火灾报警和消防联动控制系统",系统型式为:集中报警控制器—区域报警器—现场探测元件。

当某防火区域发生火灾,相应探测器发出报警信号后,火灾报警控制器发出声光报警信号。

(3)消防联动控制系统

a. 消防泵、喷淋泵控制系统;

b. 消防电梯和普通客梯控制系统;

c. 防火卷帘控制系统;

d. 正压送风和排烟控制系统;

e. 气体灭火控制系统。

(4)火灾事故广播及火灾报警系统

火灾确认后,火灾事故广播及警报装置应按疏散顺序控制,播放疏散指令的楼层控制程序如下:

如二层或二层以上楼层发生火灾,应先接通火灾层及相邻的上下层;

如首层发生火灾,先接通首层、二层及地下层。

如地下室发生火灾,应先接通地下室、首层。

(5)消防专用通讯系统

消防控制室内装设 119 专用电话,在手动报警按钮处设置对讲电话插孔,插上对讲电话可与消防控制室通讯,在值班室、消防水泵房、电梯机房、配电室、通风机房及自动灭火系统应急操作装置处设置固定的对讲电话。

(6)管线选择及敷设方式

火灾自动报警与控制系统中的直流电源线为:(ZD)ZR - BV(2×2.5)

平面图中所示的点划线为火灾事故广播线,管线型号为:RVB - (2×2.5)SC15

平面图中所示的双点划线为消防通讯线路,管线型号为:RVS - (2×1.5)SC15

平面图中所示的实线为火灾自动报警及控制管线,未标注的管线型号为 RV - (2×1.0),未标注的保护管均为 SC20。

火灾自动报警及消防联动控制管线均应暗敷设在非燃烧体结构内,其保护层厚度不小于 30 mm,无法实现暗敷设的部分管线应在金属管上涂耐火极限不小于 1 小时的防火涂料。

在电气竖井内的管线沿井壁明敷设,管线在穿过楼板及引出管井处必须采用防火涂料封墙。

(7)接地

消防控制室内设接地干线,要求接地电阻值不大于 1 欧姆,由消防控制室内接地极引至各消防设备的接地线选用截面为 4 mm² 的铜芯绝缘软线。

(8)其他

火灾确认后,在管井插接箱处切断正常照明电源,同时投入火灾事故照明和疏散指示照明,普通电梯电源的切断需待普通电梯强降首层后并接到反馈信号后才能进行,其他非消防电力电源亦应切断。

探测器的设置要求:

探测器至梁边及墙壁的距离不应小于 0.5 m;

探测器与照明灯具的水平净距不应小于 0.2 m;

探测器与自动喷水灭火喷头的净距不小于 0.3 m。

(9)火灾报警及控制系统元件

火灾报警及控制系统元件接线如表 5.11 所示。

(10)模块箱一览表如表 5.12 所示。

表 5.11　火灾报警元件接线

控制总线　　　元件名称	S	P	V	G	E	D
总线短路隔离器	✓	✓	✓	✓		
离子感烟探测器	✓	✓				
多态感温探测器	✓	✓				
手动报警按钮	✓	✓				
消火栓箱控制按钮	✓	✓				✓
控制模块	✓	✓	✓	✓	✓	
输入模块	✓	✓				

表 5.12　模块箱一览表

图例符号	箱内模块型式	外形尺寸	安装方式	安装高度	备　　注
⊠3 – 2	1C + 1 × 2224	350 × 350 × 100	W	箱顶距棚 0.3m	未表示的同⊠3 – 2
⊠22 – 5	2C + 2 × 2224	600 × 400 × 100	W	箱顶距棚 0.3m	
⊠22 – 1	6C + 3M	600 × 400 × 100	W	箱顶距棚 0.3m	
⊠22 – 4	2C + 1M	350 × 350 × 100	W	箱顶距棚 0.3m	
⊠22 – 3	2C + 1M	350 × 350 × 100	W	箱顶距棚 0.3m	
⊠22 – 2	2C + 1M	350 × 350 × 100	W	箱顶距棚 0.3m	
⊠19 – 2	3C + 2 × 2224	500 × 400 × 100	W	箱顶距棚 0.3m	
⊠15 – 2	4C + 4 × 2224	600 × 400 × 100	W	箱顶距棚 0.3m	
⊠1 – 2	2C + 2 × 2224	350 × 350 × 100	W	箱顶距棚 0.3m	⊠2(9) – 2 同此箱
⊠01 – 3	6C + 6 × 2224	600 × 600 × 100	W	箱顶距棚 0.3m	
⊠01 – 2	12C + 12 × 2224	700 × 850 × 100	W	箱顶距棚 0.3m	
⊠01 – 1	2C + 2M	350 × 350 × 100	W	箱顶距棚 0.3m	⊠1 ~ 21 同此箱

3. 施工图

火灾自动报警及消防控制系统施工图见图 5.14;1 层消防平面图见 5.15;3 ~ 12 层消防平面图见图 5.16。

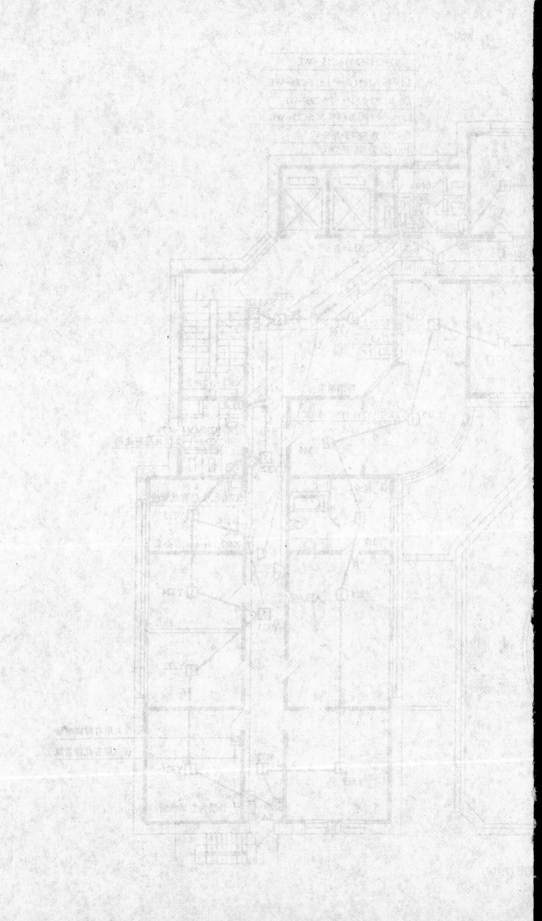

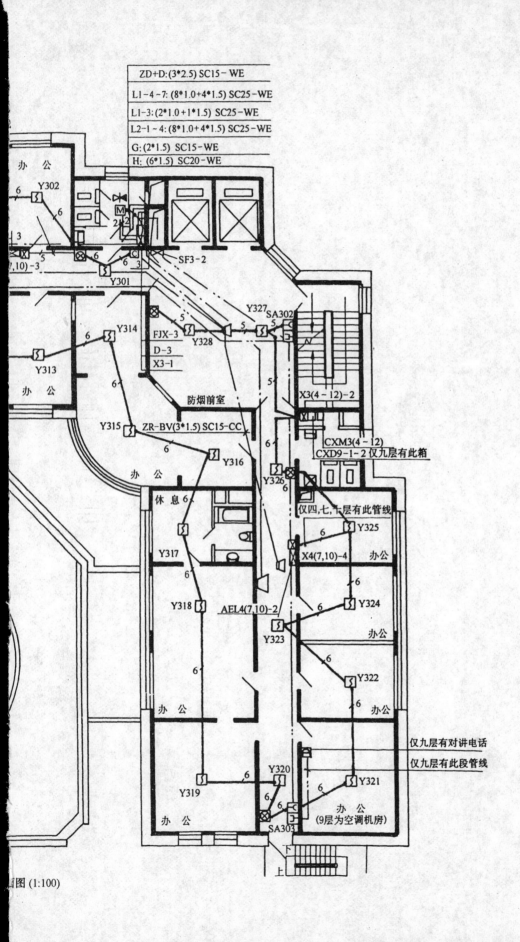

ZD+D:(3*2.5) SC15－WE
L1-4~7:(8*1.0+4*1.5) SC25－WE
L1-3:(2*1.0+1*1.5) SC25－WE
L2-1~4:(8*1.0+4*1.5) SC25－WE
G:(2*1.5) SC15－WE
H:(6*1.5) SC20－WE

办公
Y302
6
6
3
(7,10)-3
5
Y301
SF3-2
M
2
C
3

Y314
Y313
办公
FJX-3
D-3
X3-1
Y327 SA302
Y328
5
5
5

防烟前室

Y315
ZR-BV(3*1.5) SC15-CC
Y316
办公

X3(4~12)-2

CXM3(4-12)
CXD9-1-2 仅九层有此箱

休息 6
Y317

仅四,七,十层有此管线
Y325
6
X4(7,10)-4 办公
6

Y326
6

Y318
AEL4(7,10)-2
Y323
6
Y324 办公
6
办公

6
Y322
6 办公

6
办公

仅九层有对讲电话
仅九层有此段管线

Y320
6
Y319
6
6
SA303
办公

Y321
6
办公
(9层为空调机房)

下
上

图 (1:100)

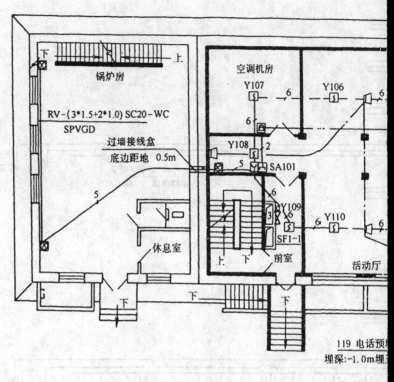

锅炉房

空调机房

Y107　　6　　Y106　　6

6

Y108　2

过墙接线盒
底边距地 0.5m

5　SA101

RV-(3*1.5+2*1.0) SC20-WC
SPVGD

5

6

休息室

6 Y109
3 6

SF1-1

上　下　前室

活动厅

上　下

下

下

119 电话预埋
埋深:-1.0m埋

序号	名 称	型 号	单位	数量	备注
1	电源装置 火灾自动 报警控制器	ZA2532 ZA1951/30 ZA1952/24 2*ZA6351	台 台	3 2	各1
2	紧急广播 控制装置	ZA2721	台	1	
3	火警通讯 控制装置	ZA5711	台	1	
4	气体灭火 控制装置	ZA6211	台	1	
5	写字桌	CRT图形显示设备 打印装置 ZA4431	台 台	1 1	

设 备 表

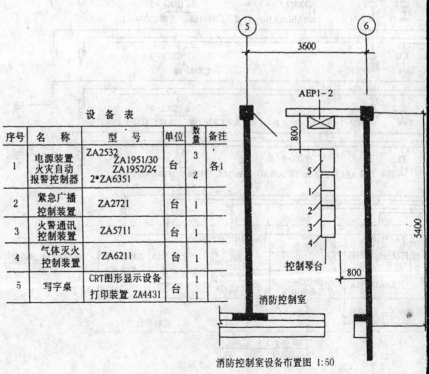

消防控制室设备布置图 1:50

图 5.15

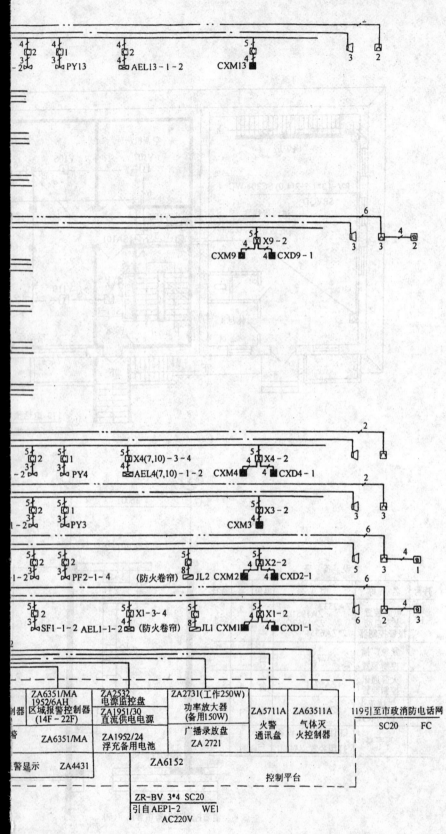

4□2	4□1	4□2	5□		
3□2	3□1	4□	4□	3	2
-2	PY13	AEL13-1-2	CXM13		

6

			4	
5□ X9-2				
4□	3	3	2	
CXM9	4□ CXD9-1			

2

5□2	5□1	5□ X4(7,10)-3-4	5□ X4-2			
3□	3□	4□	4□ 4□	3	3	
-2	PY4	AEL4(7,10)-1-2 CXM4	4□ CXD4-1			

2

5□2	5□1	5□ X3-2		
3□	3□	4□	3	3
1-2	PY3	CXM3		

6

					4	
5□2	5□2	5□	5□ X2-2			
3□	3□	8□	4□	5	3	1
1-2	PF2-1-4	(防火卷帘) JL2 CXM2	4□ CXD2-1	6		

6

					4	
5□	5□ X1-3-4	5□	5□ X1-2			
3□	4□		4□	6	2	3
SF1-1-2 AEL1-1-2	(防火卷帘) JL1 CXM1	4□ CXD1-1				

制器	ZA6351/MA 1952/6AH 区域报警控制器 (14F-22F)	ZA2532 电源监控盘 ZA1951/30 直流供电电源	ZA2731(工作250W) 功率放大器 (备用150W) 广播录放盘 ZA 2721	ZA5711A 火警 通讯盘	ZA63511A 气体灭 火控制器	119引至市政消防电话网 SC20 FC
警	ZA6351/MA	ZA1952/24 浮充备用电池				
警显示	ZA4431	ZA6152		控制平台		

ZR-BV 3*4 SC20
引自AEP1-2   WE1
AC220V

防控制系统图

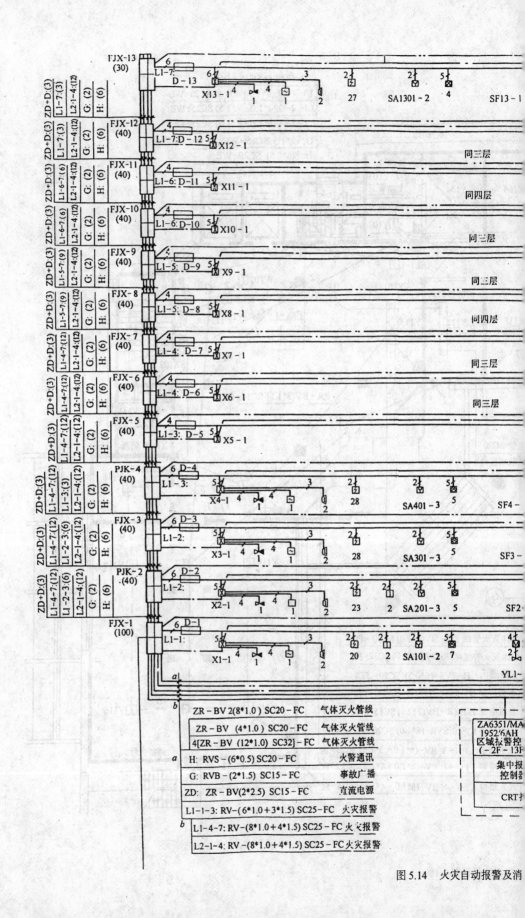

图 5.14 火灾自动报警及消

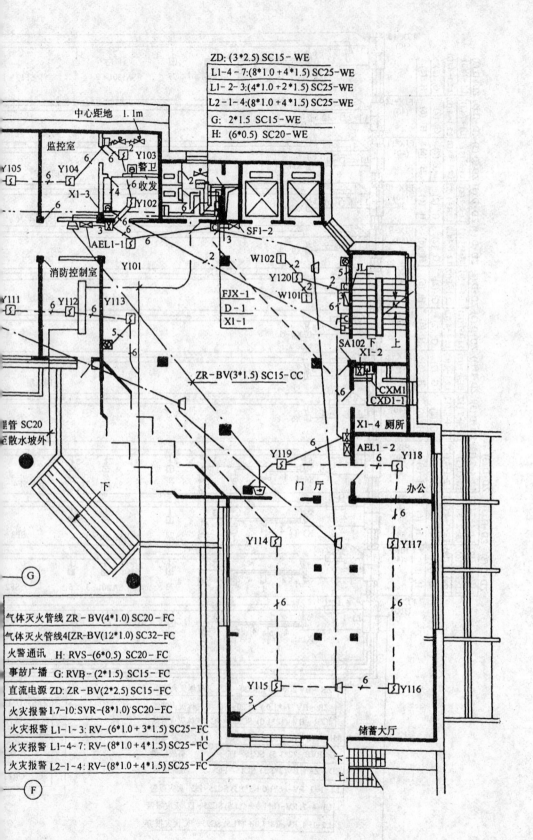

ZD: (3*2.5) SC15－WE
L1-4－7:(8*1.0＋4*1.5) SC25－WE
L1-2－3:(4*1.0＋2*1.5) SC25－WE
L2-1－4:(8*1.0＋4*1.5) SC25－WE
G: 2*1.5 SC15－WE
H: (6*0.5) SC20－WE

中心距地 1.1m

监控室

Y105
Y104
Y103
警卫
收发
X1-3
Y102

AEL1-1
SF1-2

消防控制室
Y101
W102
Y120
W101

Y111
Y112
Y113
JL

FJX-1
D-1
X1-1

SA102 下 上
X1-2
X1-1
CXM1
CXD1-1

里管 SC20
散水坡外

X1-4 厕所
AEL1-2
Y118

Y119

门 厅
办公

下

ZR－BV(3*1.5) SC15－CC

G

Y114
Y117

气体灭火管线 ZR－BV(4*1.0) SC20－FC
气体灭火管线4[ZR－BV(12*1.0) SC32－FC
火警通讯 H: RVS-(6*0.5) SC20－FC
事故广播 G: RVB-(2*1.5) SC15－FC
直流电源 ZD: ZR－BV(2*2.5) SC15－FC
火灾报警 L7-10:SVR-(8*1.0) SC20－FC
火灾报警 L1-1-3: RV-(6*1.0＋3*1.5) SC25－FC
火灾报警 L1-4~7: RV-(8*1.0＋4*1.5) SC25－FC
火灾报警 L2-1-4: RV-(8*1.0＋4*1.5) SC25－FC

Y115
Y116

储蓄大厅
下 上

F

1层消防平面图 1:100

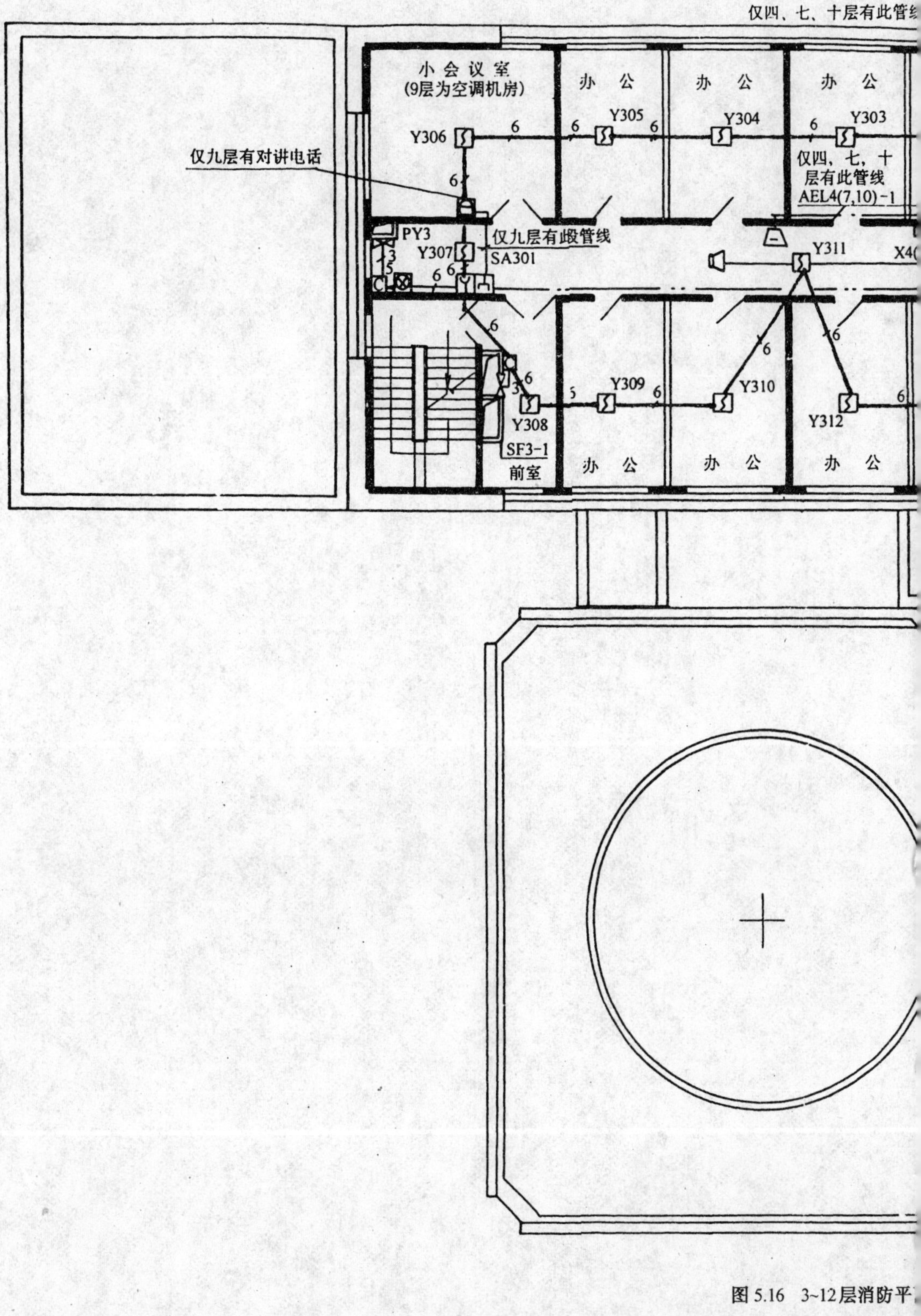

小会议室
(9层为空调机房)

办 公　办 公　办 公

Y306　6　6　Y305　6　Y304　Y303

仅九层有对讲电话

仅四、七、十
层有此管线
AEL4(7,10)-1

6

PY3　仅九层有暗管线

Y307　SA301

Y311　X4(

CL

6　6

6

Y309　6　Y310

6　6

Y308

SF3-1
前室

Y312

办 公　办 公　办 公

图 5.16　3~12层消防平

二、划分和排列分项工程项目

(1)控制屏安装;

(2)配电屏安装;

(3)集中控制台安装;

(4)按钮安装;

(5)一般铁构件制作;

(6)一般铁构件安装;

(7)砖、混凝土结构钢管明配;

(8)砖、混凝土结构钢管暗配;

(9)管内穿线;

(10)接线箱安装;

(11)接线盒安装;

(12)消防分机安装;

(13)消防电话插孔安装;

(14)功率放大器安装;

(15)功率放大器安装;

(16)录放盘安装;

(17)吸顶式扬声器安装;

(18)壁挂式扬声器安装;

(19)正压送风阀检查接线;

(20)排烟阀检查接线;

(21)防火阀检查接线;

(22)感烟探测器安装;

(23)感温探测器安装;

(24)报警控制器安装;

(25)报警联动一体机安装;

(26)压力开关安装;

(27)水流指示器安装;

(28)声光报警器安装;

(29)控制模块安装;

(30)自动报警系统装置调试;

(31)广播扬声器、消防分机及插孔调试;

(32)水灭火系统控制装置调试;

(33)正压送风阀、排烟阀、防火阀调试;

(34)刷第一遍防火漆;

(35)刷第二遍防火漆。

三、工程量计算

1. 控制屏安装

控制屏安装以"台"为单位计算。本例采用 ZA5711 火警通讯控制装置,工程量 1 台;采用 ZA6122 气体灭火控制装置,工程量 1 台。

2. 配电屏安装

配电屏安装以"台"为单位计算。本例采用 ZA2532 电源监控盘,ZA1951/30 直流供电单元,ZA1952/24 浮充备用电池电源装置,工程量 3 台。

3. 集中控制台安装

集中控制台安装以"台"为单位计算。本例采用 ZA6152 控制琴台,工程量 1 台。

4. 按钮安装

按钮安装以"个"为单位计算。本例采用 ZA6122B 消火栓控制按钮,安装在消火栓箱内,工程量 62 个,采用 ZA6121B 手动报警按钮,工程量 35 套。

5. 一般铁构件制作

电气管井内钢管明敷设,用角钢支架固定。本例采用 63×6 等边角钢做凵支架固定钢管,每层二个支架,1～12 层 24 个支架,每个支架用料 1.6 m,工程量 38.4 m。

6. 一般铁构件安装

工程量同上。

7. 砖、混凝土结构钢管明配

查土建图已知,1 层层高为 5.3 m,其余 2～12 层层高为 3.5 m。

电气管井内钢管工程量如下。

①H:RVS – (6×0.5)SC20　　　　　　　　　　　　　　　　　　　　1～12 层

SC20 = 〔5.3(层高) – 0.44(接线箱高) + 0.2(管进上下箱预留长度)〕×〔2(层数) – 1〕+ 〔3.5(层高) – 0.4(接线箱高) + 0.2(管进上下箱预留长度)〕×〔11(层数) – 1〕= 38.06(m)

②G:RVB – (2×1.5)SC15　　　　　　　　　　　　　　　　　　　　1～12 层

计算式如上。

SC15 = 38.06(m)

③L2 – 1～4:RV(8×1.0 + 4×1.5)SC25

SC25 = 〔5.3(层高) + 0.1(进箱预留)〕×〔2(层数) – 1〕+ 3.5(层高)×〔11(层数) – 1〕= 40.4(m)

④L1 – 2～3:RV – (4×1.0 + 2×1.5)SC25

SC25 = 〔5.3(层高) – 0.44(接线箱高) + 0.2(管进箱上下预留)〕×〔2(层数) – 1〕+ 〔3.5(层高) – 0.4(接线箱高) + 0.2(管进箱上下预留)〕×〔2(层数) – 1〕= 8.36(m)

⑤L1 – 3:RV(2×1.0 + 1×1.5)SC25

SC25 = 〔3.5(层高) – 0.4(接线箱高) + 0.2(管进箱上下预留)〕×〔3(层数) – 1〕= 6.6(m)

⑥L1 – 4～7:RV(8×1.0 + 4×1.5)SC25

SC25 = 〔5.3(层高) – 0.44(接线箱高) + 0.1(管进箱预留)〕×〔2(层数) – 1〕+ 3.5(层高) ×〔6(层数) – 1〕= 22.46(m)

⑦L1 – 5～7:RV(6×1.0 + 3×1.5)SC25

SC25 = 〔3.5(层高) – 0.4(接线箱高) + 0.2(管进箱上下预留)〕×〔3(层数) – 1〕=

6.6(m)

⑧L1 – 6 ~ 7:RV(4 × 1.0 + 2 × 1.5)SC25

计算式如上。

SC25 = 6.6(m)

⑨L1 – 7:RV(2 × 1.0 + 1 × 1.5)SC25

SC25 = [3.5(层高) – 0.4(接线箱高) + 0.2(管进箱上下预留)] × [2(层数) – 1] = 3.3(m)

⑩DZ + D:ZR – BV(3 × 2.5)SC15

SC15 = [5.3(层高) – 0.44(接线箱高) + 0.2(管进箱上下预留)] × [2(层数) – 1] + [3.5(层高) – 0.4(接线箱高) + 0.2(管进箱上下预留)] × [11(层数) – 1] = 38.06(m)

8.砖、混凝土结构钢管暗配

钢管以"m"为单位计算,本例钢管暗配工程量如下。

(1)一层火灾报警线路水平工程量

①感烟探测器回路

RV – (4 × 1.0 + 2 × 1.5)SC20

(FJX – 1)→D – 1→Y101→Y102→Y103→Y104→Y105→Y106→Y107→Y108→Y109→(X1 – 4)→SA102→控制模块

SC20 = 1.6 + 5 + 1.4 + 3.6 + 2.6 + 1.2 + 3 + 3.5 + 3.5 + 4.6 + 3.6 + 3.8 + 2.6 + 3.5 + 3.4 + 3.4 + 12.6 + 7.4 + 6.6 + 6.4 + 4 + 6.5 + 4 + 6.2 + 3.6 = 107.6(m)

②消火栓控制按钮回路

RV – (3 × 1.5 + 2 × 1.0)SC20

SA101→消火栓按钮→锅炉房消火栓按钮

SC20 = 2 + 7.6 + 9.4 = 19(m)

Y119→消火栓按钮

SC20 = 2.6 m

Y115→消火栓按钮

SC20 = 3 m

Y113→消火栓按钮

SC20 = 2 m

控制模块→消火栓按钮

SC20 = 1.2 m

③感温探测器回路

RV – (2 × 1.0)SC20

控制模块→Y120→W101→W102

SC20 = 3 + 1.4 + 1.2 = 5.6(m)

④X1 – 1→水流指示器回路

RV – (4 × 1.0)SC20

SC20 = 2.2(m)

⑤X1 – 1→安全信号阀回路

RV – (4 × 1.0)SC20

SC20 = 2.8(m)

⑥X1 – 2→CXD1 – 1 回路

RV – (4 × 1.0)SC20

SC20 = 0.4 m

⑦X1 – 2→CXM1 回路

RV – (4 × 1.0)SC20

SC20 = 0.8(m)

⑧X1 – 3→AEL1 – 1 回路

RV – (3 × 1.0)SC20

SC20 = 1.2(m)

⑨X1 – 4→AEL1 – 2 回路

RV – (4 × 1.0)SC20

SC20 = 0.6(m)

⑩控制模块→JL1 回路

RV – (8 × 1.0)SC20

SC20 = 0.6(m)

⑪控制模块→SF1 – 1 回路

RV – (3 × 1.0)SC20

SC20 = 1(m)

⑫控制模块→SF1 – 2 回路

RV – (3 × 1.0)SC20

SC20 = 1.2(m)

⑬输入模块→压力开关回路

RV – (2 × 1.0)SC20

SC20 = 2.2(m)

⑭X1 – 1→声光报警器回路

ZR – BV(3 × 1.5)SC15

SC15 = 8.2 + 18 = 26.2(m)

(2)一层消防通讯线路水平工程量

RVS – (2 × 0.5)SC15

SC15 = 2.5 + 15.5 = 18(m)

RVS – (6 × 0.5)SC15

SC15 = 21.5 + 1.5 = 23(m)

(3)1 层事故广播线路水平工程量

RVB – (2 × 1.5)SC15

SC15 = 11 + 7.5 + 12.5 + 12 + 7.5 + 15 + 6.5 + 2.5 = 74.5(m)

(4)一层 FJX – 1→消防控制室线路水平工程量

①火灾报警

L1 - 1 ~ 3:RV - (6 × 1.0 + 3 × 1.5)SC25

SC25 = 16.5(m)

L1 - 4 ~ 7:RV - (8 × 1.0 + 4 × 1.5)SC25

SC25 = 16.5(m)

L2 - 1 ~ 4:RV - (8 × 1.0 + 4 × 1.5)SC25

SC25 = 16.5(m)

②事故广播

G:RVB - (2 × 1.5)SC15

SC15 = 17(m)

③火警通讯

H:RVS - (6 × 0.5)SC20

SC20 = 17.5(m)

④气体灭火

ZR - BV2(8 × 1.0)SC20

SC20 = 18(m)

ZR - BV(4 × 1.0)SC20

SC20 = 18(m)

4[ZR - BV(12 × 1.0)SC32]

SC32 = 18 × 4 = 72(m)

⑤直流电源

ZD:ZR - BV(2 × 2.5)SC15

SC15 = 16.5(m)

(5)1 层消防控制室至墙外 119 电话预埋管工程量

SC20 = 6(水平长度) + 1(埋深) + 0.1(引出地面) = 7.1(m)

(6)1 层火灾报警线路垂直工程量

接线箱:FJX - 1(100)　0.32(宽) × 0.44(高)

RV - (4 × 1.0 + 2 × 1.5)SC20(消防报警回路)

SC20 = [5.3(层高) - 1.5(接线箱底边距地高度) - 0.44(接线箱高)] × 1(立管数量) = 3.36(m)

RVB - (2 × 1.5)SC15　(事故广播回路)

SC15 = (5.3 - 1.5 - 0.44) × 1 = 3.36(m)

ZR - BV(3 × 1.5)SC15　(声光报警回路)

SC15 = (5.3 - 1.5 - 0.44) × 1 = 3.36(m)

控制模块

计算式:(中心距顶棚高度 + 棚内预留长度) × 立管数量

RV - (8 × 1.0)SC20　SC20 = (0.5 + 0.1) × 1 = 0.6(m)

RV - (2 × 1.0)SC20　SC20 = (0.5 + 0.1) × 1 = 0.6(m)

RV - (4 × 1.0 + 2 × 1.5)SC25　SC25 = (0.5 + 0.1) × 1 = 0.6(m)

RV - (3 × 1.5 + 2 × 1.0)SC20　SC20 = (0.5 + 0.1) × 1 = 0.6(m)

$RV-(3\times1.0)SC20$ $SC20=(0.5+0.1)\times2=1.2(m)$

输入模块(计算方法同上)

$RV-(4\times1.0+2\times1.5)SC20$ $SC20=(0.5+0.1)\times2=1.2(m)$

手动报警按钮

$RV-(2\times1.0)SC20$

$SC20=〔5.3(层高)-1.5(手动报警中心距地高度)-0.2(楼板厚度)-0.3(接线盒中心距顶棚高度)〕\times2(立管数量)=6.6(m)$

消火栓报警按钮

$RV-(3\times1.5+2\times1.0)SC20$

$SC20=〔5.3(层高)-1.9(消火栓报警按钮中心距地高度)-0.1(楼板厚度/2)〕\times9(立管数量)=29.7(m)$

过缝接线盒 $RV-(3\times1.5+2\times1.0)SC20$

$SC20=〔5.3(层高)-0.1(楼板厚度/2)-0.55(接线盒中心距地高度)〕\times2(立管数量)=9.3(m)$

(7)1层事故广播线路

广播扬声器 (壁装)

$RVB-(2\times1.5)SC15$

$SC15=〔0.5(中心距顶棚高度)+0.1(楼板厚度/2)〕\times1(立管数量)=0.6(m)$

(8)1层消防通讯线路

固定电话:$RVS-(6\times0.5)SC20$

$SC20=〔0.4(中心距地高度)+0.1(楼板厚度/2)〕\times7(立管数量)=3.5(m)$

火警电话插孔:$RVS-(2\times0.5)SC20$

计算方法同上。$SC20=(1.5+0.1)\times2=3.2(m)$

(9)1层FJX-1(接线箱)至消防控制室线路垂直工程量

接线箱处立管长度：

计算式:(埋入楼板内长度+接线箱底边距地高度+进箱预留长度)×立管数量

气体灭火:$SC20=0.1+1.5+0.1=1.7(m)$

气体灭火:$SC32=(0.1+1.5+0.1)\times4=6.8(m)$

火警通讯:H:$SC20=0.1+1.5+0.1=1.7(m)$

事故广播:G:$SC15=0.1+1.5+0.1=1.7(m)$

直流电源:ZD:$SC15=0.1+1.5+0.1=1.7(m)$

气体灭火:$SC20=0.1+1.5+0.1=1.7(m)$

火灾报警:L1-1-3:$SC25=0.1+1.5+0.1=1.7(m)$

火灾报警:L1-4-7:$SC25=0.1+1.5+0.1=1.7(m)$

火灾报警:L2-1-4:$SC25=0.1+1.5+0.1=1.7(m)$

消防控制室内引上长度

管长=(埋入楼板内长度+引出地面长度)×数量

气体灭火:$SC20=0.1+0.1=0.2(m)$

气体灭火:$SC32=(0.1+0.1)\times4=0.8(m)$

火警通讯：H：SC20 = 0.1 + 0.1 = 0.2(m)

事故广播：G：SC15 = 0.1 + 0.1 = 0.2(m)

直流电源：ZD：SC15 = 0.1 + 0.1 = 0.2(m)

气体灭火：SC20 = 0.1 + 0.1 = 0.2(m)

火灾报警：L1 - 1～3：SC25 = 0.1 + 0.1 = 0.2(m)

火灾报警：L1 - 4～7：SC25 = 0.1 + 0.1 = 0.2(m)

火灾报警：L2 - 1～4：SC25 = 0.1 + 0.1 = 0.2(m)

(10)一层模块箱等处立管长度

X1 - 2→CXM1、CXD1 - 1

SC20 = (层高 - 楼板厚度 - 模块箱顶面距棚高度 - 模块箱高度 + 管进箱预留长度 - 照明(动力)箱底边距地高度 - 箱高 + 管进箱预留长度) × 数量 = (5.3 - 0.2 - 0.3 - 0.35 + 0.1 - 1.5 - 0.5 + 0.1) × 2 = 5.3(m)

X1 - 3→AEL1 - 1(计算方法同上)

SC20 = 2.65(m)

X1 - 4→AEL1 - 2(计算方法同上)

SC20 = 2.65(m)

X1 - 1→声光报警器

SC20 = (模块箱顶面距棚高度 + 棚内预留长度) + (声光报警器中心距顶棚高度 + 棚内预留长度) × 声光报警器立管数量 = (0.3 + 0.1) + (0.5 + 0.1) × 3 = 2.2(m)

X1 - 1→水流指示器(计算方法同上)

SC20 = (0.3 + 0.1) + (0.5 + 0.1) × 1 = 1(m)

X1 - 1→安全信号阀(计算方法同上)

SC20 = (0.3 + 0.1) + (0.8 + 0.1) × 1 = 1.3(m)

输入模块→压力开关

SC20 = 输入模块中心距地高度 + 楼板内预留长度 + (楼板内预留长度 + 压力开关中心距高度) × 压力开关立管数量 = (5.3 - 0.2 - 0.5) + 0.1 + (0.1 + 1.1) × 3 = 8.3(m)

RV - (3 × 1.0)CP20

控制模块→SF1 - 1　　CP20 = 1 m

RV - (3 × 1.0)CP20

控制模块→SF1 - 2　　CP20 = 1.6 m

控制模块→JL1　　RV - (8 × 1.0)SC20

SC20 = 5.3(层高) - 0.2(楼板厚度) - 0.5(控制模块中心距棚高度) - 2(卷帘控制箱顶面距地高度) + 0.1(管进控制箱内预留长度) = 2.7(m)

金属软管

RV - (4 × 1.0 + 2 × 1.5)CP20

CP20 = 〔0.8(吊棚高长) + 0.2(预留长度)〕× 22(探测器数量) = 22(m)

RVB - (2 × 1.5)CP15

CP15 = 〔0.8(吊棚高度) + 0.2(预留长度)〕× 7(吸顶扬声器数量) = 7(m)

9. 管内穿线

导线以"m"为单位计算。管内穿线工程量如下。

(1)电气管井内钢管管内穿线

① 消防通讯线路(H)

RVS - (2×0.5) = 〔电源管立管长度 + (FJX - 1 半周长) + (FJX - 2 半周长) + 2(箱半周长数量) × (FJX - 2 半周长) × (层数 - 1)〕× 导线根数 = 〔38.06 + (0.32 + 0.44) + (0.25 + 0.4) + 2 × (0.25 + 0.4) × (11 - 1)〕× 3 = 157.41(M)

② 火灾事故广播线路(G)　　　　　　　　　　　　　　　　　　　1~12层

计算式同上。

RVS - (2×1.5) = 〔38.06 + (0.32 + 0.44) + (0.25 + 0.4) + 2 × (0.25 + 0.4) × (11 - 1)〕× 1 = 52.47(m)

③ 火灾自动报警及控制线路

L2 - 1~4

RV - 1.0 = 〔40.4(钢管长度) + 0.76(FJX - 1 半周长)〕× 8(导线根数) = 329.28(m)

RV - 1.5 = 〔40.4 + 0.76(FJX - 1 半周长)〕× 4 = 164.64(m)

L1 - 2~3

RV - 1.0 = 〔8.36(钢管长度) + (0.32 + 0.44)(FJX - 1 半周长) + (0.25 + 0.4)(FJX - 2 半周长) × 3(半周长数量)〕× 4(导线根数) = 44.36(m)

RV—1.5 = 〔8.36 + (0.32 + 0.44) + (0.25 + 0.4) × 3〕× 2 = 22.18(m)

L1—3

RV—1.0 = {6.6(钢管长度) + 〔3(层数) - 1〕× 0.65(箱半周长)} × 2(导线根数) = 15.8(m)

RV—1.5 = 〔6.6 + (3 - 1) × 0.65〕× 1 = 7.9(m)

L1—4~7

RV—1.0 = 〔22.46(钢管长度) + 0.76(FJX - 1 半周长) + 0.65(FJX - 2 半周长) × 3(半周长数量)〕× 8(导线根数) = 201.36(m)

RV—1.5 = (22.46 + 0.76 + 0.65 × 3) × 4 = 100.68(m)

L1—5~7

RV—1.0 = 〔6.6(钢管长度) + 0.65(箱半周长) × 4(半周长数量)〕× 6(导线根数) = 55.2(m)

RV—1.5 = (6.6 + 0.65 × 4) × 3 = 27.6(m)

L1—6~7

RV—1.0 = 〔6.6(钢管长度) + 0.65(箱半周长) × 4(半周长数量)〕× 4(导线根数) = 36.8(m)

RV—1.5 = (6.6 + 0.65 × 4) × 2 = 18.4(m)

L1—7

RV—1.0 = 〔3.3(钢管长度) + 0.65(箱半周长) × 2(半周长数量)〕× 2(导线根数) = 9.2(m)

RV—1.5 = (3.3 + 0.65 × 2) × 1 = 4.6(m)

④ZD + D

ZR—BR—2.5 = 〔38.06(钢管长度) + 0.76(FJX – 1 半周长) + 0.65(FJX – 2 半周长) + 2 (箱半周长数量)×0.65(FJX – 2 半周长)×(11 – 1)(层数 – 1)〕×3(导线根数) = 157.41(m)

(2)一层火灾报警线路管内穿线

①感烟探测器回路

RV—1.0 = 〔107.6(水平长度) + 3.36(接线箱立管长度) + 1.2(输入模块立管长度) + 0.6(控制模块立管长度) + 0.76(箱内预留长度)〕×4(导线根数) = 454.08(m)

RV—1.5 = (107.6 + 3.36 + 1.2 + 0.6 + 0.76)×2 = 227.04(m)

②消火栓控制按钮回路

RV—1.0 = 〔(19 + 2.6 + 3 + 2 + 1.2)(水平长度) + 29.7(垂直长度) + 0.6(控制模块处立管长度) + 9.3(过缝接线盒引上立管长度)〕×2(导线根数) = 134.8(m)

RV—1.5 = 〔(19 + 2.6 + 3 + 2 + 1.2) + 29.7 + 0.6 + 9.3〕×3 = 202.2(m)

③感温探测器回路

RV—1.0 = 〔5.6(水平长度) + 0.6(控制模块处立管长度)〕×2(导线根数) = 12.4(m)

④X1—1→水流指示器回路

RV—1.0 = 〔2.2(水平长度) + 1(垂直长度) + 0.7(接线箱预留长度)〕×4(导线根数) = 15.6(m)

⑤X1—1→安全信号阀回路

RV—1.0 = 〔2.8(水平长度) + 1.3(垂直长度) + 0.7(接线箱预留长度)〕×4(导线根数) = 19.4(m)

⑥X1—1→声光报警器回路

ZR—BV—1.5 = 〔26.2(水平长度) + 2.2(垂直长度) + 0.7(接线箱预留长度)×3(导线根数)〕 = 87.3(m)

⑦手动报警按钮回路

RV—1.0 = 7.4(钢管垂直长度)×2(导线根数) = 14.8(m)

⑧X1—2→CXD1 回路

RV—1.0 = 〔0.4(水平长度) + 2.7(垂直长度) + 0.7(模块箱预留长度) + 1.2(CXD1 箱预留长度)〕×4(导线根数) = 20(m)

⑨X1—2→CXM1 回路

RV—1.0 = 〔0.8 + 2.7 + (0.7 + 1.2)〕×4 = 21.6(m)

⑩X1—3→AEL1 – 1 回路

RV—1.0 = 〔1.2 + 2.65 + (0.7 + 1.2)〕×3 = 17.25(m)

⑪X1—4→AEL1 – 2 回路

RV—1.0 = 〔0.6 + 2.65 + (0.7 + 1.2)〕×3 = 15.45(m)

⑫控制模块→JL1 回路

RV—1.0 = 〔0.6(水平长度) + 0.6(控制模块处立管长度) + 2.7(垂直长度) + 1.2(JL1 箱预留长度)〕×8(导线根数) = 40.8(m)

⑬控制模块→SF1 – 1 回路

RV—1.0 = 〔1(水平长度) + 0.6(垂直长度) + 1(金属软管长度)〕×3(导线根数) = 7.8(m)

⑭控制模块→SF1 – 2 回路

$RV—1.0 = (1.2 + 0.6 + 1.6) \times 3 = 10.2(m)$

⑮输入模块→压力开关回路

$RV—1.0 = [2.2(水平长度) + 8.3(垂直长度) + 0.6(输入输块立管长度)] \times 2(导线根数) = 22.2(m)$

(3)一层消防通讯线路

电话插孔

$RVS—(2 \times 0.5) = [18(水平长度) + 3.2(垂直长度)] \times 1(导线根数) = 21.2(m)$

电话

$RVS—(2 \times 0.5) = (23 + 3.5) \times 3 = 79.5(m)$

(4)一层事故广播线路

$RVB—1.5 = [74.5(水平长度) + (33.6 + 0.6)(垂直长度) + 0.76(接线箱预留长度)] \times 2(导线根数) = 158.44(m)$

(5)一层 FJX – 1→消防控制室线路

$RV—1.0 = [(16.5 + 16.5)(水平长度) + (1.7 + 0.2 + 1.7 + 0.2)(垂直长度) + 0.76(接线箱预留长度) + 1.5(火灾报警装置半周长)] \times 8(导线根数) + [16.5(水平长度) + (1.7 + 0.2)(垂直长度) + 0.76(接线箱预留长度) + 1.5(报警装置预留长度)] \times 6(导线根数) = 436.44(m)$

$RV—1.5 = [(16.5 + 16.5 + 16.5) + (1.7 + 0.2 + 1.7 + 0.2 + 1.7 + 0.2) + 0.76 + 1.5] \times 4 + [16.5 + (1.7 + 0.2) + 0.76 + 1.5] \times 3 = 201.82(m)$

$RVS—(6 \times 0.5) = [17.5(水平长度) + (1.7 + 0.2)(垂直长度) + (0.76 + 1.5)(预留长度)] \times 3(导线根数) = 64.98(m)$

$RVB—(2 \times 1.5) = [17(水平长度) + (1.7 + 0.2)(垂直长度) + (0.76 + 1.5)(预留长度)] \times 1(导线根数) = 21.16(m)$

$ZR—BV – 1.0 = [18(水平长度) + (1.7 + 0.2)(垂直长度) + (0.76 + 1.5)(预留长度)] \times 16(导线根数) + [18(水平长度) + (1.7 + 0.2)(垂直长度) + (0.76 + 1.5)(预留长度)] \times 4(导线根数) + [72(水平长度) + (6.8 + 0.8)(垂直长度) + (0.76 + 1.5)(预留长度)] \times 12(导线根数) = 1\,425.52(m)$

$ZR—BV—2.5 = [16.5(水平长度) + (1.7 + 0.2)(垂直长度) + (0.76 + 1.5)(预留长度)] \times 2(导线根数) = 41.32(m)$

(6)金属软管管内穿线

探测器

$RV—1.0 = 1(垂直长度) \times 22(探测器数量) \times 4(导线根数) = 88(m)$

广播扬声器

$RVB—(2 \times 1.5) = 1(垂直长度) \times 6(吸顶扬声器数量) \times 1(导线根数) = 6(m)$

以上一层消防平面图中水平和垂直管线计算完毕,三~十二层消防平面图中管线计算方法与一层相同,这里不再叙述,可作为课后练习。

10. 接线箱安装

接线箱安装以"个"为单位计算。本例采用的接线箱和模块箱共 44 个,其中消防系统接线箱 320 mm×440 mm×160 mm 1 个,消防系统接线箱 250 mm×400 mm×160 mm 11 个;模块箱 350 mm×350 mm×100 mm 32 个。

11.接线盒安装

接线盒安装以"个"为单位计算。本例采用的接线盒均暗装在棚内、墙内,工程量 608 个。其中 ZA1914/B1 模块预埋盒 39 个;ZA1914/S1 手动报警开关预埋盒 35 个;86H60 预埋盒 534 个。

12.消防分机安装

消防分机安装以"部"为单位计算。本例采用固定式火警对讲电话,工程量 6 部。

13.消防电话插孔安装

消防电话插孔安装以"个"为单位计算。本例采用电话插孔 ZA2714,工程量 35 个。

14.功率放大器安装

功率放大器安装以"台"为单位计算。本例采用 ZA2731 备用功率放大器,工程量 1 台。

15.功率放大器安装

功率放大器安装以"台"为单位计算。本例采用 ZA2731 工作功率放大器,工程量 1 台。

16.录放盘安装

录音机安装以"台"为单位计算。本例采用 ZA2721 广播录放盘,工程量 1 台。

17.吸顶式扬声器安装

吸顶式扬声器安装以"只"为单位计算。本例采用 ZA2724、3 W 吸顶式扬声器,工程量 40 只。

18.壁挂式扬声器安装

壁挂式扬声器安装以"只"为单位计算。本例采用 ZA2725、3 W 壁挂式扬声器,工程量 1 只。

19.正压送风阀检查接线

正压送风阀检查接线以"个"为单位计算。本例正压送风阀工程量 24 个。

20.排烟阀检查接线

排烟阀检查接线以"个"为单位计算。本例排烟阀工程量 14 个。

21.防火阀检查接线

防火阀检查接线以"个"为单位计算。本例防火阀工程量 12 个。

22.感烟探测器安装

感烟探测器安装以"只"为单位计算。本例感烟探测器采用 ZA6011,工程量 323 只。

23.感温探测器安装

感温探测器安装以"只"为单位计算。本例感温探测器采用 ZA6031,工程量 4 只。

24.报警控制器安装

报警控制器安装以"台"为单位计算。本例区域报警控制器采用 ZA6351MA/1016,工程量 2 台。

25.报警联动一体机安装

报警联动一体机安装以"台"为单位计算。本例采用 ZA6351MA/254 集中报警控制器,工程量 1 台。

26. 压力开关安装

压力开关安装以"套"为单位计算。本例压力开关工程量 2 套。

27. 水流指示器安装

水流指示器安装执行隐藏式开关定额项目,以"套"为单位计算。本例水流指示器工程量 12 个。

28. 声光报警器安装

声光报警器安装以"只"为单位计算。本例采用 ZA2112 声光报警器,工程量 24 只。

29. 控制模块安装

控制模块安装以"只"为单位计算。输入模块、强电切换盒、总线短路隔离器、控制模块均执行控制模块安装定额项目。本例采用 ZA6132 输入模块,工程量 25 只;采用 ZA2224 强电切换盒,工程量 22 只;采用 ZA6152 总线短路隔离器,工程量 12 只;采用 ZA6211 控制模块,工程量 84 只,合计 143 只。

30. 自动报警系统装置调试

自动报警系统装置调试以"系统"为单位计算。本例自动报警系统装置调试为 1 个系统。

31. 广播扬声器、消防分机及插孔调试

广播扬声器、消防分机及插孔调试以"个"为单位计算。本例广播扬声器为 41 个;消防分机为 6 个;话机插孔 35 个,合计 82 个。

32. 水灭火系统控制装置调试

水灭火系统控制装置调试以"系统"为单位计算。本例水灭火系统控制装置调试为 1 个系统。

33. 正压送风阀、排烟阀、防火阀调试

正压送风阀、排烟阀、防火阀调试以"处"为单位计算。本例正压送风阀 24 处;排烟阀 14 处;防火阀 12 处,合计 50 处。

34. 管道刷漆

管道刷漆以"m²"为单位计算。本例电气管井内钢管应刷耐火极限不小于 1 小时的防火涂料,防火涂料刷两遍,工程量 31.84 m²。

35. 工程量计算表和工程量汇总表

本例中工程量计算表如表 5.13,工程量汇总表如表 5.14 所示。

四、套用定额单价,计算定额直接费

1. 所用定额单价和材料预算价格

(1)本例所用定额为全国统一安装工程预算定额第二册、第七册、第十一册和黑龙江省建设工程预算定额(电气)。

(2)定额单价采用 2000 年黑龙江省建设工程预算定额哈尔滨市单价表。

(3)材料预算价格采用 2000 年哈尔滨市建设工程材料预算价格表。

2. 编制主要材料费计算表

本例主要材料费计算表见表 5.15。

3．编制消防设备费用表

本例消防设备费用表见表 5.16。

4．编制定额直接费计算表

对表中的有关问题说明如下。

（1）表中工程量的钢管、导线按一层消防平面图计算，电气管井中管线按 1～12 层计算，其他设备按 1～12 层计算。

（2）消防控制室设备按就地安装考虑。

（3）定额直接费计算表见表 5.17。

五、计算安装工程费用、汇总单位工程造价。

消防安装工程取费方法与照明安装工程相同，见表 5.18。

表 5.13　工 程 量 计 算 表

工程名称：消防安装工程

序号	工 程 名 称	计　算　式	单位	工程量
1	控制屏安装	ZA5711、ZA6211	台	2
2	配电屏安装	ZA2532、ZA1951/30、ZA1952/24	台	3
3	集中控制台安装	ZA6152	台	1
4	按钮安装	ZA6122 B　62 个　ZA6121B　35 个	个	97
5	一般铁构件制作	$\angle 63 \times 6$	kg	275.00
6	一般铁构件安装	$\angle 63 \times 6$	kg	275.00
7	砖、混凝土结构钢管明配			
	H	$SC20(5.3-0.44+0.2) \times (2-1) + (3.5-0.4+0.2) \times (11-1)$	m	38.06
	G	$SC15(5.3-0.44+0.2) \times (2-1+3.5-0.4+0.2) \times (11-1)$	m	38.06
	L2－1～4	$SC25(5.3+0.1) \times (2-1) + 3.5 \times (11-1)$	m	40.40
	L1－2～3	$SC25(5.3-0.44+0.2) \times (2-1) + (3.5-0.4+0.2) \times (2-1)$	m	8.36
	L1－3	$SC25(3.5-0.4+0.2) \times (3-1)$	m	6.60
	L1－4～7	$SC25(5.3-0.44+0.1) \times (2-1) + 3.5 \times (6-1)$	m	22.46
	L1－5～7	$SC25(3.5-0.4+0.2) \times (3-1)$	m	6.60
	L1－6～7	$SC25(3.5-0.4+0.2) \times (3-1)$	m	6.60
	L1－7	$SC25(3.5-0.4+0.2) \times (2-1)$	m	3.30
	DZ＋D	$SC15(5.3-0.44+0.2) \times (2-1) + (3.5-0.4+0.2) \times (11-1)$	m	38.06
8	砖、混凝土结构钢管暗配			
(1)	一层火灾报警线路			

续　表

序号	工　程　名　称	计　　算　　式	单位	工程量
①	感烟探测器回路(水平)	SC20 1.6＋5＋1.4＋3.6＋2.6＋1.2＋3＋3.5＋3.5＋4.6＋3.6＋3.8＋2.6＋3.5＋3.4＋3.4＋12.6＋7.4＋6.6＋6.4＋4＋6.5＋4＋6.2＋3.6	m	107.60
②	一层消火栓控制按钮回路(水平)	SC20 2＋7.6＋9.4＋2.6＋3＋2＋1.2	m	27.80
③	感温探测器回路(水平)	SC20 3＋1.4＋1.2	m	5.60
④	X1－1→水流指示器回路(水平)	SC20 2.2	m	2.20
⑤	X1－1→安全信号阀回路(水平)	SC20 2.8	m	2.80
⑥	X1－2→CXD1－1 回路(水平)	SC20 0.4	m	0.40
⑦	X1－2→CXM1 回路(水平)	SC20 0.8	m	0.80
⑧	X1－3→AEL1－1 回路(水平)	SC20 1.2	m	1.20
⑨	X1－4→AEL1－2 回路(水平)	SC20 0.6	m	0.60
⑩	控制模块→JL1 回路(水平)	SC20 0.6	m	0.60
⑪	控制模块→SF1－1 回路(水平)	SC20 1	m	1
⑫	控制模块→SF1－2 回路(水平)	SC20 1.2	m	1.20
⑬	输入模块→压力开关回路(水平)	SC20 2.2	m	2.20
⑭	X1－1→声光报警器回路(水平)	SC15 26.2	m	26.20
(2)	一层消防通讯线路(水平)	SC15 18＋23	m	41
(3)	一层事故广播线路(水平)	SC15 11＋7.5＋12.5＋12＋7.5＋15＋6.5＋2.5	m	74.50
(4)	一层 FJX－1→消防控制室线路(水平)			
①	火灾报警			
	L1－1～3	SC25 16.5	m	16.50
	L1－4～7	SC25 16.5	m	16.50
	L2－1～4	SC25 16.5	m	16.50
②	事故广播 G:	SC15 17	m	17
③	火警通讯 H:	SC20 17.5	m	17.50
④	气体灭火	SC20 18	m	18
		SC20 18	m	18
		SC32 18×4	m	72
⑤	直流电源	SC15 16.5	m	16.50

续　表

序号	工 程 名 称	计 算 式	单位	工程量
(5)	一层消防控制室→墙外 119电话预埋管	SC20 6(水平)+1(埋深)+0.1(引出地面)	m	7.10
(6)	一层火灾报警线路垂直工程量			
	接线箱:FJX-1	SC20 (5.3-1.5-0.44)×1	m	3.36
	事故广播回路	SC15 (5.3-1.5-0.44)×1	m	3.36
	声光报警回路	SC15 (5.3-1.5-0.44)×1	m	3.36
	控制模块	SC20 0.6+0.6+0.6+1.2	m	3
	控制模块	SC25	m	0.60
	输入模块	SC20	m	1.20
	手动报警按钮	SC20 (5.3-1.5-0.2-0.3)×2	m	6.60
	消火栓报警按钮	SC20 29.7+9.3	m	39
(7)	一层事故广播线路	SC15	m	0.60
(8)	一层消防通讯线路	SC20 3.5+3.2	m	6.70
(9)	一层 FJX-1→消防控制室线路	SC20 1.7+1.7+1.7+0.2+0.2+0.2		5.70
		SC15 1.7+1.7+0.2+0.2	m	3.80
		SC25 1.7+1.7+1.7+0.2+0.2+0.2	m	5.70
		SC32 6.8+0.8	m	7.60
(10)	一层模块箱等处立管长度			
	X1-2→CMX1、CXD1-1	SC20 (5.3-0.2-0.3-0.35+0.1-1.5-0.5+0.1)×2	m	5.30
	X1-3→AEL1-1	SC20 2.65	m	2.65
	X1-4→AEL1-2	SC20 2.65	m	2.65
	X1-1→声光报警器	SC20 (0.3+0.1)+(0.5+0.1)×3	m	2.20
	X1-1→水流指示器	SC20 (0.3+0.1)+(0.5+0.1)×1	m	1
	X1-1→安全信号阀	SC20 (0.3+0.1)+(0.8+0.1)×1	m	1.30
	输入模块→压力开关	SC20 (5.3-0.2-0.5)+0.1+(0.1+1.1)×3	m	8.30
	控制模块→SF1-1	CP20 1	m	1
	控制模块→SF1-2	CP20 1.6	m	1.60
	控制模块→JL1	SC20 5.3-0.2-0.5-2+0.1	m	2.70
	探测器	CP20 (0.8+0.2)×22	m	22
	扬声器	CP15 (0.8+0.2)×7	m	7
9	管内穿线			

续　表

序号	工　程　名　称	计　算　式	单位	工程量
(1)	电气管井内消防线路			
①	通讯线路 H	RVS－(2×0.5)〔38.06＋(0.32＋0.44)＋(0.25＋0.4)＋2×(0.25＋0.4)×(11－1)〕×3	m	157.41
②	事故广播线路 G	RVS－(2×0.5)〔38.08＋(0.32＋0.44)＋(0.25＋0.4)＋2×(0.25＋0.4)×(11－1)〕×1	m	52.49
③	自动报警及控制线路 L2－1～4	RV－1.0 mm² (40.4＋0.76)×8	m	329.28
		RV－1.5 mm² (40.4＋0.76)×4	m	164.64
	L1－2～3	RV－1.0 mm² 〔8.36＋(0.32＋0.44)＋(0.25＋0.4)×3〕×4	m	44.28
		RV－1.5 mm² 〔8.36＋(0.32＋0.44)＋(0.25＋0.4)×3〕×2	m	22.14
	L1－3	RV－1.0 mm² 〔6.6＋(3－1)×0.65〕×2	m	15.80
		RV－1.5 mm² 〔6.6＋(3－1)×0.65〕×1	m	7.90
	L1－4～7	RV－1.0 mm² 〔22.46＋0.76＋0.65×3〕×8	m	201.36
		RV－1.5mm² (22.46＋0.76＋0.65×3)×4	m	100.68
	L1－5～7	RV－1.0 mm² (6.6＋0.65×4)×6	m	55.20
		RV－1.5 mm² (6.6＋0.65×4)×3	m	27.60
	L1－6～7	RV－1.0 mm² (6.6＋0.65×4)×4	m	36.80
		RV－1.5 mm² (6.6＋0.65×4)×2	m	18.40
	L1－7	RV－1.0 mm² (3.3＋0.65×2)×2	m	9.20
		RV－1.5 mm² (3.3＋0.65×2)×1	m	4.60
④	ZD＋D	ZR－BV－2.5 mm² 〔38.06＋0.76＋0.65＋2×0.65×(11－1)〕×3	m	157.41
(2)	一层火灾报警线路			
①	感烟探测器回路	RV－1.0 mm² (107.6＋3.36＋1.2＋0.6＋0.76)×4	m	454.08
		RV－1.5 mm² (107.6＋3.36＋1.2＋0.6＋0.76)×2	m	227.04
②	消火栓控制按钮回路	RV－1.0 mm² 〔(19＋2.6＋3＋2＋1.2)＋0.6＋9.3〕×2	m	134.80
		RV－1.5 mm² 〔(19＋2.6＋3＋2＋1.2)＋0.6＋9.3〕×3	m	202.20
③	感温探测器回路	RV－1.0 mm² (5.6＋0.6)×2	m	12.40
④	X1－1→水流指示器回路	RV－1.0 mm² (2.2＋1＋0.7)×4	m	15.60

续　表

序号	工程名称	计算式	单位	工程量
⑤	X1-1→安全信号阀回路	$RV-1.0\ mm^2\quad (2.8+1.3+0.7)\times 4$	m	19.40
⑥	X1-1→声光报警器回路	$ZR-BV-1.5\ mm^2\quad (26.2+2.2+0.7)\times 3$	m	87.30
⑦	手动报警按钮回路	$RV-1.0\ mm^2\quad 7.4\times 2$	m	14.80
⑧	X1-2→CXD1回路	$RV-1.0\ mm^2\quad (0.4+2.7+0.7+1.2)\times 4$	m	20.00
⑨	X1-2→CXM1回路	$RV-1.0\ mm^2\quad [0.8+2.7+(0.7+1.2)]\times 4$	m	21.60
⑩	X1-3→AEL1-1回路	$RV-1.0\ mm^2\quad [1.2+2.65+(0.7+1.2)]\times 3$	m	17.25
⑪	X1-4→AEL1-2回路	$RV-1.0\ mm^2\quad [0.6+2.65+(0.7+1.2)]\times 3$	m	15.45
⑫	控制模块→JL1回路	$RV-1.0\ mm^2\quad [0.6+0.6+2.7+1.2]\times 8$	m	40.80
⑬	控制模块→SF1-1回路	$RV-1.0\ mm^2\quad (1+0.6+1)\times 3$	m	7.80
⑭	控制模块→SF1-2回路	$RV-1.0\ mm^2\quad (1.2+0.6+1.6)\times 3$	m	10.20
⑮	输入模块→压力开关回路	$RV-1.0\ mm^2\quad (2.2+8.3+0.6)\times 2$	m	22.20
(3)	一层消防通讯线路	$RVS-(2\times 0.5)(18+3.2)\times 1$（电话插孔）	m	21.20
		$RVS-(2\times 0.5)(23+3.5)\times 3$（电话）	m	79.50
(4)	一层事故广播线路	$RVB-(2\times 1.5)[74.5+(3.36+0.6)+0.76]\times 2$	m	158.44
(5)	一层 FJX-1→消防控制室线路	$RV-1.0\ mm^2\quad [((16.5+16.5)+(1.7+0.2+1.7+0.2)+0.76+1.5]\times 8[16.5+(1.7+0.2)+0.76+1.5]\times 6$	m	436.44
		$RV-1.5\ mm^2\quad [((16.5+16.5+16.5)+(1.7+0.2+1.7+0.2+1.7+0.2)+0.76+1.5]\times 4+[16.5+(1.7+0.2)+0.76+1.5]\times 3$	m	291.82
		$RVS-(2\times 0.5)\quad [17.5+(1.7+0.2)+(0.76+1.5)]\times 3$	m	64.98
		$RVB-(2\times 1.5)\quad [1.7+(1.7+0.2)+(0.76+1.5)]\times 1$	m	21.16
		$ZR-BV-1.0\ mm^2\quad [18+(1.7+0.2)+(0.76+1.5)]\times 4+[72+(6.8+0.8)+(0.76+1.5)]\times 12+[18+(1.7+0.2)+(0.76+1.5)]\times 16$	m	1 425.52
		$ZR-BV-2.5\ mm^2\quad [16.5+(1.7+0.2)+(0.76+1.5)]\times 2$	m	41.32
(6)	金属软管内探测器、广播扬声器回路	$RV-1.0\ mm^2\quad 1\times 22\times 4$	m	88.00
		$RVB-(2\times 1.5)\ 1\times 6\times 1$	m	6.00
10	接线箱安装	32（模块箱）+12（接线箱）	个	44

续　表

序号	工程名称	计算式	单位	工程量
11	接线盒安装	42(模块盒)＋35(话机插口)＋35(手报)＋41(扬声器)＋12(短路器)＋6(电话)＋323(感烟)＋4(感温)＋24(声光报警)＋62(消报)＋2(过缝)	个	586
12	消防通讯分机安装	3(一层)＋1(二层)＋2(九层)	部	6
13	消防通讯电话插孔安装	2(一层)＋3(二层)＋3(标准层)×10	个	35
14	功率放大器安装	ZA2731(备用 150 W)	台	1
15	功率放大器安装	ZA2731(工作 250 W)	台	1
16	录放盘安装	ZA2721	台	1
17	吸顶式扬声器安装	ZA2724 3W	只	40
18	壁挂式扬声器安装	ZA2725 3W	只	1
19	正压送风阀检查接线	2×12(层)	个	24
20	排烟阀检查接线	4(二层)＋1×10(三层～十二层)	个	14
21	防火阀检查接线	1×12(层)	个	12
22	感烟探测器安装	ZA6011	只	323
23	感温探测器安装	ZA6031	只	4
24	报警控制器安装	ZA6351 MA/1016	台	2
25	报警联动一体机安装	ZA6351 MA/254	台	1
26	压力开关安装	2(一层)	套	2
27	水流指示器安装	1×12(层)	套	12
28	声光报警器安装	2×12(层)	只	24
29	控制模块安装	25(ZA6132 输入模块)＋22(强电切换盒 ZA2224)＋12(总线短路隔离器 ZA6152)＋84(控制模块 ZA6211)	只	143
30	自动报警系统装置调试		系统	1
31	广播扬声器、消防分机及插孔调试	41(广播扬声器)＋6(消防分机)＋(35)插孔	个	82
32	水灭火系统控制装置调试		系统	1
33	正压送风阀、排烟阀、防火阀调试	24(正压送风阀)＋14(排烟阀)12(防火阀)	处	50
34	管道刷防火漆	第一遍	m²	15.92
		第二遍	m²	15.92

表 5.14　工 程 量 汇 总 表

工程名称：住宅楼照明工程

序号	定额编号	分项工程名称	单位	数量
1	2－236	控制屏安装	台	2
2	2－240	配电屏安装	台	3
3	2－260	集中控制台安装	台	1
4	2－358	一般铁构件制作	100 kg	2.75
5	2－359	一般铁构件安装	100 kg	2.75
6	2－997	砖、混凝结构明配	100 m	0.76
7	2－998	砖、混结构明配	100 m	0.38
8	2－999	砖、混结构明配	100 m	0.94
9	2－1008	砖、混结构暗配	100 m	1.86
10	2－1009	砖、混结构暗配	100 m	3.06
11	2－1010	砖、混结构暗配	100 m	0.56
12	2－1011	砖、混结构暗配	100 m	0.80
13	2－1151	金属软管敷设	10 m	0.07
14	2－1152	金属软管敷设	10 m	0.25
15	2－1196	消防线路管内穿线	100 m 单线	38.24
16	2－1197	消防线路管内穿线	100 m 单线	11.54
17	2－1198	消防线路管内穿线	100 m 单线	1.99
18	2－1199	消防线路管内穿线	100 m 单线	1.86
19	2－1373	明装接线箱安装	10个	4.3
20	2－1374	明装接线箱安装	10个	0.1
21	2－1377	暗装接线盒安装	10个	58.6
22	7－6	感烟探测器安装	只	323
23	7－7	感温探测器安装	只	4
24	7－12	按钮安装	只	97
25	7－13	控制模块安装	只	143
26	7－26	报警控制器安装	台	2
27	7－45	报警联动一体机安装	台	1
28	7－50	声光报警器安装	只	24
29	7－54	125 W 功率放大器安装	台	1
30	7－55	250 W 功率放大器安装	台	1
31	7－56	录放盘安装	台	1
32	7－58	吸顶式扬声器安装	只	40
33	7－59	壁挂式扬声器安装	只	1
34	7－64	消防通讯分机安装	部	6
35	7－65	消防通讯电话插孔安装	个	35
36	7－198	自动报警系统装置调试	系统	1
37	7－202	水灭火系统控制装置调试	系统	1
38	7－203	广播扬声器、消防分机及插孔调试	10只	8.2

续　表

工程名称：住宅楼照明工程

序号	定额编号	分项工程名称	单位	数量	序号	定额编号	分项工程名称	单位	数量
39	7－207	正压送风阀、排烟阀、防火阀调试	10处	5					
40	7－216	压力开关安装	套	2					
41	7－221	水流指示器安装	套	12					
42	黑16－13	正压送风阀检查接线	个	24					
43	黑16－14	排烟阀检查接线	个	14					
44	黑16－15	防火阀检查接线	个	12					
45	11－78	钢管刷第一遍防火漆	m²	15.92					
46	11－79	钢管刷第二遍防火漆	m²	15.92					

表 5.15　主 要 材 料 费 计 算 表

工程名称：消防安装工程

顺序号	定额编号	分项工程或费用名称	工程量		预算价值/元		其　中					
			定额单位	数量	定额单价	总价	人工费/元		材料费/元		机械费/元	
							单价	金额	单价	金额	单价	金额
1		∠63×63×6	kg	288.75	2.10	606.38			2.10	606.38		
2		SC15	kg	340.59	2.69	916.19			2.69	916.19		
3		SC20	kg	578.08	2.68	1 549.25			2.68	1 549.25		
4		SC25	kg	374.19	2.66	995.35			2.66	995.35		
5		SC32	kg	256.62	2.66	682.61			2.66	682.61		
6		CP20	m	25.75	3.26	83.95			3.26	83.95		
7		CP15	m	7.21	2.29	16.51			2.29	16.51		
8		ZR－BV－1.0 mm^2	m	1 496.80	0.58	868.14			0.58	868.14		
9		ZR－BV－1.5 mm^2	m	91.67	0.79	72.42			0.79	72.42		
10		ZR－BV－2.5 mm^2	m	208.67	1.23	256.66			1.23	256.66		
11		RVS－(2×0.5)	m	394.36	0.55	216.90			0.55	216.90		
12		RVB－(2×1.5)	m	194.88	1.79	348.84			1.79	348.84		
13		RV－1.0 mm^2	m	2 124.00	0.59	1 253.00			0.59	1 253.00		
14		RV－1.5 mm^2	m	1 120.35	0.83	929.89			0.83	929.89		
15		模块预埋盒 ZA1914/B1	个	39.78	28.96	1 152.03			28.96	1152.03		
16		手报预埋盒 ZA1914/S1	个	35.7	28.96	1 033.87			28.96	1033.87		
17		预埋盒 86H60	个	175.44	1.92	336.84			1.92	336.84		
18		话机插口 ZA2714	套	35	74.97	2 623.95			74.97	2 623.95		
		小　计				13 926.21				13 926.21		

工程名称：

表 5.16　消 防 设 备 费 用 表

序号	设备名称及型号	单价/元	数量	合计金额/元
1	集中火灾通用报警控制器　ZA6351MA/254	64 057.07	1	64 057.07
2	区域火灾通用报警控制器　ZA6351MA/1016	1 847.57	2	3 695.14
3	电源监控盘　ZA2532	2 182.38	1	2 182.38
4	直流供电单元　ZA1951/30	4 955.28	1	4 955.28
5	浮充备用电源　ZA1952/24	4 113.14	1	4 113.14
6	控 制 零 台　ZA1942	4 970.68	1	4 970.68
7	消火栓按钮　ZA6122B	274.21	62	17 001.02
8	接 线 箱　ZA1921/100	393.34	1	393.34
9	接 线 箱　ZA1921/40	290.64	11	3 197.04
10	模 块 箱　350×350×100	311.18	32	9 957.76
11	固定式编址火警电话分机　ZA5712	948.95	6	5 693.70
12	广播功率放大器　ZA2731	30 835.68	1	30 835.68
13	紧急广播扬声器　ZA2724 3W(吸顶)	181.78	40	7 271.20
14	控 制 模 块　ZA6211	638.79	84	53 658.36
15	输 入 模 块　ZA6132	284.48	25	7 112.00
16	强电切换盒　ZA2224	230.00	22	5 060.00
17	紧急广播扬声器(壁挂式)　ZA2725	141.73	1	141.73
18	声光报警器　ZA2112	452.91	24	10 869.84
19	离子感烟探测器　ZA6011	434.42	323	140 317.66
20	多态感温探测器　ZA6031	403.61	4	1 614.44
21	手动报警按钮　ZA6121B	257.78	35	9 022.30
22	火警通讯控制装置　ZA5711A	25 619.54	1	25 619.54
23	气体灭火控制装置　ZA3211A/4	5 484.18	1	5 484.18
24	总线短路隔离器　ZA6152	226.97	12	2 723.64
25	微机 CRT 显示控制系统　ZA4431	102 849.90	1	102 849.90
	设 备 总 价			522 797.02

表 5.17 定额直接费计算表

工程名称：

顺序号	定额编号	分项工程名称	工程量		定额价值/元		其 中					
			定额单位	数量	定额单价	金额	人工费/元		材料费/元		机械费/元	
							单价	金额	单价	金额	单价	金额
1	2-236	控制屏安装	台	2	211.23	422.46	108.45	216.90	41.81	83.62	60.97	121.94
2	2-240	配电屏安装	台	3	201.17	603.51	108.22	324.66	31.98	95.94	60.97	182.91
3	2-260	集中控制台安装	台	1	727.03	727.03	411.84	411.84	122.44	122.44	192.75	192.75
4	2-358	一般铁构件制作	100 kg	2.75	440.06	1210.17	247.10	679.53	87.55	240.76	105.41	289.88
5	2-359	一般铁构件安装	100 kg	2.75	258.17	709.97	160.62	441.71	17.07	46.94	80.48	221.32
6	2-997	砖、混结构明配	100 m	0.76	416.82	316.78	270.90	205.88	104.81	79.66	41.11	31.24
7	2-998	砖、混结构明配	100 m	0.38	452.34	171.89	287.83	109.38	123.40	46.89	41.11	15.62
8	2-999	砖、混结构明配	100 m	0.94	533.04	501.06	331.30	311.42	142.55	134.00	59.19	55.64
9	2-1008	砖、混结构暗配	100 m	1.86	228.20	424.45	154.44	287.26	32.65	60.73	41.11	76.46
10	2-1009	砖、混结构暗配	100 m	3.06	245.81	752.18	164.74	504.10	39.96	122.28	41.11	125.79
11	2-1010	砖、混结构暗配	100 m	0.56	317.08	177.56	199.74	111.85	58.15	32.56	59.19	33.15
12	2-1011	砖、混结构暗配	100 m	0.80	346.23	276.98	212.56	170.05	74.48	59.58	59.19	47.35
13	2-1151	金属软管敷设	10 m	0.07	99.87	6.99	58.12	4.07	41.75	2.92		
14	2-1152	金属软管敷设	10 m	0.25	120.56	30.14	72.53	18.13	48.03	12.00		
15	2-1196	消防线路管内穿线	100 m 单线	38.24	23.75	908.20	15.56	595.01	8.19	313.19		
16	2-1197	消防线路管内穿线	100 m 单线	11.54	24.06	277.65	15.79	182.21	8.27	95.44		
		页计				7 517.02		4 574.01		1 548.95		1 394.05

续　表

顺序号	定额编号	分项工程名称	工程量		价值/元		其　中					
			定额单位	数量	定额单价	金额	人工费/元		材料费/元		机械费/元	
							单价	金额	单价	金额	单价	金额
17	2-1198	消防线路管内穿线	100 m 单线	1.99	24.72	49.19	16.02	31.88	8.70	17.31		
18	2-1199	消防线路管内穿线	100 m 单线	1.86	27.32	50.82	17.16	31.92	10.16	18.90		
19	2-1373	明装接线箱安装	10个	4.3	239.12	1 028.21	218.28	938.60	20.84	89.61		
20	2-1374	明装接线箱安装	10个	0.1	320.07	32.01	295.15	29.52	24.92	2.49		
21	2-1377	暗装接线盒安装	10个	58.6	18.50	1 084.10	10.30	603.58	8.20	480.52		
22	7-6	感烟探测器安装	只	323	11.82	3 817.86	8.69	2 806.87	2.90	936.70	0.23	74.29
23	7-7	感温探测器安装	只	4	11.68	46.72	8.69	34.76	2.94	11.76	0.05	0.20
24	7-12	按钮安装	只	97	15.08	1 462.76	12.81	1 242.57	1.90	184.30	0.37	35.89
25	7-13	控制模块安装	只	143	45.97	6 573.71	41.64	5 954.52	3.75	536.25	0.58	82.94
26	7-26	报警控制器安装	台	2	781.32	1 562.64	547.75	1 095.50	47.98	95.96	185.59	371.18
27	7-45	报警联动一体机安装	台	1	1 106.63	1 106.63	922.52	922.52	40.63	40.63	143.48	143.48
28	7-50	声光报警器安装	只	24	20.61	494.64	18.08	433.92	2.26	54.24	0.27	6.48
29	7-54	125 W 功率放大器安装	台	1	21.77	21.77	13.73	13.73	8.04	8.04		
30	7-55	250 W 功率放大器安装	台	1	25.77	25.77	17.16	17.16	8.61	8.61		
31	7-56	录放盘安装	台	1	22.49	22.49	14.41	14.41	8.08	8.08		
32	7-58	吸顶式扬声器安装	只	40	8.96	358.40	5.72	228.80	3.04	121.60	0.20	8.00
		页　计				17 737.72		14 400.26		2 615.00		722.46

续　表

顺序号	定额编号	分项工程名称	定额单位	数量	定额单价	金额	人工费/元 单价	金额	材料费/元 单价	金额	机械费/元 单价	金额
33	7-59	壁挂式扬声器安装	只	1	6.12	6.12	4.58	4.58	1.34	1.34	0.20	0.20
34	7-64	消防通讯分机安装	部	6	11.18	67.08	5.03	30.18	6.15	36.90		
35	7-65	消防通讯电话插孔安装	个	35	4.82	168.70	2.75	96.25	2.07	72.45		
36	7-198	自动报警系统装置调试	系统	1	8 677.69	8 677.69	6 217.18	6 217.18	1 144.33	1 144.33	1 316.18	1 316.18
37	7-202	水灭火系统控制装置调试	系统	1	9 301.26	9 301.26	8 348.45	8 348.45	235.36	235.36	717.45	717.45
38	7-203	广播扬声器、消防分机及插孔调试	10只	8.2	105.88	868.21	34.32	281.42	59.90	491.18	11.66	95.61
39	7-207	正压送风阀、排烟阀、防火阀调试	10处	5	198.05	990.25	103.19	515.95	84.49	422.45	10.37	51.85
40	7-216	压力开关安装	套	2	23.10	46.20	18.30	36.60	2.19	4.38	2.61	5.22
41	7-221	水流指示器安装	套	12	23.35	280.20	18.30	219.60	2.44	29.28	2.61	31.32
42	黑16-13	正压送风阀检查接线	个	24	40.11	962.64	37.75	906.00	1.83	43.92	0.53	12.72
43	黑16-14	排烟阀检查接线	个	14	38.97	545.58	36.61	512.54	1.83	25.62	0.53	7.42
44	黑16-15	防火阀检查接线	个	12	36.68	440.16	34.32	411.84	1.83	21.96	0.53	6.36
45	11-78	钢管刷第一遍防火漆	m²	15.92	11.80	187.86	8.01	127.52	3.79	60.34		
46	11-79	钢管刷第二遍防火漆	m²	15.92	11.36	180.85	8.01	127.52	3.35	53.33		
		页　　计				22 722.80		17 835.63		2 642.84		2 244.33
		防火漆	kg	1.74	23.01	40.04	23.01	40.04				
		页　　计				40.04				40.04		
		1~4页合计				48 017.58		3 680.90		6 846.83		4 360.84
		脚手架搭拆费	系数	5%	36 809.90	1 840.50	1 840.50× 25%	460.13	1 840.50× 75%	1 380.38		
		合　　计				49 858.08	37 270.03	37 270.03		8 227.21		4 360.84
		高层建筑增加费	系数	2%	37 270.03	745.40	37 270.03	745.40				
		主要材料费				13 926.21				13 926.21		
		总　　计				64 529.69		38 015.43		22 153.42		4 360.84
		消防设备费				522 797.02						

表 5.18 工 程 费 用 计 算 表

单位工程名称：

年 月 日

序号	工程费用名称	费率计算公式	金额/元
(一)	直 接 费		65 065.54
(A)	其 中 人 工 费	(A)×70.4%	37 518.80
(二)	综 合 费 用	(A)×85%	27 117.24
(三)	利 润		32 740.98
(四)	有 关 费 用	(1)+…+(9)	7 222.28
(1)	远地施工增加费	(A)× %	
(2)	特种保健津贴	(A)× %	
(3)	赶工措施增加费	(A)× %	
(4)	文明施工增加费	(A)× %	
(5)	集中供暖等项费用	(A)×18.75%	7 222.28
(6)			
(7)	材 料 价 差	(A)× %	
(8)			
(9)	工 程 风 险 系 数	[(一)+(二)+(三)]× %	
(五)	劳 动 保 险 基 金	[(一)+(二)+(三)+(四)]×3.32%	4 387.25
(六)	工程定额测定费	[(一)+(二)+(三)+(四)]×0.1%	132.15
(七)	税 金	{[(一)+(二)+(三)+(四)+(五)+(六)]}×3.41%	4 660.29
(八)	消 防 设 备 费		522 797.02
(九)	单 位 工 程 费 用	[(一)+(二)+(三)+(四)+(五)+(六)+(七)+(八)]	664 122.75

编制说明：

一、本施工图为××市某综合楼工程消防施工图，图纸由黑龙江省建筑设计研究院设计，图纸共3张，图纸经过会审；

二、本施工图预算采用全国统一安装工程预算定额（第二册电气设备安装工程）；

三、本施工图预算采用2002年黑龙江省建设工程预算定额工程材料预算哈尔滨市单价表；

四、本施工图预算采用2002年哈尔滨市建设工程建筑安装工程定额；

五、本施工图预算执行2002年黑龙江省建筑安装工程费用定额；

六、施工图预算之外的费用以现场签证的形式计入结算；

七、工程地点：市内；

八、工程类别：一类；

九、本工程2004年4月5日开工，2005年5月1日竣工。

复习思考题

1. 什么是施工图预算？

2. 施工图预算的编制步骤包括哪些内容？

3. 简述施工图预算的编制依据。

4. 线管工程量计算方法有哪几种？

5. 采用按图纸标注比例方法如何计算管线？

6. 选择一套照明工程施工图，按照图纸标注尺寸方法计算管线工程量，并计算出其他工程量，按当地预算定额计算出定额直接费。

7. 选择一套小型动力工程施工图，采用图纸标注比例方法，按照当地的预算定额及材料预算价格，费用定额和其他文件规定，编制一份完整的施工图预算书。

第六章　施工预算的编制

第一节　概　　述

施工预算是施工安装企业在单位工程开工前,以施工图预算为基础,根据施工图纸、施工定额或劳动定额、材料消耗定额及机械台班定额,并结合施工组织设计及施工现场实际情况而编制的用于施工企业内部控制工程成本的经济文件。它规定了拟建工程或分部分项工程所需人工、材料、机械台班的消耗数量和直接费标准。

施工安装企业为了保质保量地完成所承担的工程任务,取得较好的经济效益,就必须加强企业的生产经营管理。施工预算就是为了适应施工企业内部加强计划管理的需要,按照企业经济核算及班组核算的要求而编制的。它是施工企业内部控制生产成本和指导施工生产活动的计划文件,同时又是与施工图预算和实际工程成本进行分析对比的基础资料。

第二节　施工预算的编制依据

施工预算的主要编制依据如下。

1. 施工图纸和设计说明

施工预算编制所用的图纸和说明,必须是经过图纸会审后的全套图纸。

2. 图纸会审记录和标准图册

3. 经过审批后的施工图预算

施工图预算的造价,是确定建筑施工企业预计收入的依据,而施工预算确定的费用,是建筑施工企业控制各项费用预计支出的依据。因此,在编制施工预算时,应把施工预算和施工图预算进行对比,使施工预算各方面消耗不超出施工图预算。应尽量利用施工图预算中的有关数据,如工程量、人工和主要材料的预算消耗量,以及相应的人工费、材料费、机械费等,都给施工预算的编制提供了有利条件和可比数据。

4. 施工定额

施工定额是确定施工预算中人工、材料和机械台班需要量的依据。由于目前还没有全国统一的施工定额,编制施工预算时,只能使用现有的定额,采用所谓"混合使用定额的方法"。如人工部分,可以执行《全国建筑安装工程统一劳动定额》和各地区的补充劳动定额;材料部分按照预算定额规定的用量(需调整损耗率)或按图纸及规定的计算方法加损耗率计算;机械部分,可以参照相应的预算定额规定用量扣除一定幅差后套用,或根据施工现场实际机械配备情况确定其消耗量。

5. 施工组织设计或施工方案

施工组织设计或施工方案明确规定了工程具体采用的施工方法、技术组织措施、现场平面布置等,在编制施工预算时,应根据施工组织设计或施工方案合理地选用定额和进行计算。

6. 资料收集

现行的地区人工工资标准、材料预算价格、机械台班价格、市场信息价格和其他有关费用标准资料。

第三节 施工预算的编制

施工预算的内容,主要由编制说明和各种计算表格二大部分组成。

1. 编制说明

编制说明主要包括以下内容:

(1)编制依据

采用的有关施工图纸、施工定额、人工工资标准、材料价格、机械台班单价、施工组织设计或施工方案。

(2)施工技术措施

设计变更或图纸会审记要的处理方法、质量及安全技术措施等。

(3)本预算已考虑的问题

图纸会审记要中的修改及局部设计变更、施工中采取的降低成本措施和其他方面已考虑的问题等。

(4)遗留项目和暂估项目有哪些,并说明原因及处理办法

(5)其他需要说明的问题

2. 表格部分的内容

施工预算的主要内容采用表格形式编制,其表格一般包括:

(1)工程量计算表,见表 6.1。

表 6.1 工程量计算表

序 号	定 额 编 号	分项工程名称	单 位	计 算 式	数 量

(2)人工需用量分析表,见表 6.2。

表 6.2 人工需要量分析表

序号	定额编号	分项工程名称	工程量	综 合 工 日					其 中					
				定额	工人平均等级	合计	折合四级工		电工		焊工		……	
							系数	合计	定额	合计	定额	合计	…	…

(3)材料、机械台班需用量分析表,见表6.3。

表6.3　材料、机械台班需用量分析表

序号	定额编号	分项工程名称	工　程　量		主　材	辅　材	机　械
			单位	数量			

(4)加工件计划表,见表6.4。

(5)人工需用量汇总及费用表,见表6.5。

(6)材料需用量汇总及费用表,见表6.6。

(7)施工机械需用量汇总及费用表,见表6.7。

表6.4　加工件计划表

序　号	名　称	规　格	单　位	数　量	单价/元	合价/元	备　注

表6.5　人工需用量汇总及费用表

工　程　名　称	综合工日数	其中(工日)		折合四级工工　日　数	定额日工资标　准	人工费/元
		电工	焊工			

表6.6　材料需用量汇总及费用表

序　号	材料名称	单　位	数　量	预算价格/元	金额/元

表6.7　施工机械需用量汇总及费用表

序　号	机械设备名称	单　位	数　量	预算价格/元	机械费/元

(8)两算对比表,见表 6.8、表 6.9。

表 6.8　两算对比表(一)直接费对比

序号	项目	施工图预算/元	施工预算/元	对比结果	
				起支	节约
一	人工费				
二	材料费				
三	机械费				
四	合计				
五	预算低率	$\dfrac{施工图预算价值 - 施工预算价值}{施工图预算价值} \times 100\% =$				

表 6.9　两算对比表(二)实物量对比表

序号	名称及规格	单位	施工图预算			施工预算			结果	
			数量	单价	金额/元	数量	单价	金额/元	起支	节约
一	人工									
二	材料									
1	……									
2	……									
三	机械									
1	……									
2	……									

对于不编制单位工程施工组织设计或施工方案的小型施工项目,其施工预算的内容可从简,但也应提出人工需用量和材料需用量。

第四节　施工预算的编制步骤和方法

编制施工预算也同编制施工图预算一样,首先应当熟悉有关资料,了解定额内容以及分项工程定额所包括的范围。为了便于"两算"对比,编制施工预算时,尽量与施工图预算的分部分项工程项目相对应。

编制施工预算,可按下列步骤进行。

一、熟悉编制施工预算的有关资料

(一)熟悉施工图纸、设计说明及有关标准图

(二)熟悉施工组织设计或施工方案

(三)熟悉施工现场情况

(四)熟悉定额的内容

由于目前尚没有全国统一的施工定额,只有全国统一劳动定额和预算定额。因此,施工预算人工部分的分析计算可执行劳动定额,材料和机械台班部分的分析可参考预算定额。在选定定额后,应认真熟悉定额的总说明和分章说明,明确定额的适用范围及使用注意事项。

二、划分和排列分项工程项目

根据施工图纸、施工组织设计或施工方案,按劳动定额划分和排列项目。

全国统一劳动定额第 20 册电气安装工程,共分十三章,计 1 430 个定额子目。表 6.10 对常用情况作了概括归纳,对于初学者能起到节省时间,提高预算编制速度的作用。

表 6.10　劳动定额第 20 册电气安装工程常用项目划分

分部(章)	项 目	定额编号	分 目 方 法	计量单位
一、配管配线	电线管明配	1 - 13	按建筑结构、管径分目	100m
	厚钢管明配	14 - 42		
	电线管、厚钢管、塑料管暗配	43 - 36	按管径分目	
	钢管套丝、煨弯、硬塑料管煨弯	61 - 71	按管径分目	10 个
	接线箱(盒)安装	72 - 82	按箱半周长、盒的材质和种类分目	
	硬塑料管明配	83 - 95	按建筑结构、管径分目	100m
	金属软管明配	96 - 104	按管径、单根长度	10 根
	管内穿线	105 - 116	按照明和动力工程、导线截面分目	100m
	瓷(塑)夹板配线	142 - 149	按建筑结构、导线截面分目	
	鼓形绝缘子配线	150 - 157	按建筑结构、导线截面分目	100m
	木(塑)槽板配线	171 - 186		
	塑料护套线配线	187 - 203		
	钢索架设	204 - 207	按材质、直径分目	根
二、照明及器具	灯具安装	208 - 317	按灯具种类、光源数量、建筑结构分目	10 套
	开关、插销安装	218 - 338	按电器种类、建筑结构、电源相数及额定电流分目	10 个
	烟囱、水塔、指示灯、安全变压器、风扇安装	350 - 360	按灯安装高度、变压器容量、风扇种类分目	个台
三、电视、广播、电话、报警装置	电视共用天线装置	361 - 370	按电器元件、电缆敷设方式分目	套 100m
	电话线、电话电缆、分线箱、终端盒安装	371 - 380	按电缆、分线箱线对分目	100m 个
	火灾报警装置	381 - 392	按报警器回路数、探测器安装方式分目	台 10 个
四、架空线路	进户线横担安装	545 - 553	按安装方式、线数分目	处
	进户线架设	554 - 568	按线数、导线截面分目	组
五、防雷及接地装置	接地极制作、安装	583 - 588	按地级材质、规格及土质分目	根
	按地母线敷设、屏蔽室接地、接地跨接线安装	589 - 599	按材质、敷设方式、连接方式分目	10m、10 处
	避雷针制作	600 - 606	按材质、针长分目	根
	避雷针安装	607 - 625	按安装地点、高度和安装部位、针长分目	根
	避雷网安装	626 - 628	按安装部位分目	10m
	避雷引下线敷设	629 - 645	按敷设方式、建筑物高度或层数分目	根、柱

续　表

分部(章)	项　目	定额编号	分目方法	计量单位
六、电气控制设备	自动空气开关	646－654	按开关类型、额定电流分目	台
	铁壳开关、胶盖闸刀开关安装	739－748	按电器类型、额定电流分目	10个
	端子板、熔断器安装接线	749－759	按电器类型、额定电流分目	组、10个
	定型动力配电箱安装	760－767	按安装方式、回路数分目	台
	定型照明配电箱、组合箱、配电箱、板安装	768－779	按回路数、半周长分目	个、块
	零线端子板安装	780－781	按回路数分目	块
	盘柜配线	789－795	按导线截面分目	10m
七、电缆工程	电缆沟挖填土	1015－1020	按土质类型分目	m³
	电缆沟铺沙盖砖、揭、盖沟盖板	1035－1041	按砖块数、沟盖板规格分目	100m10块
	电缆保护管敷设	1042－1046	按保护管长度分目	根
	电缆敷设	1047－1058	按电缆每米重量分目	100m
	电力电缆中间、终端头制作、安装	1059－1078	按电缆额定电压、线心截面分目	个

三、计算工程量

为了加快工程量计算速度,当施工预算项目的名称、计量单位与施工图预算的相应项目一致时,可直接采用施工图预算的工程量;与施工图预算不同的,需另行计算工程量。

四、套用定额进行工料分析,编制工料分析表

(一)人工部分的分析计算

从劳动定额中查出定额子目的各工种人工的时间定额和合计时间定额,填入人工分析表的相应栏目中,以工程量乘以时间定额便得出合计工日数和各工种的工日数,填入人工分析表相应栏目中,见表6.2。

在套定额时,定额规定不允许换算的项目,应直接套用;定额规定允许换算的项目,需按定额规定进行换算后,再套用。其计算式为

$$综合时间定额 = 综合时间定额 \times 调整系数$$

当同时使用两个及两个以上调整系数时,应按连乘方法计算。

由于劳动定额各章的平均技术工人等级不相同,所以按以上方法计算出的综合工日数还不便进行分析对比。为此,可将各分项工程的综合工日合计数,折算成一级工工日数。其折算方法为

$$折合一级工工日数 = 某等级工综合工日合计数 \times 该等级折算系数$$

式中,折算系数参见表6.11,当处于表中两个工资等级之间时,其系数可用插入法求得。

另外,在预算定额中,定额人工是以四级工综合工日表示。因此,为了便于进行"两算"对比,施工预算中的工日数也必须折算为四级工综合工日数。折算公式为

$$折合四级工综合工日数 = 某级综合工日合计数 \times \frac{该级折算系数}{1.635\,0}$$

表6.2中"系数"一栏,就是 $\frac{该级折算系数}{1.635\,0}$ 的值。

表 6.11 安装工人工资等级系数表

等 级	系 数	等 级	系 数	等 级	系 数	等 级	系 数
1	1.000 0	4.4	1.751 4	5.1	1.960 3	5.8	2.200 4
2	1.173 0	4.5	1.780 5	5.2	1.994 6	5.9	2.234 7
3	1.388 0	4.6	1.809 6	5.3	2.028 9	6.0	2.269 0
4	1.635 0	4.7	1.838 7	5.4	2.063 2	7.0	2.673 0
4.1	1.664 1	4.8	1.867 8	5.5	2.097 5	8.0	3.150 0
4.2	1.693 2	4.9	1.896 9	5.6	2.131 8		
4.3	1.722 3	5.0	1.926 0	5.7	2.166 1		

(二)材料部分的分析计算

1.主要材料的分析计算

主要材料是指根据施工图纸能直接计算出的材料。

主要材料的净用量绝大部分可由材料分析表中的工程量数量一栏反映,见表 6.3。

2.辅助材料的分析计算

辅助材料是指不能从施工图纸中直接计算出的材料。例如胶布、铅油、锯条等材料。这类材料可借套预算定额中给出的消耗标准,按实际需要进行分析和计算,实际计算时一般应低于预算定额给定的消耗数量。

在编制时,按定额编号从预算定额中查出该子目的各种辅助材料定额含量,再根据实际需要综合取定,以工程量乘以取定的定额含量,便得出材料的合计用量,填入材料分析表的相应栏目中,见表 6.3。

(三)施工机械部分的分析计算

施工机械部分需用量的计算,目前尚需借套预算定额,可按各分项工程施工实际需要的施工机械,选套预算定额中给出的施工机械台班消耗数量,将它乘以工程量便得出施工机械台班合计数量,填入材料、机械分析表的相应栏目中,见表 6.3。

五、编制人工、材料和施工机械需用量汇总表

将人工、材料和施工机械需用量分析表中的同工种人工工日数、同型号和同规格的施工机械台班数以及单独计算的同型号和同规格的材料数量进行汇总,分别填入各自相应的汇总表。

在编制材料汇总表时,由于主要材料数量是根据施工图纸确定的,没有包括材料损耗率,所以应增加损耗率后再填入汇总表,但应注意损耗率应低于规定的数值。

在工料机数量汇总后,即可根据现行的地区人工工资标准,材料预算价格和机械台班预算价格,在汇总表中分别计算出单位工程的人工费和机械费。

第五节　施工预算与施工图预算的对比

"两算"对比是施工图预算和施工预算中有关数额的对比,其对比的内容主要是工程量、用工数和材料消耗量。通过"两算"对比,不仅能有效地控制施工预算不超过施工图预算的限额,同时还能起到互相检验、互相控制的作用。发现差异时,可以找出原因并加以纠正。既可以保证符合国家的方针政策要求,防止多算或漏算,确保企业的合理收入;又可以使施工准备工作中的人工、材料和机械台班数量,做到准确无误,确保施工生产的顺利进行;还可以使企业领导和管理部门掌握收支情况,进而提高企业的核算水平和经济效益。

两算对比是通过表格的形式进行,见表 6.12、表 6.13。

表 6.12　实物金额对比表

序　号	项　目	施工图预算 元	施工预算 元	对　比　结　果	
				节约/元	超支/元
1	人工费				
2	材料费				
3	机械费				
	合　计				

表 6.13　实物对比表

序号	项目名称	单位	施工图预算			施工预算			数　量　差			金　额　差		
			数量	单价 元	合计 元	数量	单价 元	合计 元	节约 元	超支 元	%	节约 元	超支 元	%
1	工人	工日												
2	电缆	m												
3	钢管	m												
4	导线	m												
5	·													
6	·													
7	·													
8	交流电焊机	台班												
9	台式砂轮机	台班												
10	电动煨弯机	台班												
11	·													
12	·													
13	·													
	合　计													

表 6.12 为实物金额对比表。实物金额对比表是将施工图预算与施工预算中各自的人工费、材料费、机械费对比。

表 6.13 为实物对比表。实物对比法是将施工预算中的人工、材料、机械台班用量与施

工图预算的用量进行对比。

通过"两算"对比,表内各项数字的对比,工程是盈余还是亏损就一目了然了。

复习思考题

1. 什么是施工预算?
2. 施工预算的编制依据是什么?
3. 施工预算由哪几部分组成?
4. 编制施工预算的步骤是什么?
5. 施工预算的分项工程项目依据什么划分和排列?
6. 什么是"两算"对比? 对比的主要内容是什么? 它在施工企业中起什么作用?

第七章　竣工结算的编制

第一节　竣工结算的概念

施工图预算是在单位工程开工前编制的,在工程施工过程中往往由于工程条件的变化、设计变更、材料的代用等,使原施工图预算不能反映工程的实际造价。工程竣工结算就是在单位工程竣工后,由施工单位根据施工过程中实际发生的设计变更、材料代用、现场经济签证等情况,对原施工图预算进行调整修改,重新确定工程总造价的经济文件。

单位工程竣工后,施工单位应及时办理竣工结算,并真实反映工程造价。为了正确反映工程造价,在编制过程中必须贯彻实事求是的原则,以原始资料为依据,严禁高估冒算。同时,施工单位应在施工过程中及时做好签证工作,收集保管好原始资料。

第二节　竣工结算的编制依据和原则

一、竣工结算的编制依据

编制竣工结算,通常需要以下技术资料为依据。

(1)经审批的原施工图预算。

(2)工程承包合同或甲乙双方协议书。

(3)设计单位修改或变更设计的通知单。

(4)建设单位有关工程的变更、追加、削减和修改的通知单。

(5)图纸会审记录。

(6)现场经济签证。

(7)全套竣工图纸。

(8)现行预算定额、地区预算定额单价表、地区材料预算价格表、取费标准及调整材料价差等有关规定。

(9)材料代用单。

二、竣工结算应遵守的原则

(1)凡编制竣工结算的项目,必须是具备结算条件的工程,也就是必须经过交工验收的工程项目,而且要在竣工报告的基础上,实事求是地对工程进行清点和计算,凡属未完的工程,未经交工验收的工程和质量不合格的工程,均不能进行竣工结算,需要返工的工程或需要修补的工程,必须在返工和修补后并经验收检查,合格后方能进行竣工结算。对跨年度的工程,可按当年完成的工程量办理年终结算,待工程竣工后,再办理竣工结算。

(2)坚持"实事求是"原则。工程竣工结算一般是在施工图预算的基础上,按照施工中的更改变动后的情况编制的。所以,在竣工结算中要实事求是,该调增的调增,该调减的调减,正确地确定工程的最终造价。

(3)要严格按照国家和所在地区的预算定额、取费规定和施工合同的要求进行编制。

(4)施工图预算等结算资料必须齐全,并严格按竣工结算编制程序进行编制。

第三节　竣工结算的方式

1. 施工图预算加签证的结算方式

这是一种常用的结算方式,在编制原施工图预算时,已按费用定额的规定把预算包干费考虑在工程总造价内。工程中预算包干费之外发生的费用,按现场经济签证的形式计入竣工结算。

2. 施工图预算加系数包干结算方式

这种结算方式是先由甲乙双方共同商定施工图预算包干费之外的包干范围和系数,在编制施工图预算时乘上一个不可预见费的包干系数。如果发生包干范围以外的增加项目,必须由双方协商同意后方可变更,并随时填写工程变更结算单,经双方签证作为结算工程价款的依据。

3. 平方米造价包干的结算方式

适用范围具有一定的局限性,对于可变因素较多的项目不易采用。

4. 招、投标的结算方式

招标的标底、投标的标价,都是以施工图预算为基础核定的,投标单位根据实际情况合理确定投标价格。中标后双方签订承包合同,承包合同确定的工程造价就是结算造价。包干范围之外发生的费用应另行计算。

第四节　竣工结算的编制步骤和方法

一、竣工结算的编制步骤

1. 仔细了解有关竣工结算的原始资料

结算的原始资料是编制竣工结算的依据,必须收集齐全,在了解时要深入细致,并进行必要的归纳整理,一般按分部分项工程的顺序进行。

2. 对竣工工程进行观察和对照

根据原有施工图纸,结算的原始资料,对竣工工程进行观察和对照,必要时应进行实际测量和计算,并作好记录。如果工程的作法与原设计施工要求有出入时,也应作好记录。以便在竣工程结算时调整。

3. 计算工程量

根据原始资料和对竣工工程进行观察的结果,计算增加和减少的工程量。这些增加或减少的工程量是由设计变更和设计修改所造成的必要计算,对其他原因造成的现场签证项目,也应逐项计算出工程量。如果设计变更及设计修改的工程量较多且影响又大时,可将所有的工程量按变更或修改后的设计重新计算工程量。计算方法同前所述。

4.套预算定额单价,计算定额直接费

其具体要求与施工图预算编制套定额相同,要求准确合理。

5.计算工程费用

计算工程费用方法同施工图预算。

二、竣工结算的编制方法

根据工程变化大小,竣工结算的编制方法一般有两种。

(1)如果工程变动较大,按照施工图预算的编制方法重新编制。

(2)如果工程变动不大,只是局部修改,竣工结算一般采用以原施工图预算为基础,加减工程变更的费用。计算竣工结算直接费的方法为:

竣工结算直接费 = 原预算直接费 + 调增小计 – 调减小计

计算调增部分的直接费,按调增部分的工程量分别套定额,求出调增部分的直接费,以"调增小计"表示。

计算调减部分的直接费,按调减部分的工程量分别套定额,求出调减部分的直接费,以"减小计"表示。

根据竣工结算直接费,按取费标准就可以计算出竣工结算工程造价。竣工结算的装订、送审同施工图预算编制所述。

复习思考题

1.为什么要编制竣工结算?

2.竣工结算应遵守的原则是什么?

3.竣工结算的方式有哪几种?

4.竣工结算的编制方法有几种? 内容是什么?

第八章 施工图预(结)算的审核

第一节 概 述

一、预、结算审核的目的

工程预、结算审核是建设工程造价管理的重要环节,是更好地获得基本建设投资效益的一项有力措施。

工程预、结算审核,一般在两个阶段进行。一是施工前工程概预算的审核阶段,主要审定工程概预算造价的准确性,为确定工程投资总额,为工程招投标、工程项目贷款以及建设单位拨款等工作确定可靠依据;二是竣工时工程结算审查阶段,主要审定工程竣工造价的准确性,为建设单位与施工单位办理竣工结算,为建设单位与国家主管部门办理竣工决算以及固定资产的入账提供可靠的依据。

二、审核部门

工程预、结算的审核工作已经走向社会化,由过去政府职能部门审定改为发包方和承包方之间的中介机构来审核。这些中介机构必须是取得工程造价咨询单位资质证书、具有独立法人资格的企、事业单位。我国造价工程师注册考核制度的执行,使得社会中介机构的审核有更广泛的基础。

三、工程预、结算审核的依据

审核的主要依据有:

1. 设计资料

设计资料主要指施工图。包括设计说明、选用的标准图、图纸会审记录、设计变更通知等。

2. 经济合同

经济合同书是指建设单位和施工单位,根据国家合同法和建筑安装工程合同管理条例,经双方协商确定承发包方式,承包内容,工程预、结算编制原则和依据,费用和费率的取定,工程价款结算方式等具有法律效力的重要经济文件。

3. 现行的概预算定额和地区预(结)算单价表

概预算定额和地区预(结)算单价表主要用于确定定额直接费。

4. 工程费用定额

主要用于确定综合费用、其他直接费、间接费、利润和税金等。

5. 建设工程材料预算价格表

电气安装工程造价中,材料费的比重较大。掌握好材料预算价格,是审核工程预、结算的重要环节。

6. 国家及地方主管部门颁发的有关经济文件

是指由主管部门颁发的有关工程价款结算、材料价差调整、人工费和机械费调整等文件。

四、工程预、结算的审核形式

1. 单独审核

即按次序分别由施工单位内部自审、建设单位复审、工程造价中介机构审定。

主要特点是:审核专一,时间和地点比较灵活,不易受外界干扰。

2. 联合会审

是指建设单位、设计部门、工程造价管理部门及中介机构联合起来共同会审。

主要特点是:涉及的部门多,出现的问题容易解决,质量能够得到保证。

3. 委托审核

是指在不具备会审条件,建设单位不能单独审查,或者需权威机构进行审核裁定等原因情况下,由建设单位委托工程造价管理部门或中介机构进行审查。

主要特点是:审核费用较低,审核结果有效。

第二节　工程预、结算的审核程序

一、审核内容

工程预、结算的审核内容主要包括:工程量、定额套用、材料预算价格、直接费计算、间接费和税金的计算等。

(一)审核工程量

工程量的审核,包括项目是否完整和工程量计算的准确性两个方面。

1. 审核工程量项目的完整程度

工程量项目是否完整,主要指项目重复计算或漏算项目的问题。在审核工程量项目时,看所列分项工程项目是否包括工程全部内容,是否超出设计范围,有无重复列项或漏项。如果所列工程项目是已计算的分项工程项目工作内容的一部分,就称为是重复列项(简称重项)。对于所列工程项目不能包括工程全部内容,称为漏项。如发现有重项和漏项问题,应合理解决。

2. 审核工程量的准确性

审核工程量计算的准确性,主要依据工程量计算规则和施工图进行。在审核工程量的准确性时,看工程量计算是否符合计算规则和定额规定。对列入工程量计算表中工程量应逐一审查,如果发现所列计算式有误,计算过程有错(重复计算、错算和漏算的),应与编制人员研究并进行更正,必要时共同计算查正。

(二)定额套用审核

定额套用审核,主要审查定额套用是否正确,有无错套、高套现象;该换算的定额单位数量是否与定额单位一致,套用是否准确。

(三)直接费审核

直接费审核,主要包括每个分项工程项目的直接费是否正确,各页直接费小计是否准确,各页直接费小计相加是否与合计中的定额直接费相等。

(四)材料预算价格审核

材料预算价格的审核应依据地区材料预算价格及地区主管部门的有关规定,对补充的材料预算价格应按照材料预算价格组成的方法计算并应取得建设单位的同意。

(五)工程费用审核

工程费用审核,主要审核整个数据计算过程是否正确。工程费用计取是否符合费用定额,经济合同条款和预(结)算文件有关规定等。

二、审核方法

审核工程预(结)算除了要熟悉施工图纸,对工程内容进行深入了解,做好审核准备工作外,还必须采取有效的审核方法,保证审查的质量和速度,常用的方法有以下三种形式。

1. 全面审查法

全面审查法也称逐项审查法。

全面审查法是指对施工图的内容进行全面、细致的审查,其作法与编制工程预算相同,相当于重编一次预算。这种方法全面、细致,能纠正错误,所以审核质量高。

特点是:审查全面,造价准确,工作量大,时间长。

2. 重点审查法

重点审查法是指对施工图预算中的重点项目进行审查。重点项目指数量多,单价高,占造价较大的分项工程项目,工程量计算复杂,定额缺项多,对工程造价有明显影响的和容易出错误或容易弄虚作假地方。而对价值低的项目可粗略审查。审查中发现问题,应经协商解决后才能定案。

特点是:时间短,也能保证工程造价的准确性。

3. 分析对比审核法

分析对比审核法是指所审查的预算项目价值与收集、掌握的现行同类项目或相似项目进行对比的审查方法。作法是按已掌握的同类或相似工程项目价值与被审查的预(结)算造价进行分析、比较,对其中的问题,经共同协商更改后定案。

特点是:速度快,简单易行,但建设地点、材料供应、施工等级及管理水平等不同,均会影响预(结)算的结果。

三、审核程序

(一)准备工作

1. 熟悉送审预、结算和承包合同。

2. 搜集并熟悉有关设计资料,核对与工程预、结算有关的图纸和标准图。

3. 了解施工现场情况,熟悉施工组织设计或技术措施方案,掌握与编制预、结算有关的设计变更、现场签证情况。

4. 熟悉送审工程预、结算所依据的预算定额、费用标准和有关文件。

(二)确定审核方法

根据实际情况,确定采用哪一种审核方法。

(三)审核计算

1. 核对工程量,根据施工图纸进行核对。

2. 核对所列的分项工程项目,根据施工图纸及工程量计算规则进行核对。

3. 核对所选的定额项目,根据预算定额进行核对。

4. 核对定额直接费计算。

5. 核对工程费用计算。

在审核过程中,将审核出的问题做出详细记录。

(四)审核单位与工程预算编制单位交换审核意见,以便更正预、结算项目和费用。

(五)审核定案

根据交换意见确定的结果,将更正后的项目进行计算汇总,填制工程预、结算审核调整表,具体格式如表8.1和表8.2。由编制单位负责人签字加盖公章,审核人签字加盖资格证印章,审核单位加盖公章。至此,工程预结算审核定案。

表8.1　分项工程定额直接费调整表

年　　　月　　　日

序号	分部分项工程名称	原预算							调整后预算							核减金额/元	核增金额/元
		定额编号	单位	工程量	直接费/元		人工费/元		定额编号	单位	工程量	直接费/元		人工费/元			
					单价	合计	单价	合计				单价	合计	单价	合计		

编制单位(印章)　　　　责任人:　　　　审核人(资格证印章)　　　　审查单位(印章)

表8.2　工程预算费用调整表

年　　　月　　　日

序号	费用名称	原预算			调整后预算			核减金额/元	核增金额/元
		费率/%	计算基础	金额/元	费率/%	计算基础	金额/元		

编制单位(印章)　　　　责任人:　　　　审核人(资格证印章)　　　　审查单位(印章)

复习思考题

1. 工程预、结算审核的依据主要有哪些?
2. 工程预、结算审核的形式有哪几种?
3. 工程预、结算的审核方法有哪几种?
4. 审核的内容有哪些?

第九章　工程量清单计价与招投标

近年随着我国市场经济体制迅速发展,建筑工程造价管理体制逐步由传统的定额计价模式转向国际惯用的工程量清单计价模式。为了增强工程清单计价办法的权威性和强制性,规范建设工程工程量清单计价行为,统一建设工程工程量清单的编制和计价方法,根据《中华人民共和国招标投标法》及建设部令第107号《建筑工程施工发包与承包计价管理办法》,建设部于2003年2月17日正式颁发了国家标准《建设工程工程量清单计价规范》(GB 50500 - 2003),作为强制性标准,于2003年7月1日在全国统一实施。

采用工程量清单计价,能够更直观准确地反映建设工程的实际成本,更加适用于招标投标定价的要求,增加招标投标活动的透明度,在充分竞争的基础上降低工程造价,提高投资效益。国有资金投资建设的工程项目,必须采用工程量清单计价方法,实行公开招标。

工程量清单计价方法,是指在建设工程招投标中,招标人或招标人委托具有资质的中介机构编制反映工程实体消耗和措施性消耗的工程量清单,并作为招标文件的一部分提供给投标人,由投标人依据工程量清单自主报价的计价方式。在工程招投标中,采用工程量清单计价是国际通行的做法。

第一节　工程量清单的基本概念

一、工程量清单的含义与特点

1.工程量清单(BOQ:Bill of Quantity)的含义

(1)工程量清单是按照招标要求和施工设计图纸要求,将拟建招标工程的全部项目和内容依据统一的工程量计算规则和子目分项要求,计算分部分项工程实物量,列在清单上作为招标文件的组成部分,供投标单位逐项填写单价,用于投标报价。

(2)工程量清单是把承包合同中规定的准备实施的全部工程项目和内容,按工程部位、性质以及它们的数量、单价、合价等以列表的方式表示出来,用于投标报价和中标后计算工程价款的依据。工程量清单是承包合同的重要组成部分。

(3)工程量清单,严格地说不单是工程量,工程量清单已超出了施工设计图纸的范围,它是一个工作量清单的概念。

2.工程量清单计价的准确含义

(1)工程量清单

工程量清单是表现拟建工程的分部分项工程项目、措施项目、其他项目名称及其相应工程数量的明细清单。

(2)工程量清单计价

工程量清单计价是指投标人完成由招标人提供的工程量清单所需的全部费用,包括分部分项工程费、措施项目费、其他项目费和规费、税金。

(3)工程量清单计价方法

工程量清单计价方法是指在建设工程招标投标中,招标人按照国家统一的工程量计算规 则提供工程数量,由投标人依据工程量清单自主报价,并按照经评审低价中标的工程造价的计价方法。

(4)建设工程工程量清单计价规范

《建设工程工程量清单计价规范》(以下简称《计价规范》)是统一工程量清单编制、规范工程量清单计价的国家标准,是调节建设工程招标投标中使用清单计价的招标人、投标人双方利益的规范性文件。《计价规范》是我国在招标投标工程中实行工程量清单计价的基础,是参与招标投标各方进行工程量清单计价应遵守的准则,是各级建设行政主管部门对工程造价计价活动进行监督管理的重要依据。

3.工程量清单计价特点

《计价规范》具有明显的强制性、竞争性、通用性和实用性。

(1)强制性

强制性主要表现在:一是由建设主管部门按照强制性国家标准的要求批准颁布,规定全部使用国有资金或非国有资金投资为主的大中型建设工程应按《计价规范》规定执行。二是明确工程量清单是招标文件的组成部分,并规定了招标人在编制工程量清单时必须遵守的规则。

(2)竞争性

竞争性一方面表现在《计价规范》中从政策性规定到一般内容的具体规定,充分体现了工程造价由市场竞争形成价格的原则。《计价规范》中的措施项目,在工程量清单中只列"措施项目"一栏,具体采用什么措施,由投标人根据企业的施工组织设计,视具体情况报价。另一方面,在《计价规范》中设有具体的人工、材料和施工机械的消耗量,为企业报价提供了自主的空间。

(3)通用性

通用性的表现是我国采用的工程量清单计价是与国际惯例接轨的,符合工程量计算方法标准化、工程量计算规则统一化、工程造价确定市场化的要求。

(4)实用性

实用性表现在《计价规范》的附录中,工程量清单项目及工程量计算规则的项目名称表现的是工程实体项目,项目名称明确清晰,工程量计算规则简洁明了。

二、工程量清单的作用(要求)与《计价规范》的编制原则

1.工程量清单的作用和要求

(1)工程量清单是编制招标工程标底价、投标报价和工程结算时调整工程量的依据。

(2)工程量清单必须依据行政主管部门颁发的工程量计算规则、分部分项工程项目划分及计算单位的规定及施工设计图纸、施工现场情况和招标文件中的有关要求进行编制。

(3)工程量清单应由具有相应资质的中介机构进行编制。

(4)工程量清单格式应当符合有关规定要求。

2.《计价规范》的编制原则

(1)企业自主报价、市场竞争形成价格的原则

为规范发包方与承包方的计价行为,《计价规范》确定了工程量清单计价的原则、方法和必须遵守的规则,包括统一编码、项目名称、计量单位、工程量计算规则等。工程价格最终由工程项目的招标人和投标人按照国家法律、法规和工程建设的各项规章制度以及工程计价的有关规定,通过市场竞争形成。

(2)与现行预算定额既有联系又有所区别的原则

《计价规范》的编制过程中,参照我国现行的全国统一工程预算定额,尽可能地与全国统一工程预算定额衔接,主要是考虑工程预算定额是我国经过多年的实践总结,具有一定的科学性和实用性,且为广大工程造价计价人员所熟悉,有利于推行工程量清单计价,方便操作,有利于平稳过渡。

与工程预算定额有所区别主要表现在:定额项目规定是以工序划分项目的;施工工艺、施工方法是根据大多数企业的施工方法综合取定的;工、料、机消耗量是根据"社会平均水平"综合测定的;取费标准是根据不同地区平均测算的。

(3)与国际惯例接轨的原则

《计价规范》既考虑了我国工程造价管理的实际,又尽可能按与国际惯例接轨的原则编制;是根据我国当前工程建设市场发展的形势,为逐步解决预算定额计价中与当前工程建设市场不相适应的因素,为适应我国社会主义市场经济发展的要求,特别是适应我国加入世界贸易组织后工程造价计价与国际接轨的需要而综合考虑的《计价规范》的编制,既借鉴了世界银行、菲迪克(FIDIC)、英联邦国家以及我国香港地区等的一些做法,同时也结合了我国工程造价管理的实际情况。工程量清单在项目划分、计量单位、工程量计价规则等方面尽可能多地与全国统一定额相衔接,在费用项目的划分上也借鉴了国外的一些做法,在名称叫法上尽量采用国内的习惯叫法。

第二节　工程量清单的编制

工程量清单,是用来表现拟建工程的分部分项工程项目、措施项目、其他项目的名称和相应数量的明细清单,它包括分部分项工程量清单、措施项目清单、其他项目清单三部分。工程量清单计价是指投标人完成由招标人提供的工程量清单所需的全部费用,包括分部分项工程费、措施项目费、其他项目费、规费、税金等部分。

工程量清单的编制是由招标人或招标人委托具有工程造价咨询资质的中介机构,按照工程量清单计价规范和招标文件的有关规定,根据施工设计图纸及施工现场的实际情况,将拟建招标工程的全部项目及其工作内容列出明细清单。

一、工程量清单的特点

工程量清单与定额是两类不同的概念,定额表述的是完成某一工程项目所需的消耗量或价格,而工程量清单表述的是拟建工程所包含的工程项目及其数量,二者不可混淆

工程量清单具有如下特点。

1.统一项目编码

工程量清单的项目编码采用 5 级编码设置,用 12 位数字表示。第一级至第四级编码是统一设置的,必须按照《计价规范》的规定进行设置,第 5 级由编制人根据拟建工程的工程量清单项目名称设置,并自 001 起按顺序编制。各级编码的含义为:

(1)第一级编码(2 位)表示工程分类。01 表示建筑工程;02 表示装修装饰工程;03 表示安装工程;04 表示市政工程;05 表示园林绿化工程。

(2)第二级编码(2 位)表示各章的顺序码。

(3)第三级编码(2 位)表示节顺序码。

(4)第四级编码(3 位)表示分项工程项目顺序码。

(5)第五级编码(3 位)表示各子项目的顺序码,由清单编制人自 001 起按顺序编制。工程量清单的项目编码结构如图 9.1 所示。

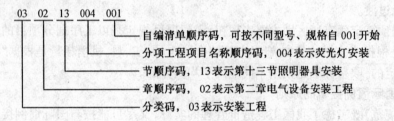

图 9.1　工程量清单项目编码

2.统一项目名称

工程量清单中的项目名称,必须与《计价规范》的规定一致,保证全国范围内同一种工程项目有相同的名称,以免产生不同的理解。

3.统一计量单位

工程量的单位采用自然单位,按照计价规范的规定进行。除了各专业另有特殊规定之外,均按以下单位进行:

(1)以重量计算的项目,单位为:t 或 kg。

(2)以体积计算的项目,单位为:m^3。

(3)以面积计算的项目,单位为:m^2。

(4)以长度计算的项目,单位为:m。

(5)以自然计量单位计算的项目,单位为:个、套、块、组、台等。

(6)没有具体数量的项目,单位为:系统、项等。

4.统一工程量计算规则

工程数量的计算应按计价规范中规定的工程量计算规则进行。工程量计算规则是指对清单项目工程量的计算规定,除另有说明外,所有清单项目的工程量均以实体工程量为准,并以完成后的净值计算。

工程数量的有效位数应遵守下列规定:

(1)以 t 为单位的,应保留三位小数,第四位四舍五入。

(2)以 m^3、m^2、m 为单位的,应保留二位小数,第三位四舍五入。

(3)以"个"、"项"等为单位的,应取整数。

二、电气安装工程量清单项目设置及工程量计算规则

电气安装工程包括强电和弱电、工程量清单项目名称、项目编码、工程内容、工程量计算方法等。计算工程量时,按照设计图纸以实际数量计算,不考虑长度的预留及安装时的损耗。

1.变压器安装(030201)

(1)油浸电力变压器(030201001)

工程内容:基础型钢制作、安装;本体安装;油过滤;干燥;网门及铁构件制作、安装;刷(喷)油漆。

工程量计算:按不同名称、型号、容量(kV·A),以油浸电力变压器的数量计算,计量单位:台。

(2)干式变压器(030201002)

工程内容:基础型钢制作、安装;本体安装;干燥;端子箱(汇控箱)安装;刷(喷)油漆。

工程量计算:按不同名称、型号、容量(kV·A),以干式变压器的数量计算计量单位:台。

(3)整流变压器(030201003)

工程内容:基础型钢制作、安装;本体安装;油过滤;干燥;网门及铁构件制作、安装;刷(喷)油漆。

工程量计算:按不同名称、型号、规格、容量(kV·A),以整流变压器的数量计算,计量单位:台。

(4)自耦变压器(030201004)

工程内容:基础型钢制作、安装;本体安装;油过滤;干燥;网门及铁构件制作、安装;刷(喷)油漆。

工程量计算:按不同名称、型号、规格、容量(kV·A),以自耦式变压器的数量计算,计量单位:台。

(5)带负荷调压变压器(030201005)

工程内容:基础型钢制作、安装;本体安装;油过滤;干燥;网门及铁构件制作、安装;刷(喷)油漆。

工程量计算:按不同名称、型号、规格、容量(kV·A),以带负荷调压变压器的数量计算,计量单位:台。

(6)电炉变压器(030201006)

工程内容:基础型钢制作、安装;本体安装;刷油漆。

工程量计算:按不同名称、型号、容量(kV·A),以电炉变压器的数量计算,计量单位:台。

(7)消弧线圈(030201007)

工程内容:基础型钢制作、安装;本体安装;油过滤;干燥;刷油漆。

工程量计算:按不同名称、型号、容量(kV·A),以消弧线圈的数量计算,计量单位:台。

2.配电装置安装(030202)

(1)油断路器(030202001)

工程内容:本体安装;油过滤;支架制作、安装或基础槽钢安装;刷油漆。

工程量计算:按不同名称、型号、容量(A),以油断路器的数量计算,计量单位:台。

(2)真空断路器(030202002)

工程内容:本体安装;支架制作、安装或基础槽钢安装;刷油漆。

工程量计算:按不同名称、型号、容量(A),以真空断路器的数量计算,计量单位:台。

(3)SF6 断路器(030202003)

工程内容:本体安装;支架制作、安装或基础槽钢安装;刷油漆。

工程量计算:按不同名称、型号、容量(A),以 SF₆ 断路器的数量计算,计量单位:台。

(4)空气断路器(030202004)

工程内容:本体安装;支架制作、安装或基础槽钢安装;刷油漆。

工程量计算:按不同名称、型号、容量(A),以空气断路器的数量计算,计量单位:台。

(5)真空接触器(030202005)

工程内容:支架制作、安装;本体安装;刷油漆。

工程量计算:按不同名称、型号、容量(A),以真空断路器的数量计算,计量单位:台。

(6)隔离开关(030202006)

工程内容:支架制作、安装;本体安装;刷油漆。

工程量计算:按不同名称、型号、容量(A),以隔离开关的数量计算,计量单位:组。

(7)负荷开关(030202007)

工程内容:支架制作、安装;本体安装;刷油漆。

工程量计算:按不同名称、型号、容量(A),以负荷开关的数量计算,计量单位:组。

(8)互感器(030202008)

工程内容:安装;干燥。

工程量计算:按不同名称、型号、规格、类型,以互感器的数量计算,计量单位:台。

(9)高压熔断器(030202009)

工程内容:安装。

工程量计算:按不同名称、型号、规格,以高压断路器的数量计算,计量单位:组。

(10)避雷器(030202010)

工程内容:安装。

工程量计算:按不同名称、型号、规格、电压等级,以避雷器的数量计算,计量单位:组。

(11)干式电抗器(030202011)

工程内容:本体安装;干燥。

工程量计算:按不同名称、型号、规格、质量,以干式电抗器的数量计算,计量单位:台。

(12)油浸电抗器(030202012)

工程内容:本体安装;油过滤;干燥。

工程量计算:按不同名称、型号、容量(kV·A),以油浸电抗器的数量计算,计量单位:台。

(13)移相及串联电容器(030202013)

工程内容:安装。

工程量计算:按不同名称、型号、规格、质量,以移相及串联电容器的数量计算,计量单位:个。

(14)集合式并联电容器(030202014)

工程内容:安装。

工程量计算:按不同名称、型号、规格、质量,以集合式并联电容器的数量计算,计量单位:个。

(15)并联补偿电容器组架(030202015)

工程内容:安装。

工程量计算:按不同名称、型号、规格、结构,以并联补偿电容器组架的数量计算,计量单位:台。

(16)交流滤波装置组架(030202016)

工程内容:安装。

工程量计算:按不同名称、型号、规格、回路,以交流滤波装置组架的数量计算,计量单位:台。

(17)高压成套配电柜(030202017)

工程内容:基础槽钢制作、安装;柜体安装;支持绝缘子、穿墙套管耐压试验及安装;穿通板制作、安装;母线桥安装;刷油漆。

工程量计算:按不同名称、型号、规格、母线设置方式、回路,以高压成套配电柜的数量计算,计量单位:台。

(18)组合型成套箱式变电站(030202018)

工程内容:基础浇筑;箱体安装;进箱母线安装;刷油漆。

工程量计算:按不同名称、型号、容量(kV·A),以组合型成套箱式变电站的数量计算,计量单位:台。

(19)环网柜(030202019)

工程内容:基础浇筑;箱体安装;进箱母线安装;刷油漆。

工程量计算:按不同名称、型号、容量(kV·A),以环网柜的数量计算,计量单位:台。

3.母线安装(030203)

(1)软母线(030203001)

工程内容:绝缘子耐压试验及安装;软母线安装;跳线安装。

工程量计算:按不同型号、规格、数量(跨/三相),以软母线的单线长度计算,计量单位:m。

(2)组合软母线(030203002)

工程内容:绝缘子耐压试验及安装;母线安装;跳线安装;两端铁构件制作、安装及支持瓷瓶安装;油漆。

工程量计算:按不同型号、规格、数量(组/三相),以组合软母线的单线长度计算,计量单位:m。

(3)带形母线(030203003)

工程内容:支持绝缘子、穿墙套管的耐压试验、安装;穿通板制作、安装;母线安装;母线桥安装;引下线安装;伸缩节安装;过渡板安装;刷分相漆。

工程量计算:按不同型号、规格、材质,以带形母线的单线长度计算,计量单位:m。

(4)槽形母线(030203004)

工程内容:母线制作、安装;与发电机变压器连接;与断路器、隔离开关连接;刷分相漆。

工程量计算:按不同型号、规格,以槽形母线的单线长度计算,计量单位:m。

(5)共箱母线(030203005)

工程内容:共箱安装;进、出分线箱安装;刷(喷)油漆。

工程量计算:按不同型号、规格,以共箱母线的长度计算,计量单位:m。

(6)低压封闭式插接母线槽(030203006)

工程内容:插接母线槽安装;进、出分线箱安装。

工程量计算:按不同型号、容量(A),以低压封闭式插接母线槽的长度计算,计量单位:m。

(7)重型母线(030203007)

工程内容:母线制作、安装;伸缩器及导板制作、安装;支承绝缘子安装;铁构件制作、安装。

工程量计算:按不同型号、容量(A),以重型母线的质量计算,计量单位:t。

4.控制设备及低压电器安装(030204)

(1)控制屏(030204001)

工程内容:基础槽钢制作;屏安装;端子板安装;焊、压接线端子;盘柜配线;小母线安装;边屏安装。

工程量计算:按不同名称、型号、规格,以控制屏的数量计算,计量单位:台。

(2)继电、信号屏(030204002)

工程内容:基础槽钢制作、安装;屏安装;端子板安装;焊、压接线端子;盘柜配线;小母线安装;边屏安装。

工程量计算:按不同名称、型号、规格,以继电、信号屏的数量计算,计量单位:台。

(3)模拟屏(030204003)

工程内容:基础槽钢制作、安装;屏安装;端子板安装;焊、压接线端子;盘柜配线;小母线安装;边屏安装。

工程量计算:按不同名称、型号、规格,以模拟屏的数量计算,计量单位:台。

(4)低压开关柜(030204004)

工程内容:基础槽钢制作、安装;柜安装;端子板安装;焊、压接线端子;盘柜配线;边屏安装。

工程量计算:按不同名称、型号、规格,以低压开关柜的数量计算,计量单位:台

(5)配电(电源)屏(030204005)

工程内容:基础槽钢制作、安装;柜安装;端子板安装;焊、压接线端子、盘柜配线;边屏安装。

工程量计算:按不同名称、型号、规格,以配电(电源)屏的数量计算,计量单位:台。(6)弱电控制返回屏(030204006)

工程内容:基础槽钢制作、安装;屏安装;端子板安装;焊、压接线端子;盘柜配线;小母线安装;边屏安装。

工程量计算:按不同名称、型号、规格,以弱电控制返回屏的数量计算,计量单位:台。

(7)箱式配电室(030204007)

工程内容:基础槽钢制作、安装;本体安装。

工程量计算:按不同名称、型号、规格、质量,以箱式配电室的数量计算,计量单位:套。

(8)硅整流柜(030204008)

工程内容:基础槽钢制作、安装;盘柜安装。

工程量计算:按不同名称、型号、容量(A),以硅整流柜的数量计算,计量单位:台。

(9)可控硅柜(030204009)

工程内容:基础槽钢制作、安装;盘柜安装。

工程量计算:按不同名称、型号、容量(kW),以可控硅柜的数量计算,计量单位:台。

(10)低压电容器柜(030204010)

工程内容:基础槽钢制作、安装;屏(柜)安装;端子板安装;焊、压接线端子;盘柜配线;小母线安装;边屏安装。

工程量计算:按不同名称、型号、规格,以低压电容器柜的数量计算,计量单位:台。

(11)自动调节励磁屏(030204011)

工程内容:基础槽钢制作、安装;屏(柜)安装;端子板安装;焊、压接线端子;盘柜配线;小母线安装;边屏安装。

工程量计算:按不同名称、型号、规格,以自动调节励磁屏的数量计算,计量单位:台。

(12)励磁灭磁屏(030204012)

工程内容:基础槽钢制作、安装;屏(柜)安装;端子板安装;焊、压接线端子;盘柜配线;小母线安装;边屏安装。

工程量计算:按不同名称、型号、规格,以励磁灭磁屏的数量计算,计量单位:台。

(13)蓄电池屏(柜)(030204013)

工程内容:基础槽钢制作、安装;屏(柜)安装;端子板安装;焊、压接线端子;盘柜配线;小母线安装;边屏安装。

工程量计算:按不同名称、型号、规格,以蓄电池屏(柜)的数量计算,计量单位:台。

(14)直流馈电屏(030204014)

工程内容:基础槽钢制作、安装;屏(柜)安装;端子板安装;焊、压接线端子;盘柜配线;小母线安装;边屏安装。

工程量计算:按不同名称、型号、规格,以直流馈电屏的数量计算,计量单位:台。

(15)事故照明切换屏(030204015)

工程内容:基础槽钢制作、安装;屏(柜)安装;端子板安装;焊、压接线端子;盘柜配线;小母线安装;边屏安装。

工程量计算:按不同名称、型号、规格,以事故照明切换屏的数量计算,计量单位:台。

(16)控制台(030204016)

工程内容:基础槽钢制作、安装;台(箱)安装;端子板安装;焊、压接线端子;盘柜配线;小母线安装。

工程量计算:按不同名称、型号、规格,以控制台的数量计算,

(17)控制箱(030204017)

工程内容:基础型钢制作、安装;箱体安装。

工程量计算:按不同名称、型号、规格,以控制箱的数量计算,计量单位:台。

(18)配电箱(030204018)

工程内容:基础型钢制作、安装;箱体安装。

工程量计算:按不同名称、型号、规格,以配电箱的数量计算,计量单位:台。

(19)控制开关(030204019)

控制开关包括:自动空气开关、刀型开关、铁壳开关、胶盖刀闸开关、组合控制开关、万能转换开关、漏电保护开关等。

工程内容:开关安装;焊压端子。

工程量计算:按不同名称、型号、规格,以控制开关的数量计算,计量单位:个。

(20)低压熔断器(030204020)

工程内容:熔断器安装;焊压端子。

工程量计算:按不同名称、型号、规格,以低压熔断器的数量计算,计量单位:个。

(21)限位开关(030204021)

工程内容:限位开关安装;焊压端子。

工程量计算:按不同名称、型号、规格,以限位开关的数量计算,计量单位:个。

(22)控制器(030204022)

工程内容:控制器安装;焊压端子。

工程量计算:按不同名称、型号、规格,以控制器的数量计算,计量单位:台。

(23)接触器(030204023)

工程内容:接触器安装;焊压端子。

工程量计算:按不同名称、型号、规格,以接触器的数量计算,计量单位:台。

(24)磁力启动器(030204024)

工程内容:磁力启动器安装;焊压端子。

工程量计算:按不同名称、型号、规格,以磁力启动器的数量计算,计量单位:台。

(25)Y－△自耦减压启动器(030204025)

工程内容:自耦减压启动器安装;焊压端子。

工程量计算:按不同名称、型号、规格,以 Y－△自耦减压启动器的数量计算,计量单位:台。

(26)电磁铁(电磁制动器)(030204026)

工程内容:电磁铁安装;焊压端子。

工程量计算:按不同名称、型号、规格,以电磁铁(电磁制动器)的数量计算,计量单位:台。

(27)快速自动开关(030204027)

工程内容:快速自动开关安装;焊压端子。

工程量计算:按不同名称、型号、规格,以快速自动开关的数量计算,计量单位:台。

(28)电阻器(030204028)

工程内容:电阻器安装;焊压端子。

工程量计算:按不同名称、型号、规格,以电阻器的数量计算,计量单位:台。

(29)油浸频敏变阻器(030204029)

工程内容:变阻器安装;焊压端子。

工程量计算:按不同名称、型号、规格,以油浸频敏变阻器的数量计算,计量单位:台。

(30)分流器(030204030)

工程内容:分流器安装;焊压端子。

工程量计算:按不同名称、型号、容量(A),以分流器的数量计算,计量单位:台。

(31)小电器(030204031)

小电器包括:按钮、照明用开关、插座、电笛、电铃、电风扇、水位电气信号装置、测量表计、继电器、电磁锁、屏上辅助设备、辅助电压互感器、小型安全变压器等。

工程内容:小电器安装;焊压端子。

工程量计算:按不同名称、型号、规格,以小电器的数量计算,计量单位:个(套)。

5.蓄电池安装(030205)

蓄电池(030205001)

工程内容:防振支架安装;本体安装;充放电。

工程量计算:按不同名称、型号、容量,以蓄电池的数量计算,计量单位:个。

6.电机检查接线及调试(030206)

(1)发电机(030206001)

工程内容:检查接线(包括接地);干燥;调试。

工程量计算:按不同型号、容量(kW),以发电机的数量计算,计量单位:台。

(2)调相机(030206002)

工程内容:检查接线(包括接地);干燥;调试。

工程量计算:按不同型号、容量(kW),以调相机的数量计算,计量单位:台。

(3)普通小型直流电动机(030206003)

工程内容:检查接线(包括接地);干燥;系统调试。

工程量计算:按不同名称、型号、容量(kW)、类型,以普通小型直流电动机的数量计算,计量单位:台。

(4)可控硅调速直流电动机(030206004)

工程内容:检查接线(包括接地);干燥;系统调试。

工程量计算:按不同名称、型号、容量(kW)、类型,以可控硅调速直流电动机的数量计算,计量单位:台。

(5)普通交流同步电动机(030206005)

工程内容:检查接线(包括接地);干燥;系统调试。

工程量计算:按不同名称、型号、容量(kW)、启动方式,以普通交流同步电动机的数量计算,计量单位:台。

(6)低压交流异步电动机(030206006)

工程内容:检查接线(包括接地);干燥;系统调试。

工程量计算:按不同名称、型号、类别、控制保护方式,以低压交流异步电动机的数量计算,计量单位:台。

(7)高压交流异步电动机(030206007)

工程内容:检查接线(包括接地);干燥;系统调试。

工程量计算:按不同名称、型号、容量(kW)、保护类别,高压交流异步电动机的数量计算,计量单位:台。

(8)交流变频调速电动机(030206008)

工程内容:检查接线(包括接地);干燥;系统调试。

工程量计算:按不同名称、型号、容量(kW),以交流变频调速电动机的数量计算,计量单位:台。

(9)微型电机、电加热器(030206009)

工程内容:检查接线(包括接地);干燥;系统调试。

工程量计算:按不同名称、型号、规格,以微型电机、电加热器的数量计算,计量单位:台。

(10)电动机组(030206010)

工程内容:检查接线(包括接地);干燥;系统调试。

工程量计算:按不同名称、型号、电动机台数、联锁台数,以电动机组的数量计算,计量单位:组。

(11)备用励磁机组(030206011)

工程内容:检查接线(包括接地);干燥;系统调试。

工程量计算:按不同名称、型号,以备用励磁机组的数量计算,计量单位:组。

(12)励磁电阻器(030206012)

工程内容:励磁电阻器安装;检查接线;干燥。

工程量计算:按不同型号、规格,以励磁电阻器的数量计算,计量单位:台。

7.滑触线装置安装(030207)

滑触线(030207001)

工程内容:滑触线支架制作、安装、刷漆;滑触线安装;拉紧装置及挂式支持器制作、安装。

工程量计算:按不同名称、型号、规格、材质,以滑触线的单相长度计算,计量单位:m。

8.电缆安装(030208)

(1)电力电缆(030208001)

工程内容:揭(盖)盖板;电缆敷设;电缆头制作、安装;过路保护管敷设;防火堵洞;电缆防护;电缆防火隔板;电缆防火涂料。

工程量计算:按不同型号、规格、敷设方式,以电力电缆的长度计算,计量单位:m。

(2)控制电缆(030208002)

工程内容:揭(盖)盖板;电缆敷设;电缆头制作、安装;过路保护管敷设;防火堵洞;电缆防护;电缆防火隔板;电缆防火涂料。

工程量计算:按不同型号、规格、敷设方式,以控制电缆的长度计算,计量单位:m。

(3)电缆保护管(030208003)

工程内容:保护管敷设。

工程量计算:按不同材质、规格,以电缆保护管的长度计算,计量单位:m。

(4)电缆桥架(030208004)

工程内容:制作、除锈、刷漆;安装。

工程量计算:按不同型号、规格、材质、类型,以电缆桥架的长度计算,计量单位:m。

(5)电缆支架(030208005)

工程内容:制作、除锈、刷漆;安装。

工程量计算:按不同材质、规格,以电缆支架的质量计算,计量单位:t。

9.防雷及接地装置(030209)

(1)接地装置(030209001)

工程内容:接地极(板)制作、安装;接地母线敷设;换土或化学处理;接地跨接线;构架接地。

工程量计算:按不同接地母线材质、规格,接地极材质、规格,以接地装置的长度计算,计量单位:m。

(2)避雷装置(030209002)

工程内容:避雷针(网)制作、安装;引进下线敷设、断接卡子制作、安装;拉线制作、安装;接地极(板、桩)制作、安装;极间连线;涂刷油漆(防腐);换土或化学处理,钢铝窗接地;均压环敷设;柱主筋与圈梁焊接。

工程量计算:按不同受雷体名称、材质、规格、技术要求(安装部位),引下线材质、规格、技术要求(引下形式),接地板材质、规格、技术要求,接地母线材质、规格、技术要求,均压环材质、规格、技术要求,以避雷装置的数量计算,计量单位:项。

(3)半导体少长针消雷装置(030209003)

工程内容:半导体少长针消雷装置安装。

工程量计算:按不同型号、高度,以半导体少长针消雷装置的数量计算,计量单位:套。

10.10kV以下架空配电线路(030210)

(1)电杆组合(030210001)

工程内容:工地运输;土(石)方挖填;底盘、拉线盘、卡盘安装;木电杆防腐;电杆组立;横担安装;拉线制作、安装。

工程量计算:按不同材质、规格、类型、地形,以电杆组立的数量计算,计量单位:根。

(2)导线架设(030210002)

工程内容:导线架设;导线跨越及进户线架设;进户横担安装。

工程量计算:按不同型号(材质)、规格、地形,以导线架设的长度计算,计量单位:km。

11.电气调整试验(030211)

(1)电力变压器系统(030211001)

工程内容:系统调试。

工程量计算:按不同型号、容量(kV·A),以电力变压器系统的数量计算,计量单位:系统。

(2)送配电装置系统(030211002)

工程内容:系统调试。

工程量计算:按不同型号、电压等级(kV),以送配电装置系统的数量计算,计量单位:系统。

(3)特殊保护装置(030211003)

工程内容:调试。

工程量计算:按不同类型,以特殊保护装置的数量计算,计量单位:系统。

(4)自动投入装置(030211004)

工程内容:调试。

工程量计算:按不同类型,以自动投入装置的数量计算,计量单位:套。

(5)中央信号装置、事故照明切换装置、不间断电源(030211005)

工程内容:调试。

工程量计算:按不同类型,以中央信号装置、事故照明切换装置、不间断电源的系统数量计算,计量单位:系统。

(6)母线(030211006)

工程内容:调试。

工程量计算:按不同电压等级,以母线的数量计算,计量单位:段。

(7)避雷器、电容器(030211007)

工程内容:调试。

工程量计算:按不同电压等级,以避雷器、电容器的数量计算,计量单位:组。

(8)接地装置(030211008)

工程内容:接地电阻测试。

工程量计算:按不同类型,以接地装置的系统数量计算,计量单位:系统。

(9)电抗器、消弧线圈、电除尘器(030211009)

工程内容:调试。

工程量计算:按不同名称、型号、规格,以电抗器、消弧线圈、电除尘器的数量计算,计量单位:台。

(10)硅整流设备、可控硅整流装置(030211010)

工程内容:调试。

工程量计算:按不同名称、型号、电流(A),以硅整流设备、可控硅整流装置的数量计算,计量单位:台。

12.配管、配线(030212)

(1)电气配管(030212001)

工程内容:挖沟槽;钢索架设(拉紧装置安装);支架制作、安装;电线管路敷设;接线盒(箱)、灯头盒、开关盒、插座盒等安装;刷防腐油漆;接地。

工程量计算:按不同名称、材质、规格、配置形式及部位,以电气配管的长度计算,计量单位:m。不扣除管路中间的接线箱(盒)、灯头盒、开关盒所占长度。

(2)线槽(030212002)

工程内容:安装;油漆。

工程量计算:按不同材质、规格,以线槽的长度计算,计量单位:m。

(3)电气配线(030212003)

工程内容:支持体(夹板、绝缘子、槽板等)安装;支架制作、安装;钢索架设(拉紧装置安装);配线;管内穿线。

工程量计算:按不同配线形式、导线型号、材质、规格,敷设部位或线制,以电气配线的单线长度计算,计量单位:m。

13.照明器具安装(030213)

(1)普通吸顶灯及其他灯具(030213001)

普通吸顶灯及其他灯具包括:圆球吸顶灯、半圆球吸顶灯、方形吸顶灯、软线吊灯、吊链灯、防水吊灯、壁灯等。

工程内容:支架制作、安装;组装;油漆。

工程量计算:按不同名称、型号、规格,以普通吸顶灯及其他灯具的数量计算,计量单位:套。

(2)工厂灯(030213002)

工厂灯包括:工厂罩灯、防水灯、防尘灯、碘钨灯、投光灯、混光灯、高度标志灯、密闭灯等。

工程内容:支架制作、安装;油漆。

工程量计算:按不同名称、型号、规格、安装形式及高度,以工厂灯的数量计算,计量单位:套。

(3)装饰灯(030213003)

装饰灯包括:吊式艺术装饰灯、吸顶式艺术装饰灯、荧光艺术装饰灯、几何型组合艺术装饰灯、标志灯、诱导装饰灯、水下艺术装饰灯、点光源艺术灯、歌舞厅灯具、草坪灯具等。

工程内容:支架制作、安装。

工程量计算:按不同名称、型号、规格、安装高度,以装饰灯的数量计算,计量单位:套。

(4)荧光灯(030213004)

工程内容:安装。

工程量计算:按不同名称、型号、规格、安装形式,以荧光灯的数量计算,计量单位:套。

(5)医疗专用灯(030213005)

医疗专用灯包括:病号指示灯、病房暗脚灯、紫外线杀菌灯、无影灯等。

工程内容:安装。

工程量计算:按不同名称、型号、规格,以医疗专用灯的数量计算,计量单位:套。

(6)一般路灯(030213006)

工程内容:基础制作、安装;立灯杆;灯座安装;灯架安装;引得下线支架制作、安装;焊压接线端子;铁构件制作、安装;除锈、刷漆;灯杆编号,接地。

工程量计算:按不同名称、型号、灯杆材质及高度,灯架形式及臂长,灯杆形式(单、双),以一般路灯的数量计算,计量单位:套。

(7)广场灯(030213007)

工程内容:基础浇筑(包括土石方);立灯杆;灯座安装;灯架安装;引下线支架制作、安装;焊压接线端子;铁构件制作、安装;除锈、刷漆;灯杆编号;接地。

工程量计算:按不同灯杆的材质及高度、灯架的型号、灯头数量、基础形式及规格,以广场灯的数量计算,计量单位:套。

(8)高杆灯(030213008)

工程内容:基础浇筑(包括土石方);立杆;灯架安装;引下线支架制作、安装;焊压接线端子;铁构件制作、安装;除锈、刷漆;灯杆编号;升降机构接线调试;接地。

工程量计算:按不同灯杆高度、灯架形式(成套或组装、固定或升降)、灯头数量、基础形式及规格,以高杆灯的数量计算,计量单位:套。

(9)桥栏杆灯(030213009)

工程内容:支架、铁构件制作、安装、油漆;灯具安装

工程量计算:按不同名称、型号、规格、安装形式,以桥栏杆灯的数量计算,计量单位:套。

(10)地道涵洞灯(030213010)

工程内容:支架、铁构件制作、安装、油漆;灯具安装。

工程量计算:按不同名称、型号、规格、安装形式,以地道涵洞灯的数量计算,计量单位:套。

14.火灾自动报警系统(030705)

(1)点型探测器(030705001)

工程内容:探头安装;底座安装;校接线;探测器调试。

工程量计算:按不同名称、多线制、总线制、类型,以点型探测器的数量计算,计量单位:只。

(2)线型探测器(030705002)

工程内容:探测器安装;控制模块安装;报警终端安装;校接线;系统调试。

工程量计算:按不同安装方式,以线型探测器的数量计算,计量单位:只。

(3)按钮(030705003)

工程内容:安装;校接线;调试。

工程量计算:按不同规格,以按钮的数量计算,计量单位:只。

(4)模块(接口)(030705004)

工程内容:安装;调试。

工程量计算:按不同名称、输出形式,以模块(接口)的数量计算,计量单位:只。

(5)报警控制器(030705005)

工程内容:本体安装;消防报警备用电源;校接线;调试。

工程量计算:按不同多线制、总线制、安装方式、控制点数量,以报警控制器的数量计算,计量单位:台。

(6)联动控制器(030705006)

联动控制器的工程内容及工程量计算同报警控制器。

(7)报警联动一体机(030705007)

报警联动一体机的工程内容及工程量计算同报警控制器。

(8)重复显示器(030705008)

工程内容:安装;调试。

工程量计算:按不同多线制、总线制,以重复显示器的数量计算,计量单位:台

(9)报警装置(030705009)

工程内容:安装;调试。

工程量计算:按不同形式,以报警装置的数量计算,计量单位:台。

(10)远程控制器(030705010)

工程内容:安装;调试。

工程量计算:按不同控制回路,以远程控制器的数量计算,计量单位:台。

15.消防系统调试(030706)

(1)自动报警系统装置调试(030706001)

工程内容:系统装置调试。

工程量计算:按不同点数,以自动报警系统装置的数量计算,计量单位:系统。点数按多线制、总线制报警器的点数计算。

(2)水灭火系统控制装置调试(030708002)

工程内容:系统装置调试。

工程量计算:按不同点数,以水灭火系统控制装置的数量计算,计量单位:系统。点数按

多线制、总线制联动控制器的点数计算。

(3)防火控制系统装置调试(030706003)

工程内容:系统装置调试。

工程量计算:按不同名称、类型,以防火控制系统装置的数量计算,计量单位:处。

(4)气体灭火系统装置调试(030706004)

工程内容:模拟喷气试验;备用灭火器贮存容器切换操作试验。

工程量计算:按不同试验容器规格,以调试、检验和验收所消耗的试验容器总数计算,计量单位:个。

三、工程量清单的格式

工程量清单格式由下列内容组成:封面、填表须知、总说明、分部分项工程量清单、措施项目清单、其他项目清单、零星工作项目表等部分。工程量清单应由招标人填写。下面分别介绍。

1.工程量清单的封面

封面格式如图9.2所示。

```
工程报建号:_____

　　　　　　　_____工程

　　　　　　　　工程量清单

招　标　人:_____(单位盖章)

法定代表人:_____(签字盖章)

编　制　人:_____(签字并盖执业专用章)

编 制 单 位:_____(单位盖章)

编 制 日 期:
```

图9.2　工程量清单封面

2.工程量清单填表须知

填表须知的格式如图9.3所示。填表须知除了以下内容外,招标人可根据具体情况进行补充。

填表须知

　　1.工程量清单及其计价格式中所有要求签字、盖章的地方,必须由规定的单位和人员签字、盖章。

　　2.工程量清单及其计价格式中的任何内容不得随意删除或涂改。

　　3.工程量清单计价格式中列明的所有需要填报的单价和合价,投标人均应填报,未填报的单价和合价,视为此项费用已包含在工程量清单的其他单价和合价中。

　　4.金额(价格)均应以_____币表示。

图9.3　填表须知的格式

3.总说明

总说明应按下列内容填写：

(1)工程概况：建设规模、工程特征、计划工期、施工现场实际情况、交通运输情况、自然地理条件、环境保护要求等。

(2)工程招标和分包范围。

(3)工程量清单编制依据。

(4)工程质量、材料、施工等的特殊要求。

(5)招标人自行采购材料的名称、规格型号、数量等。

(6)预留金、自行采购材料的金额数量。

(7)其他需说明的问题。

4.分部分项工程量清单

分部分项工程量清单的格式如表9.1所示。

表9.1　分部分项工程清单

工程名称：

序　号	项目编码	项目名称	计量单位	工程数量

5.措施项目清单

措施项目清单的格式如表9.2所示。

表9.2　措施项目清单

工程名称：

序　号	项目名称	金　额

6.其他项目清单

其他项目清单的格式如表9.3所示。

表9.3　其他项目清单

工程名称：

序　号	项目名称	金　额
1	招标人部分	
1.1		
2	投标人部分	
2.1		

7.零星工作项目表

零星工作项目表如表9.4所示。

表9.4　零星工作项目表

工程名称:

序　号	名　称	项目名称	金　额
1	人工		
1.1	高级技术人工	工　日	
1.2	技术工人	工　日	
1.3	普工	工　日	
2	材料		
2.1	管材料	kg	
2.2	型材	kg	
2.3	其他	kg	
3	机械		
3.1			

四、工程量清单的编制

分部分项工程量清单是不可调整的闭口清单,投标人对招标文件提供的分部分项工程量清单必须逐一计价,对清单所列内容不允许作任何变动和更改。如果投标人认为清单内容有不妥或遗漏的地方,只能通过质疑的方式向清单编制人提出,由清单编制人统一修改更正,并将修正后的工程量清单发给所有投标人。

措施项目清单为可调整的清单,投标人对招标文件中所列的措施项目清单,可根据企业自身的特点作适当的变更。投标人要对拟建工程可能发生的措施项目和措施费用作通盘考虑,清单计价一经报出,即被认为是包含了所有应该发生的措施项目的全部费用。如果投标人报出的清单中没有列项,而施工中又必须发生的措施项目,招标人有权认为该费用已经综合在分部分项工程量清单的综合单价中。将来在施工过程中该措施项目发生时,投标人不得以任何借口提出索赔或调整。

其他项目清单由招标人部分、投标人部分组成。招标人填写的内容随招标文件发给投标人,投标人不得对招标人部分所列项目、数量、金额等内容进行改动。由投标人填写的零星工作项目表中,招标人填写的项目与数量,投标人也不得随意更改,而且必须进行报价。如果不报价,招标人有权认为投标人未报价内容已经包含在其他已报价内容中,要无偿为自己服务。当投标人认为招标人所列项目不全时,可自行增加列项并确定其工程量及报价。

1.分部分项工程量清单的编制

编制分部分项工程量清单时,要依据《计价规范》、工程设计文件件、招标文件、有关的工程施工规范与工程验收规范、拟采用的施工组织设计和施工技术方案等资料进行。

分部分项工程量清单的具体编制步骤如下:

(1)参阅招标文件和设计文件,按一定顺序读取设计图纸中所包含的工程项目名称,对照计价规范所规定的清单项目名称,以及用于描述项目名称的项目特征,确定具体的分部分项工程名称。项目名称以工程实体而命名,项目特征是对项目的准确描述,按不同的工程部位、施工工艺、材料的型号、规格等分别列项。

(2)对照清单项目设置规则及设置项目编码。项目编码的前 9 位取自《计价规范》中同项目名称所对应的编码,后 3 位自 001 起按顺序设置。

(3)按照《计价规范》中所规定的计量单位确定分部分项工程的计量单位。

(4)按照《计价规范》中所规定的工程量计算规则,读取设计图纸中的相关数据,计算出工程数量。

(5)参考计价规范中列出的工程内容,组合该分部分项工程量清单的综合工程内容。

【例 9.1】 某拟建工程有油浸式电力变压器 4 台,设备型号为 $SL_1 - 1000 \ kV \cdot A/10 \ kV$ 根据工程设计图纸计算得知,需过滤绝缘油共 0.71 t,制作基础槽钢共 80 kg。

在工程量清单项目设置及工程量计算规则中查得:

项目名称:油浸电力变压器;

项目特征:$SL_6 - 1\ 000 \ kV \cdot A/10 \ kV$;

项目编码:030201001001;

计量单位:台;

工程数量:4;

工作内容:变压器本体安装;变压器干燥处理;绝缘油过滤 0.71 t;基础槽钢制作安装 80 kg。

依据上述分析,可列出工程量清单如表 9.5 所示。

表 9.5 分部分项工程清单

工程名称:

序 号	项目编码	项目名称	计量单位	工程数量
1	030201001001	油浸式电力变压器 $SL_1 - 1000/10$ 变压器本体安装 变压器干燥处理 绝缘油过滤 0.71 t 基础槽钢制作安装 80 kg	台	4

【例 9.2】 某建筑防雷及接地装量如图 9.4 所示。根据设计图纸,列出工程量清单。

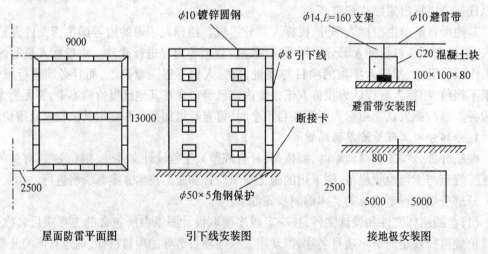

图 9.4 防雷及接地装置

说明:①接地电阻小于 20 Ω。②金属件必须镀锌处理。③接地极与接地母线电焊连接,焊接处刷红丹漆一遍,沥青漆两遍。④断接卡子距地 1.3 m,自断接卡子起,用一 25×4 扁钢作接地母线,接至接地极。⑤接地极用∠50×5 角钢,距墙边 2.5 m,埋深 0.8 m。

通过阅读设计图纸及设计说明可知,该防雷与接地装置工程包含接地极(∠50×5,L = 2.5 m 角钢共 6 根)、接地母线(-25×4 镀锌扁钢 30.6 m)、引下线(φ8 镀锌圆钢 24.6 m)、混凝土块避雷带(φ10 镀锌圆钢 53 m)、混凝土块制作(C20 100 mm×100 mm×80 mm,含 φ14 镀锌圆钢支撑架,l = 160 mm,共 60 块)、断接卡制作安装 2 处、保护角钢(∠50×5)4 m、接地电阻测试等工程内容。

在工程量清单项目设置及工程量计算规则中查得:

项目名称:避雷装置。

项目特征:混凝土块 φ10 镀锌圆钢避雷网装置 53 m;φ8 镀锌圆钢引下线沿建筑物引下 24.6 m;-25×4 镀锌扁钢接地母线 30.6 m;∠50×5,L = 2.5 m 镀锌角钢接地极 6 根;断接卡子制作安装 2 处;∠50×5 镀锌保护角钢 4 m;C20 100 mm×100 mm×80 mm 混凝土块制作 60 块(含净 14 镀锌圆钢支撑架,L = 160mm);焊接处刷红丹漆一遍,沥青漆两遍。

项目编码:030209002001。

计量单位:项。

工程数量:1。

该项目名称综合了避雷网制作安装、引下线敷设、断接卡子制作安装、接地母线敷设、接地极制作安装、镀锌保护角钢制作安装、混凝土支墩制作安装、焊接处刷红丹漆一遍,沥青漆两遍等工作内容。

根据上述分析可列出该分部分项工程量清单如表 9.6 所示。

表 9.6　分部分项工程量清单

工程名称:

序　号	项目编码	项目名称	计量单位	工程数量
1	030209002001	避雷装置 　混凝土声 φ10 镀锌圆钢避雷网装置 53 m 　　φ8 镀锌圆钢沿建筑物引下 24.6 m 　　-25×4 镀锌扁钢接地母线 30.6 m 　　∠50×5,L = 2.5 m 镀锌角钢接地极 6 极断接卡子制作安装 2 处 　　∠50×5 镀锌保护角钢 4 m 　　C20 100 mm×100 mm×80 mm 混凝土块制作(含 φ14 镀锌圆钢支撑架,L = 160 mm)60 块 　　焊接处刷红丹漆一遍,沥青涂两遍	项	1
2	030211008001	接地装调试 接地电阻测试	系统	2

2.措施项目清单的编制

措施项目清单的编制,主要依据拟建工程的施工组织设计、施工技术方案、相关的工程施工与验收规范、招标文件、设计文件等资料。

编制措施项目清单时,可按如下步骤进行:

(1)参考拟建工程的施工组织设计,确定环境保护、文明施工、材料二次搬运等项。

(2)参阅施工技术方案,以确定是否夜间施工,以及脚手架、垂直运输机械、大型吊装机械的进出以及安装、拆卸等项目。

(3)参阅电气装置安装工程施工与验收规范,确定施工技术方案中没有表述,但在施工过程中必须发生的技术措施。

(4)考虑招标文件中提出的某些在施工过程中需通过一定的技术措施才能实现的要求,以及设计文件中一些不足以写进技术方案的但是要通过一定的技术措施才能实现的内容等等。

编制措施项目清单时,可参考表9.7所列的常见措施项目及列项条件,根据工程实际情况进行编制。

表 9.7　常见措施项目及列项条件

序　号	措施项目名称	措施项目发生的条件
1	环境保护	正常情况下都要发生
2	文明施工	
3	安全施工	
4	临时设施	
5	材料二次搬运	
6	脚手架	
7	已完工程及设备保护	
8	夜间施工	有夜间连续施工的要求或夜间需赶工
9	垂直运输机械	施工方案中有垂直运输机械的内容,施工高度超过5 m的工程
10	现场施工围栏	按照招标文件及施工组织设计的要求,有需要隔离施工的内容

3.其他项目清单的编制

其他项目清单的编制,分为招标人部分和投标人部分,可按表9.8所列内容填写。

表 9.8　其他项目清单

工程名称:

序　号	项目名称	金　额
1	招标人部分	
1.1	预留金	
1.2	材料购置费	
1.3	其他	
	小　计	
2	投标人部分	
2.1	总包服务费	
2.2	零星工作费	
2.3	其他	
	小　计	
	合　计	

（1）招标人部分

1）预留金：预留金是考虑到可能发生的工程量变更而预留的金额。工程量变更主要指工程量清单的漏项、因计算错误而引起的工程量的增加，以及施工过程中由于设计变更而引起的工程量的增加或在施工过程中，应业主的要求，并由设计或监理工程师出具的工程变更增加的工程量。

预留金的计算，应根据设计文件的深度、设计质量的高低、拟建工程的成熟程度来确定其额度。对于设计深度深、设计质量高、已经成熟的工程设计，一般预留工程总造价的 3% ~5%。而在初步设计阶段，工程设计不成熟的，至少应预留工程总造价的 10% ~ 15%。

预留金作为工程造价的组成部分计入工程总价中，但预留金是否支付以及支付的额度，都必须经过监理工程师的批准。

2）材料购置费：是指在招标文件中规定的，由招标人采购的拟建工程材料费。材料购置费的计算式为

$$材料购置费 = \Sigma(招标人所供材料量 \times 到场价) + 采购保管费 \qquad (9.1)$$

预留金和材料购置费由清单编制人根据招标人的要求以及工程的实际情况计算出金额并填写在表格中。

招标人部分还可根据实际情况增加其他列项，比如，指定分包工程费，由于某分项工程的专业性较强，需要由专业队伍施工，即可增加指定分包工程费这项费用，具体金额可向专业施工队伍询价取得。

（2）投标人部分

投标人部分的清单内容设置，除总包服务费只需简单列项外，零星工作费必须量化，并在零星工作项目表中详细列出，其格式参见表 9.4 所示。

零星工作项目表中的工、料、机计量，要根据工程的复杂程度、工程设计质量的高低、工程项目设计的成熟程度来确定其数量。一般工程中，零星人工按工程人工消耗总量的 1% 取值。零星材料主要是辅材的消耗，按不同材料类别列项。零星机械可参考各施工单位工程机械消耗的种类，按机械消耗总量的 1% 取值。

第三节　工程量清单计价

在工程招投标中，采用工程量清单计价方式，是国际通行的做法。所谓工程量清单计价，是指根据招标文件以及招标文件所提供的工程量清单，按照市场价格以及施工企业自身的特点，计算出完成招标文件所规定的所有工程项目所需要的费用。

采用工程量清单计价具有深远的意义，有利于降低工程造价、促进施工企业提高竞争能力、保证工程质量，同时还增加了工程招标、投标的透明度。

一、工程量清单计价的特点

1.彻底放开价格

工程消耗量中的人工、材料、机械的价格以及利润、管理费等全面放开，由市场的供求关系自行确定其价格，实行量价分离。

2.市场有序竞争形成价格

工程的承包价格,在投标企业自主报价的基础上,引入竞争机制,对投标企业的报价进行合理评定,在保证工程质量与工期的前提下,以合理低价者中标。这里所指的合理低价,应不低于工程成本价,以防止投标企业恶意竞标,施工时又偷工减料,使工程质量得不到保证。

3.统一计价规则

采用工程量清单计价,必须遵守《计价规范》的规定,按照统一的工程量计算规则,统一的工程量清单设置规则,统一的计价办法进行,使工程计价规范化。这些计价规则是强制性的,建设各方都应遵守。

4.企业自主报价

投标企业根据自身的技术特长、材料采购渠道和管理水平等,制定企业自身的定额,或者参考造价管理部门颁发的建设工程消耗量定额,按照招标人提供的工程量清单自主报价。

5.有效控制消耗量

通过由政府发布统一的社会平均消耗量作为指导性的标准,为施工企业提供一个社会平均尺度,避免随意扩大或减少工程消耗量,从而达到控制工程质量及工程造价的目的。

二、工程量清单计价与定额计价的比较

1.项目设置不同

定额计价时,工程项目按综合定额中的子项来设置,其工程量按相应的工程量计算规则计算并独立计价。

工程量清单计价时,工程项目设置综合了各子项目工作的内容及施工程序,清单项目工程量按主项工程量计算规则计算,并综合了各子项工作内容的工程量。各子项目工作内容的费用,按相应的计量方法折算成价格并入该清单项目的综合单价中。

2.费用组成不同

定额计价时,工程费用由直接费、间接费、规费、利润、税金等组成。工程量清单计价时,工程费用由清单项目费、规费、税金等组成,定额计价中的直接费、间接费(包括管理费)、利润等以综合单价的形式包含在清单项目费中。

虽然工程量清单计价实行由市场竞争形成价格,但《全国统一安装工程预算定额》仍然有用,它向招投标双方提供了现阶段单位工程消耗量的社会平均尺度,作为控制工程耗量、编制标底及投标报价的参照标准。

3.计价模式不同

定额计价是我国长期以来所用的计价模式,其基本特点是"价格＝定额＋费用＋文件规定",并作为法定性的依据强制执行,不论是工程招标编制标底还是投标报价均以此为惟一的依据,承、发包双方共用一本定额和费用标准确定标底价和投标报价,一旦定额价与市场价脱节就影响到计价的准确性。定额计价是建立在以政府定价为主导的计划经济管理基础上的价格管理模式,它所体现的是政府对工程价格的直接管理和调控。随着市场经济的发展,我们曾提出过"控制量、指导价、竞争费"、"量价分离"及"以市场竞争形成价格"等多种改革方案。但由于没有对定额管理方式及计价模式进行根本的改变,以至于未能真正体现量价分离,以市场竞争形成价格。

工程量清单计价属于全面成本管理的范畴,其基本特点是"统一计价规则,有效控制耗量,彻底放开价格,正确引导企业自主报价,市场有序竞争形成价格"。工程量清单计价跳出了传统的定额计价模式,建立一种全新的计价模式,依靠市场和企业的实力通过竞争形成价格,使业主通过企业报价可直观了解工程项目的造价。

4.计算方法不同

定额计价采用工、料、机单价法进行计算,当定额单价与市场价有差异时,需按工程承发包双方约定的价格与定额价对比,进行价差调整。

工程量清单计价采用综合单价法进行计算,不存在价差调整。工、料、机价格由施工企业根据市场价格及自身实力自行确定。

三、工程量清单计价的编制方法

采用工程量清单计价时,工程造价由分部分项工程量清单费、措施项目费、其他项目费、规费、税金等部分组成。

工程量清单计价,按其作用不同可分为标底和投标报价。标底是由招标人编制的,作为衡量工程建设成本,进行评标的参考依据。投标报价是由施工企业编制的,反映该企业承建工程所需的全部费用。无论是标底编制还是投标报价编制,都应按照相同的格式进行。

工程量清单计价格式应随招标文件发给投标人。电气安装工程工程量清单计价格式的内容包括:封面、投标总价、工程项目总价表、单位工程费汇总表、分部分项工程清单项目费汇总表、分部分项工程量清单计价表、措施项目清单计价表、其他项目清单计价表、零星工作项目计价表、安装工程设备价格明细表、主要材料价格明细表、分部分项工程量清单综合单价分析表、措施项目费分析表等部分。

1.封面

封面格式如图9.5所示。

```
_____工程

          工程量清单报价表

    投  标  人:_____(单位签字盖章)

    法定代表人:_____(签字盖章)

    造价工程师

    及注册证号:_____(签字盖执业专用章)

    编 制 时 间:_____
```

图9.5 工程量清单计价封面

2.投标总价

投标总价的格式如图9.6所示。

投 标 总 价

建 设 单 位：_____

工 程 名 称：_____

投标总价(小写)：_____

　　　　　(大写)：_____

投 标 人：_____（单位签字盖章）

法 定 代 表 人：_____（签字盖章）

编 制 时 间：_____

图9.6　工程量清单投价总价

3.工程项目总价表

工程项目总价表汇总了大型工程中各单项工程的造价,如土建工程、安装工程、装饰工程等。

4.单位工程费汇总表

单位工程费汇总表汇总了分部分项工程量清单项目费、措施项目费、其他项目费、行政事业性收费(又叫做规费)、税金等费用。该表反映了工程总造价及总造价中各组成部分的费用。工程量清单总价表的格式如表9.9所示。

表9.9　单位工程费汇总表

工程名称：

代　码	费 用 名 称	计算公式	费率/%	金　额
A	工程量清单项目费	QDF		
B	措施项目费			
C	其他项目费	DLF		
D	行政事业性收费			
	社会保险金	RGF	27.81	
	住房公积金	RGF	8.00	
	工程定额测定	A+B+C	0.10	
	建筑企业管理费	A+B+C	0.20	
	工程排污费	A+B+C	0.40	
	施工噪声排污费	A+B+C		
	防洪工程维护费	A+B+C	0.18	
E	不含税工程造价	A+B+C+D	100.00	
F	税金	E	3.41	
	含税工程造价	E+F	100.00	

法人代表：　　　　编制单位：　　　　　　　　　　编制日期：　年　月　日

5.分部分项工程量清单项目费汇总表

该表汇总了各分部工程的清单项目费,如电气安装工程中的电缆敷设、配电箱、荧光灯具等。格式如表9.10所示。

表9.10　分部分项工程清单项目汇总表

工程名称：

序　号	名称及说明	合　价	备　注
1			
2			
3			
4			
5			
	合　计		

编制人：　　　　　　编制证：　　　　　　　　　　　　编制日期：　　年　月　日

6.分部分项工程量清单计价表

分部分项工程量清单计价表由标底编制人或投标人按照招标文件提供的分部分项工程量清单,逐项进行计价。表中的序号、项目编码、项目名称、计量单位、工程数量必须按分部分项工程量清单中的相应内容填写。格式如表9.11所示。

表9.11　单位工程费汇总表

工程名称：

序　号	项目编码	项目名称	计量单位	工程数量	金　额		备　注
					综合单价	合　价	
1							
2							
3							
4							
5							
		合　计					

编制人：　　　　　　编制证：　　　　　　　　　　　　编制日期：　　年　月　日

表中费率按照工程所在地区一类工程计取,金额栏中的数据等于计算公式栏乘以费率栏中对应数据。需要注意的是,不同省市、地区的行政事业性收费(即规费)的费用项目及计算公式、对应的费率等都有所不同,实际使用时,应按照工程所在地的建委或建设工程造价管理机构的有关规定进行计算。

7.措施项目清单计价表

措施项目清单计价表,是按照招标文件提供的措施项目清单及施工单位补充的措施项目,逐项进行计价的表格。表中的序号、项目名称必须按措施项目清单中的相应内容填写,如表9.12所示。

表9.12　措施项目清单计价表

工程名称：

序　号	项目名称	单　位	合　价	备　注
1	脚手架费	宗		
2	临时设施费	宗		
3	文明施工费	宗		
4	工程保险费	宗		
5	工程保修费	宗		
6	预算包干费	宗		
	合　计			

编制人：　　　　　编制证：　　　　　　　　　　　编制日期：　　年　月　日

8.其他项目清单计价表

其他项目清单计价表，是按照招标文件提供的其他项目清单及施工单位补充的项目，逐项进行计价的表格。表中的序号、项目名称必须按其他项目清单中的相应内容填写。如表9.8所示。

9.零星工作项目计价表

零星工作项目计价表是按照招标文件提供的零星工作项目及施工单位补充的项目，逐项进行计价的表格。表中的人工、材料、机械名称、计量单位和相应数量应按零星工作项目表中相应的内容填写，工程竣工后零星工作费应按实际完成的工程量所需费用结算，如表9.13所示。

表9.13　零星工作项目计价表

工程名称：

序　号	名　称	计量单位	数　量	金　额	
				综合单位	合　价
1	人工				
1.1	高级技术工人	工　日			
1.2	技术工人	工　日			
1.3	普工	工　日			
2	材料				
2.1	管材	kg			
2.2	型材	kg			
2.3	其他	kg			
3	机械				
3.1					
	合　计				

编制人：　　　　　编制证：　　　　　　　　　　　编制日期：　　年　月　日

10.安装工程设备价格表

表的格式如表9.14所示。

表 9.14 安装工程设备价格明细表

工程名称：

序 号	设备编码	名称、规格、型号	单 位	编制价	产 地	厂 家	备 注

编制人： 编制证： 编制日期： 年 月 日

11. 主要材料价格明细表

主要材料价格明细表的格式和表 9.14 相同。

12. 综合单价分析表

综合单价分析表反映了工程量清单计价时综合单价的计算依据，其格式如表 9.15 所示。

表 9.15 综合单价分析表

工程名称：

清单编码	项目名称	计量单位	工程数量	综合单价					
				人工费	材料费	机械费	管理费	利 润	合 价
定额编号	合 计								

编制人： 编制证： 编制日期： 年 月 日

13. 措施项目费分析表

措施项目费分析表的格式见表 9.16 所示。

表 9.16 措施项目费分析表

序 号	措施项目名称	单 位	数 量	金 额					
				人工费	材料费	机械费	管理费	利 润	合 价
	合 计								

编制人： 编制证： 编制日期： 年 月 日

四、综合单价的确定

综合单价是指完成工程量清单中一个计量单位的工程项目所需的人工费、材料费、机械使用费、管理费、利润的总和及一定的风险费用。在工程量清单计价中,综合单价的准确程度,直接影响到工程计价的准确性,对于投标企业,合理计算综合单价,可以降低投标报价的风险。

综合单价应根据招标文件、施工图纸、图纸会审纪要、工程技术规范、质量标准、工程量清单等,按照施工企业内部定额或参照国家及省市有关工程消耗量定额、材料指导价格等计算得出。

具体计算综合单价时,可按如下步骤进行:

(1)根据工程量清单项目所对应的项目特征及工作内容,分别套取对应的预算定额子目得到工、料、机的消耗量指标,或者套用企业内部定额得到相应消耗量。

(2)按照市场价格计算出完成相应工作内容所需的工、料、机费用以及管理费、利润。其中管理费和利润依据施工企业的实际情况按系数计算,一般情况下当不考虑风险时,电气安装工程的管理费包括现场管理费和企业管理费,可按人工费的 50% 计取,利润可按人工费的 35% 计取。

(3)合计得到完成该清单项目所规定的所有工作内容的总费用,用总费用除以该清单项目的工程数量,即得该清单项目的综合单价。

【例 9.3】　根据本章第二节例 9.1 所列的工程量清单,分析计算该清单项目的综合单价。

该清单项目包括 4 台油浸式变压器的本体安装、干燥、绝缘油过滤共 0.71 t、基础槽钢制作安装共 80 kg,计算综合单价时,应首先计算出完成所有工作内容的总费用,再除以 4 即得到安装 1 台油浸式变压器的综合单价。

假设清单所列变压器的市场价为 150 000.00 元/台,槽钢的市场价为 3 500.00 元/T,经计算得槽钢的单位长度重量为 15 kg/m。

该例管理费,按人工费的 50% 计取,利润按人工费的 35% 计取。计算管理费和利润时,可对各子目按系数分别计算,合计后除以清单工程数量。也可以在计算出综合工、料、机费后,再按系数计算管理费和利润。

分析计算得该清单项目的综合单价如表 9.17 所示。

表 9.17　分部分项工程量清单综合单价分析表

工程名称:

序号	清单编码	项目名称	计量单位	工程数量	综合单价/元					
					人工费	材料	机械使用费	管理费	利润	合计
1	030201001001	油浸电压变压器 SL$_4$ – 1 000 kV·A/10 kV	台	1	721.07	150 948.48	477.80	360.54	252.37	152 760.26
	定额编号	合计	台	4	2 884.29	603 793.92	1 911.21			
	2 – 1 – 3	油浸电力变压器安装 10 kV/容量 1 000 kV/A 以下	台	4	356.75	185.19	380.32			
		油浸电力变压器 SL$_4$ – 1 000 kV·A/10 kV	台	4		150 000.00				
	2 – 1 – 25	电力变压器干燥 10 kV/容量 1 000 kVA 以下	台	4	345.66	654.49	42.87			
	2 – 1 – 30	变压器油过滤	t	0.71	58.26	181.67	277.12			
	2 – 4 – 121	基础槽钢制作安装	10 m	0.533	62.44	49.19	40.71			
	010099	槽钢	t	0.08		3 500.00				

编制人:　　　　编制证:　　　　　　　　　　　　编制日期:　　　年　月　日

【例9.4】 根据本章第二节中的例9.2所列的工程量清单,分析计算该清单项目的综合单价。

根据计算出的工程量清单,按照广州地区的消耗量标准及市场价格,计算该防雷与接地装置工程中避雷装置项目的综合单价如表9.18所示。其中管理费按人工费的36.345%计算,利润按人工费的30%计算。

表9.18 分部分项工程量清单综合单价分析表

工程名称:

序号	清单编码	项目名称	计量单位	工程数量	综合单价/元					
					人工费	材料	机械使用费	管理费	利润	合计
1	030209002001	避雷装置	项	1	392.35	266.82	189.13	143.38	117.70	1 109.38
	定额编号	合计	项	1	392.35	266.82	189.13	143.38	117.70	
	2-9-61	避雷网沿混凝土块敷设	10 m	5.30	85.81	49.87	56.07	31.16	24.74	
	2-9-63	避雷网混凝土块制作	10块	6.00	48.60	57.54		17.64	14.58	
	2-9-58	避雷引下线沿建筑、构筑物引下	10 m	2.46	39.83	24.30	14.46	11.95		
	B000042	接引下线 φ8 镀锌圆钢	m	24.60		29.52				
	2-9-60	接避雷引下线断接卡子	10套	0.20	12.67	5.14	0.12	4.61	3.80	
	7-6-3	接接地极(板)制作安装 ∠50×5 镀锌角钢	根	6.00	34.32	10.92	72.90	13.86	10.30	
	2-9-10	户外接地母线敷设截面 200 mm² 内	10 m	3.06	164.26	4.22	9.98	59.70	49.28	
	B000040	接地母线 -25×4 镀锌扁钢	m	30.60		45.90				
	11-2-1	管道刷油沥青漆第一遍	10 m²	0.58	2.34	0.73		0.67	0.70	
	11-2-16	管道刷油沥青漆第一遍	10 m²	0.58	2.34	0.73		0.67	0.70	
	11-2-17	管道刷油沥青漆第二遍	10 m²	0.58	2.26	0.65		0.64	0.68	
	Z100147	煤焦油沥青清漆 L01-17	kg	1.43		8.60				
	Z100147	煤焦油沥青清漆 L01-17	kg	1.67		10.02				
	Z100013	醇酸防锈漆 G53-1	kg	0.85		6382				
		∠50×5 镀锌保护角钢	m	4.00		12.00				
2	030211008001	接地装置调试	系统	1	68.99	1.86	110.88	25.07	20.70	227.50
	定额编号	合计	系统	2	137.98	3.72	221.76	50.14	41.4	
	2-14-48	接地电阻测试	系统	2	68.99	1.86	110.88	25.07	20.70	

编制人: 编制证: 编制日期: 年 月 日

计算出综合单价后,即可按照表9.11的格式,顺序填写分部分项工程量清单计价表,合计得出分部分项工程量清单项目费。

分部分项工程量清单综合单价分析表,是按照招标文件的要求编制的,必须按照计价规范中规定的格式填写,项目名称及工作内容必须与工程量清单一致。

第四节 安装工程招标投标基本知识

一、招标

所谓招标,是指建设单位将拟建工程的条件、标准、要求等信息在公开媒体上登出,寻找符合条件的施工单位。建设项目招标可采取公开招标、邀请招标和议标的方式进行。公开招标应同时在一家以上的全国性报刊上刊登招标通告,邀请潜在的有关单位参加投标;邀请招标,应向有资格的三家以上的有关单位发出招标邀请书,邀请其参加投标;议标主要是通过一对一协商谈判方式确立中标单位,参加议标的单位不得少于两家。

招标公告或者招标邀请书应当包含招标人的名称和地址、招标项目的内容、规模、资金来源、实施地点和工期、对投标人的资质等级的要求、获取招标文件或者资格预审文件的地点和时间、对招标文件或者资格预审文件收取的费用等内容。

招标文件是招标人根据施工招标项目的特点和需要而编制出的文件。招标文件一般包括投标邀请书、投标人须知、合同主要条款、投标文件格式、工程量清单、技术条款、设计图样、评标标准和方法、投标辅助材料等内容。

国家重点建筑安装工程项目和各省、市人民政府确定的地方重点建筑安装工程项目,以及全部使用国有资金投资或者国有资金投资控股的建筑安装工程项目,应当公开招标,招标时采用工程量清单方式进行。

二、投标

所谓投标,是指施工单位按照招标文件的要求进行报价,并提供其他所需资料,已取得对该工程的承包权。

参加建筑安装工程投标的单位,必须具有招标文件要求的资质证书,并为独立的法人实体;承担过类似建设项目的相关工作,并有良好的工作业绩和履约记录;财务状况良好,没有处于财产被接管、破产或其他关、停、并、转状态;在最近三年内没有与骗取合同有关以及其他经济方面的严重违法行为;近几年有较好的安全施工记录,投标当年内没有发生重大质量和特大安全事故等条件。

投标人按照招标文件的要求编制投标文件,在招标人规定的时间内将投标文件密封送达投标地点。投标文件一般包括投标函、投标报价、施工组织设计、商务和技术偏差表等内容。

投标人根据招标文件所述的项目实际情况,拟在中标后将中标项目的部分非主体、非关键性工作进行分包的,应当在投标文件中加以说明。

三、开标、评标、中标

投标单位递交的投标文件是密封起来的,招标人在招标文件中约定的时间召开开标会议,当众拆开投标文件,叫开标。由评委对各投标单位的投标文件进行评议,选出符合中标条件的标书,叫评标。业主最后选定投标单位,由其承包工程建设,叫中标。

建设项目的开标由项目法人主持,邀请投资方、投标单位、政府有关主管部门和其他有关单位代表参加。

项目法人负责组建评标委员会,评标委员会由项目法人、主要投资方、招标代理机构的代表以及受聘的技术、经济、法律等方面的专家组成,总人数为 5 人以上单数,其中受聘的专家不得少于 2/3。与投标单位有利害关系的人员不得进入评标委员会。评标委员会依据招标文件的要求对投标文件进行综合评审和比较,并按顺序向项目法人推荐 2 至 3 个中标候选单位。项目法人应当从评标委员会推荐的中标候选单位中择优确定中标单位。

中标人确定后,招标人向中标人发出中标通知书。招标人和中标人应当自中标通知书发出之日起 30 天内,按照招标文件和中标人的投标文件订立书面合同。

第五节 标底的编制

标底是工程招标标底价格的简称。标底是招标人为了掌握工程造价,控制工程投资的主要依据,也作为评价投标单位的投标报价是否准确的依据。在以往的招投标工作中,标底价格起到了决定性的作用,但在实施工程量清单报价的情况下,标底价格的作用逐渐淡化,工程招投标转向由招标人按照国家统一的工程量计算规则计算出工程数量,由投标人自主报价,经评审以低价中标的工程造价管理模式。工程招投标可以无标底进行。

一、标底编制的原则

1.遵循四统一原则

四统一原则是:项目编码统一、项目名称统一、计量单位统一、工程量计算规则统一。

2.体现公开、公平、公正的原则

工程量清单下的标底价格应充分体现公开、公平、公正的原则,标底价格的确定,应由市场价值规律来确定,不能人为地盲目压低或抬高。

3.遵循风险合理分担的原则

工程量清单下的招投标工作,招投标双方都存在风险,招标人承担工程量计算准确与否的风险,投标人承担工程报价是否合理的风险。因此在标底价格的编制过程中,编制人应充分考虑招投标双方风险可能发生的几率,在标底价格中予以体现。

4.遵循市场形成价格的原则

工程量清单下的标底价格反映的是由市场形成的具有社会先进水平的生产要素的市场价格。

二、标底的编制依据

在编制标底时,应依据表 9.19 中的资料进行。

三、标底编制的方法

标底价格由分部分项工程量清单费、措施项目清单费、其他项目清单费、规费(行政事业性收费)、税金

表 9.19 标底的编制依据

序号	标底的编制依据内容
1	《建设工程工程量清单计价规范》;
2	招标文件的商务条款
3	招标期间建筑安装材料及设备的市场价格
4	相关的工程施工规范和工程验收规范
5	工程项目所在地的劳动力市场价格
6	施工组织设计及施工技术方案
7	工程设计文件
8	施工现场地质、水文、气象以及地面情况的资料
9	由招标方采购的材料、设备的到货计划
10	招标人制定的工期计划

等部分组成。

1.分部分项工程量清单费

分部分项工程量清单费的计价有两种方法:预算定额调整法、工程成本测算法。

（1）预算定额调整法

预算定额调整法是指对照清单项目所描述的项目特征及工作内容,套用相应的预算定额。其中包括:对定额中的人工、材料、机械的消耗量指标按社会先进水平进行调整;对定额中的人工、材料、机械的单价按工程所在地的市场价格进行调整;对管理费和利润,可按当地的费用定额系数,并考虑投标的竞争程度计算并调整。由此计算得出清单项目的综合单价,按规定的格式计算分部分项工程量清单费。

（2）工程成本测算法

工程成本测算法是指根据施工经验和历史资料预测分部分项工程实际可能发生的人工、材料、机械的消耗量,按照市场价格计算相应的费用。

2.措施项目清单费

措施项目清单标底价格主要依据施工组织设计和施工技术方案,采用成本预测法进行估算。

3.其他项目清单费

对其他项目清单逐项进行计价,并按规定的方法计算规费和税金,汇总得到工程标底价格。

第六节 投标报价的编制

投标报价是施工企业根据招标文件及工程量清单,按照本企业的现场施工技术力量、管理水平等编制出的工程造价。投标报价反映出施工企业承包该工程所需的全部费用,招标单位对各投标单位的报价进行评议,以合理低价者中标。

一、投标报价的程序

工程量清单下投标报价的程序如表9.20所示。

表9.20 投标报价的程序

序号	投标报价的程序内容	序号	投标报价的程序内容
1	获取招标信息	10	编制施工组织设计及施工方案
2	准备资料,报名参加投标	11	计算施工方案工程量
3	提交资格预审资料	12	采用多种方式进行询价
4	通过资格预审后得到招标文件	13	计算工程综合单价
5	研究招标文件	14	按工程量清单计算工程成本价
6	准备与投标有关的所有资料	15	分析报价决策,确定最终报价
7	对招标人及工程场地进行实地考查	16	编制投标文件
8	确定投标策略	17	投送投标文件
9	核算工程量清单	18	参加开标会议

二、投标报价的编制

投标报价的编制工作,是投标人进行投标的实质性工作。编制投标报价时,必须按照工程量清单计价的格式及要求进行。编制的要点如下。

1.审核工程量清单并计算施工工程量

投标人在按照招标人提供的工程量清单报价时,应结合本企业的实情,把施工方案及施工工艺造成的工程增量以价格的形式包括在综合单价内。另外,投标人还应对措施项目中的工程量及施工方案工程量进行全面考虑,认真计算,避免因考虑不全而漏算,造成低价中标亏损。

2.编制施工组织设计及施工方案

施工组织设计及施工方案是招标人评标时考虑的主要因素之一,也是投标人计算施工工程量的依据,其内容主要有:项目概况、项目组织机构、项目保证措施、前期准备方案、施工现场平面布置、总进度计划和分部分项工程进度计划、分部分项的施工工艺及施工技术组织措施、主要施工机械配置、劳动力配置、主要材料保证措施、施工质量保证措施、安全文明施工措施、保证工期措施。

3.多方面询价

工程量清单下的价格是由投标人自主计算的,投标人在编制投标报价时,除了参考在日常工作中积累起来的人工、材料、机械台班的价格外,还应充分了解当地的材料市场价、当地的人工综合价、机械设备的租赁价、分部分项工程的分包价等。

4.计算投标报价,填写标书

按照工程量清单计价的方法计算各项清单费用,并按规定的格式填写表格。计算步骤如下。

(1)按照企业定额或《全国统一安装工程预算定额》的消耗量,以及人工、材料、机械的市场价格计算各清单项目的人工费、材料费、机械费,并以此为基础计算管理费、利润,进而计算出各分部分项工程清单项目的综合单价。

(2)根据工程量清单及现场因素计算各清单费用、规费、税金等,并合计汇总得到初步的投标报价。

(3)根据投标单位的投标策略进行全面分析、调整,得到最终的投标报价。

(4)按规定格式填写各项计价表格,装订形成投标标书。

三、工程投标策略简介

投标的目的是争取中标,通过承包工程建设而盈利,因此,投标时除了应熟练掌握工程量清单计价方法外,还应掌握一定的投标报价策略及投标报价技巧,提高投标的中标率。

1.投标报价策略

投标时,根据投标人的经营状况和经营目标,既要考虑自身的优势和劣势,也要考虑竞争的激烈程度,还要分析投标项目的整体特点,按照工程类别、施工条件等确定投标策略。采用的投标策略主要有:

(1)生存型报价策略。

如投标报价以克服生存危机为目标而争取中标时,可以不考虑其他因素,采取不盈利甚至赔本的报价策略,力争夺标。

(2)竞争型报价策略。

投标报价以开拓市场、打开局面为目标,可以采用低盈利的竞争手段,在精确计算工程成本的基础上,充分估计各竞争对手的报价目标,用有竞争力的报价达到中标的目的。

(3)盈利型报价策略。

施工企业充分发挥自身的优势,以实现最佳盈利为目标,对效益小的项目热情不高,对盈利大的项目充分投入,争取夺标。

2.投标报价技巧

投标报价时常用的技巧有如下几种。

(1)不平衡报价法

不平衡报价法是指在工程总价基本确定后,调整内部各工程项目的报价,既不提高总价、影响中标,又能在结算时得到更好的经济效益。具体操作时可采取如下方法:

1)能够早日结算的项目(如前期措施费)可报的较高,以利于资金周转,后期工程项目可适当报低。

2)经过工程量核算,预计今后工程量会增加的项目,适当提高单价,而工程量可能减少的项目,适当降低单价。

3)对招标人要求采用包干报价的项目可高报,其余项目可适当降低。

4)在议标时,投标人要求压低标价时应首先压低工程量少的项目单价,以表现有让利的诚意。

5)其他项目清单中的工日单价和机械台班单价可报高些。

采用不平衡报价法对投标人可降低一定的风险,但报价必须建立在对工程量清单进行仔细核对和分析的基础上,并把单价的增减控制在合理的范围内,以免引起招标人的反对而废标。

(2)多方案报价法

当招标文件允许投标人提建议方案,或者招标文件对工程范围不明确、条款不清楚、技术要求过于苛刻时,可在充分估计风险的基础上,进行多种方案报价。

(3)突然降价法

先按一般情况报价,到快要投标截止时,按已经计划好的方案,突然降价,以击败竞争对手。

(4)先亏后赢法

对大型分期建设的工程,第一期工程以成本价甚至亏本夺标,以获得招标人的信赖,在后期工程中赢回。

第七节　工程量清单计价案例

本节根据某商贸中心的电气施工图纸,按施工企业的实际情况编制投标报价标书。工程量清单由甲方随招标文件提供,工程图纸略。投标单位具有一级施工资质,施工经验较丰富,施工管理水平较高,拥有先进的施工机具。投标报价时管理费按人工费的45%计算,利润按人工费的25%计算。

工程量清单及投标报价标书如下所示。

×××商贸中心工程量清单及投标报价标书

工程报建号:×××××号

商贸中心电气安装工程

工程量清单

招　标　人:_____(单位盖章)

法定代表人:_____(签字盖章)

编制人及证号:_____(签字并盖执业专用章)

编制单位:_____(单位盖章)

编制日期:_____

填 表 须 知

　　1.工程量清单及其计价格式中所有要求签字、盖章的地方,必须由规定的单位和人员签字、盖章。

　　2.工程量清单及其计价格式中的任何内容不得随意删除或涂改。

　　3.工程量清单计价格式中列明的所有需要填报的单价和合价,投标人均应填报,未填报的单价和合价,视为此项费用已包含在工程量清单的其他单价和合价中。

　　4.金额(价格)均应以人民币(元)表示。

总　说　明

工程名称:商贸中心电气安装工程

1.本工程建筑面积共 86 500 m²,地处闹市区,交通便利。

2.本工程由开发商自筹资金兴建。

3.计划工程:2004 年 3 月 1 日～2004 年 12 月 30 日。

4.工程招标部分为:由变压器低压出线端开始的动力工程、照明工程;火灾自动报警系统工程。

5.工程量清单依据《建设工程工程量清单计价规范》(GB 50500—2003)进行编制。

6.火灾自动报警系统主机由开发商购置,其余设备、材料均由投标企业购置。

7.施工时必须遵守《建筑电气工程施工质量验收规范》(GB 50303—2002),保证工程质量。

分部分项工程量清单

工程名称:商贸中心电气安装工程

序号	项目编码	项目名称	计量单位	工程数量
一	0302	动力、照明电气安装工程		
1	030204004001	低压开关柜 1.基础槽钢制作、安装 2.柜安装 3.端子板安装 4.焊、压接线端子	台	12.00
2	030204010001	低压电容器柜 1.基础槽钢制作、安装 2.柜安装 3.端子板安装 4.焊、压接线端子 5.屏边安装	台	2.00
3	030204018001	落地式动力配电箱 1.基础型钢制作、安装 2.箱体安装	台	8.00
4	030204018002	照明配电箱 箱体安装	台	24.00
5	030204018003	小型配电箱 箱体安装	台	278.00
6	030203003001	带形母线 TMY125×10 1.支持绝缘子、穿墙套管的耐压试验、安装 2.穿通板制作、安装 3.母线安装 4.引下线安装 5.刷吩相漆	m	98.00
7	030203003002	带形母线 TMY50×5 1.支持绝缘子、穿墙套管的耐压试验、安装 2.穿通板制作、安装 3.母线安装 4.母线桥安装 5.引下线安装 6.刷分相漆	m	156.00
8	030208001001	电力电缆 ZRRVV－4×35＋1×16 1.揭(盖)盖板 2.电缆敷设 3.电缆头制作、安装 4.过路保护管敷设 5.防火堵洞 6.电缆防护 7.电缆防火隔板 8.电缆防火涂料	m	372.00

续　表

序号	项目编码	项　目　名　称	计量单位	工程数量
9	030208001002	电力电缆 ZRVV－4×16＋1×10 1.电缆敷设 2.电缆头制作、安装 3.过路保护管敷设 4.防火堵洞 5.电缆防护	m	560.00
10	030208001003	电力电缆 ZRVV－4×10＋1×6 1.电缆敷设 2.过路保护管敷设 3.防火堵洞 4.电缆防护	m	1 250.00
11	030208005001	电缆支架制作安装 1.制作、涂锈、刷油 2.安装	t	2.00
12	030209001001	接地母线敷设 1.接地母线敷设 2.接地跨接线 3.构架接地	项	1.00
13	030212001001	钢架配管 DN32 1.支架制作、安装 2.电线管路敷设 3.接线盒(箱)、灯头盒、开关盒、插座盒安装 4.防腐油漆 5.接地	m	153.00
14	030212001002	钢架配管 DN25 1.支架制作、安装 2.电线管路敷设 3.接线盒(箱)、灯头盒、开关盒、插座盒安装 4.防腐油漆 5.接地	m	250.00
15	030212001003	钢架配管 DN15 1.支架制作、安装 2.电线管路敷设 3.接线盒(箱)、灯头盒、开关盒、插座盒安装 4.防腐油漆 5.接地	m	336.00

续　表

序号	项目编码	项　目　名　称	计量单位	工程数量
16	030212001004	电线管暗埋 DN32 1.支架制作、安装 2.电线管路敷设 3.接线盒(箱)、灯头盒、开关盒、插座盒安装 4.接地	m	80.00
17	030212001005	电线管暗埋 DN25 1.支架制作、安装 2.电线管路敷设 3.接线盒(箱)、灯头盒、开关盒、插座盒安装 4.接地	m	345.00
18	030212001006	电线管暗埋 DN15 1.支架制作、安装 2.电线管路敷设 3.接线盒(箱)、灯头盒、开关盒、插座盒安装 4.接地	m	2 890.00
19	030212003001	管内穿线 BV – 10 管内穿线	m	850.00
20	030212003002	管内穿线 BV – 6 管内穿线	m	1 100.00
21	030212003003	管内穿线 BV – 2.5 管内穿线	m	3 678.00
22	030212003004	管内穿线 BV – 1.5 管内穿线	m	6 135.00
23	030213001001	圆球吸顶灯 $\phi300$ 1.支架制作、安装 2.组装 3.油漆	套	85.00
24	030213001002	方形吸顶灯安装 1.支架制作、安装 2.组装 3.油漆	套	176.00
25	030213001003	壁灯安装 1.支架制作、安装 2.组装 3.油漆	套	62.00
26	030213003001	装饰灯 $\phi700$ 吸顶 1.支架制作、安装 2.安装	套	38.00

续　表

序号	项目编码	项　目　名　称	计量单位	工程数量
27	030213003002	装饰灯 $\phi800$ 吊顶 1.支架制作、安装 2.安装	套	8.00
28	030213003003	疏散指标灯 1.支架制作、安装 2.安装	套	72.00
29	030213004001	吊链式荧光灯 YG2－1 安装	套	180.00
30	030213004002	吊链式荧光灯 YG2－2 安装	套	286.00
31	030213004003	吊链式荧光灯 YG2－3 安装	套	32.00
32	030213002001	直杆式防水防尘灯 1.支架制作、安装 2.安装	套	18.00
33	030204031001	三联暗开关(单控)86 系列 1.安装 2.焊压端子	个	315.00
34	030204031002	双联暗开关(单控)86 系列 1.安装 2.焊压端子	个	193.00
35	030204031003	单联暗开关(单控)86 系列 1.安装 2.焊压端子	个	126.00
36	030204031004	单相二、三孔暗插座 200V6A 1.安装 2.焊压端子	个	385.00
37	030204031005	单相三孔暗插座 200V15A 1.安装 2.焊压端子	个	21.00
38	030211002001	送配电装置系统 系统调试	系统	75.00
39	030211004001	补偿电容器柜调度 调试	套	2.00
40	030211008001	接地装置 接地电阻测试	系统	2.00
二	0307	火灾自动报警自系统		

续　表

序号	项目编码	项目名称	计量单位	工程数量
1	030705001001	智能型感烟探测器 JTY – LZ – ZM1551 1.探头安装 2.底座安装 3.校接线 4.探测器调试	只	800.00
2	030705001002	智能型感烟探测器 JTY – BD – ZM1551 1.探头安装 2.底座安装 3.校接线 4.探测器调试	只	63.00
3	030705001003	普通感烟探测器 1.探头安装 2.底座安装 3.校接线 4.探测器调试	只	326.00
4	030705003001	手动报警按钮 1.安装 2.校接线 3.调试	只	60.00
5	030705009001	声光报警盒 1.安装 2.调试	台	84.00
6	030705005001	报警控制器 1.本体安装 2.消防报警备用电源 3.校接线 4.调试	台	1.00
7	030705008001	重复显示器 1.安装 2.调试	台	12.00
8	030705004001	输入模块 JSM – M500M 1.安装 2.调试	台	12.00
9	030705004002	输出模块 KM – M500C 1.安装 2.调试	台	136.00
10	030706001001	自动报警系统装置调试 系统装置调试	系统	1.00

措 施 项 目 清 单

工程名称:商贸中心电气安装工程

序　号	项　目　名　称	金　额／元
1	环境保护	
2	文明施工	
3	安全施工	
4	临时设施	
5	脚手架搭拆费	
	小计	
	合计	

其 他 项 目 清 单

工程名称:商贸中心电气安装工程

序　号	项　目　名　称	金　额／元
1	招标人部分	
1.1	预留金	35 000.00
1.2	材料购置费	128 500.00
	小计	163 500.00
2	投标人部分	
2.1	总承包服务费	
2.2	零星工作项目	
2.3	其他费用	
	小计	
	合计	

零星工作项目表

工程名称:商贸中心电气安装工程

序　号	名　称	计量单位	数　量	金额／元 综合单位	合　价
1	人工				
1.1	高级技术工人	工　日			
	技术工人	工　日			
	零工	工　日			
	小计				

续　表

序　号	名　称	计量单位	数　量	金　额/元	
				综合单位	合　价
2	材料				
2.1	电焊条	kg			
	型材	kg			
	小计				
3	机械				
3.1	5 t 汽车起重机	台　班			
	交流电焊机 22 kVA	台　班			
	小计				
	合计				

工程报建号：×××××号

商贸中心电气安装工程

工程量清单报价表

投　标　人：_____(单位盖章)

法定代表人：_____(签字盖章)

编制人及证号：_____(签字并盖执业专用章)

编制单位：_____(单位盖章)

编制日期：_____

投　标　总　价

　　建 设 单 位：_____(单位盖章)

　　工 程 名 称：__商贸中心电气安装工程__

　　投 标 总 价(小写)：__1 023 475.23元__

　　　　　　　(大写)：__壹佰零贰万叁仟肆佰柒拾伍元贰角叁分__

　　投　标　人：_____(单位盖章)

　　法 定 代 表：_____(签字盖章)

　　编 制 日 期：_____

单位工程费汇总表

工程名称:商贸中心电气安装工程

序　号	项　目　名　称	金　额／元
1	分部分项工程费	759 677.93
2	措施项目费	16 500.00
3	其他项目费	171 746.05
4	规　　　费	41 801.61
4.1	社会保险费	23 776.43
4.2	住房公积金	6 839.68
4.3	工程定额测定费	647.92
4.4	建筑企业管理费	1 895.85
4.5	工程排污费	3 791.70
4.6	施工噪音排污费	1 706.26
4.7	防洪工程维护费	2 843.77
5	不含税工程造价	989 725.59
6	税　　　金	33 749.64
	含税工程造价	1 023 475.23

分部分项工程清单项目费汇总表

工程名称:商贸中心电气安装工程

序　号	名称及说明	合价/元	备　注
1	动力、照明电气安装工程	505 296.68	
2	火灾自动报警系统	254 381.25	
	合　计	759 677.93	

分部分项工程量清单

工程名称:商贸中心电气安装工程

序号	项目编码	项 目 名 称	计量单位	工程数量	综合单位	合 价
一	0302	动力、照明电气安装工程				
1	030204004001	低压开关柜 1.基础槽钢制作、安装 2.柜安装 3.端子板安装 4.焊、压接线端子	台	12.00	6 120.73	73 448.76
2	030204010001	低压电容器柜 1.基础槽钢制作、安装 2.柜安装 3.端子板安装 4.焊、压接线端子 5.屏边安装	台	2.00	2 739.75	2 739.75
3	030204018001	落地式动力配电箱 1.基础型钢制作、安装 2.箱体安装	台	8.00	1 403.38	11 227.04
4	030204018002	照明配电箱 箱体安装	台	24.00	338.57	8 125.68
5	030204018003	小型配电箱 箱体安装	台	278.00	157.14	43 684.92
6	030203003001	带形母线 TMY125×10 1.支持绝缘子、穿墙套管的耐压试验、安装 2.穿通板制作、安装 3.母线安装 4.引下线安装 5.刷吩相漆	m	98.00	310.28	30 407.44
7	030203003002	带形母线 TMY50×5 1.支持绝缘子、穿墙套管的耐压试验、安装 2.穿通板制作、安装 3.母线安装 4.母线桥安装 5.引下线安装 6.刷分相漆	m	156.00	20.68	3 226.08
8	030208001001	电力电缆 ZRRVV-4×35+1×16 1.揭(盖)盖板 2.电缆敷设 3.电缆头制作、安装 4.过路保护管敷设 5.防火堵洞 6.电缆防护 7.电缆防火隔板 8.电缆防火涂料	m	372.00	92.28	34 328.16

续　表

序号	项目编码	项 目 名 称	计量单位	工程数量	金 额/元	
					综合单位	合 价
9	030208001002	电力电缆 ZRVV－4×16＋1×10 1.电缆敷设 2.电缆头制作、安装 3.过路保护管敷设 4.防火堵洞 5.电缆防护	m	560.00	48.11	26 941.60
10	030208001003	电力电缆 ZRVV－4×10＋1×6 1.电缆敷设 2.过路保护管敷设 3.防火堵洞 4.电缆防护	m	1 250.00	30.69	38 362.50
11	030208005001	电缆支架制作安装 1.制作、涂锈、刷油 2.安装	t	2.00	7 411.96	14 823.92
12	030209001001	接地母线敷设 1.接地母线敷设 2.接地跨接线 3.构架接地	项	1.00	4 491.47	4 491.47
13	030212001001	钢架配管 DN32 1.支架制作、安装 2.电线管路敷设 3.接线盒(箱)、灯头盒、开关盒、插座盒安装 4.防腐油漆 5.接地	m	153.00	42.61	6 519.33
14	030212001002	钢架配管 DN25 1.支架制作、安装 2.电线管路敷设 3.接线盒(箱)、灯头盒、开关盒、插座盒安装 4.防腐油漆 5.接地	m	250.00	41.89	10 472.50
15	030212001003	钢架配管 DN15 1.支架制作、安装 2.电线管路敷设 3.接线盒(箱)、灯头盒、开关盒、插座盒安装 4.防腐油漆 5.接地	m	336.00	41.48	13 937.28
16	030212001004	电线管暗埋 DN32 1.支架制作、安装 2.电线管路敷设 3.接线盒(箱)、灯头盒、开关盒、插座盒安装 4.接地	m	80.00	6.65	532.00

续　表

序号	项目编码	项 目 名 称	计量单位	工程数量	金 额/元	
					综合单位	合 价
17	030212001005	电线管暗埋 DN25 1.支架制作、安装 2.电线管路敷设 3.接线盒(箱)、灯头盒、开关盒、插座盒安装 4.接地	m	345.00	6.11	2 107.95
18	030212001006	电线管暗埋 DN15 1.支架制作、安装 2.电线管路敷设 3.接线盒(箱)、灯头盒、开关盒、插座盒安装 4.接地	m	2 890.00	6.45	18 640.50
19	030212003001	管内穿线 BV－10 管内穿线	m	850.00	2.35	1 997.50
20	030212003002	管内穿线 BV－6 管内穿线	m	1 100.00	1.70	1 870.00
21	030212003003	管内穿线 BV－2.5 管内穿线	m	3 678.00	1.23	4 523.94
22	030212003004	管内穿线 BV－1.5 管内穿线	m	6 135.00	1.18	7 239.30
23	030213001001	圆球吸顶灯 φ300 1.支架制作、安装 2.组装 3.油漆	套	85.00	111.15	9 447.75
24	030213001002	方形吸顶灯安装 1.支架制作、安装 2.组装 3.油漆	套	176.00	70.18	12 351.68
25	030213001003	壁灯安装 1.支架制作、安装 2.组装 3.油漆	套	62.00	84.47	5 237.14
26	030213003001	装饰灯 φ700 吸顶 1.支架制作、安装 2.安装	套	38.00	356.62	13 551.56
27	030213003002	装饰灯 φ800 吊顶 1.支架制作、安装 2.安装	套	8.00	1 341.37	10 730.93
28	030213003003	疏散指标灯 1.支架制作、安装 2.安装	套	72.00	86.04	6 194.88

续　表

序号	项目编码	项目名称	计量单位	工程数量	综合单位	合价
					金额/元	
29	030213004001	吊链式荧光灯 YG2－1 安装	套	180.00	43.69	7 864.20
30	030213004002	吊链式荧光灯 YG2－2 安装	套	286.00	58.40	16 702.40
31	030213004003	吊链式荧光灯 YG2－3 安装	套	32.00	84.58	2 706.56
32	030213002001	直杆式防水防尘灯 1.支架制作、安装 2.安装	套	18.00	89.53	1 611.54
33	030204031001	三联暗开关(单控)86 系列 1.安装 2.焊压端子	个	315.00	16.18	5 096.70
34	030204031002	双联暗开关(单控)86 系列 1.安装 2.焊压端子	个	193.00	11.67	2 252.31
35	030204031003	单联暗开关(单控)86 系列 1.安装 2.焊压端子	个	126.00	9.38	1 181.88
36	030204031004	单相二、三孔暗插座 200V6A 1.安装 2.焊压端子	个	385.00	10.32	3 973.20
37	030204031005	单相三孔暗插座 200V15A 1.安装 2.焊压端子	个	21.00	12.32	258.72
38	030211002001	送配电装置系统 系统调试	系统	75.00	468.58	36 493.50
39	030211004001	补偿电容器柜调度 调试	套	2.00	4 767.02	9 534.04
40	030211008001	接地装置 接地电阻测试	系统	2.00	230.02	460.04
		小计				505 296.68
二	0307	火灾自动报警自系统				
1	030705001001	智能型感烟探测器 JTY－LZ－ZM1551 1.探头安装 2.底座安装 3.校接线 4.探测器调试	只	800.00	149.97	119 976.00

续　表

序号	项目编码	项 目 名 称	计量单位	工程数量	金　额/元	
					综合单位	合　价
2	030705001002	智能型感烟探测器 JTY – BD – ZM1551 1.探头安装 2.底座安装 3.校接线 4.探测器调试	只	63.00	204.97	12 913.11
3	030705001003	普通感烟探测器 1.探头安装 2.底座安装 3.校接线 4.探测器调试	只	326.00	104.26	33 988.76
4	030705003001	手动报警按钮 1.安装 2.校接线 3.调试	只	60.00	65.40	3 924.00
5	030705009001	声光报警盒 1.安装 2.调试	台	84.00	137.30	11 533.20
6	030705005001	报警控制器 1.本体安装 2.消防报警备用电源 3.校接线 4.调试	台	1.00	1 518.64	1 518.64
7	030705008001	重复显示器 1.安装 2.调试	台	12.00	793.82	9 525.84
8	030705004001	输入模块 JSM – M500M 1.安装 2.调试	台	12.00	190.73	17 928.62
9	030705004002	输出模块 KM – M500C 1.安装 2.调试	台	136.00	212.73	28 931.28
10	030706001001	自动报警系统装置调试 系统装置调试	系统	1.00	14 141.80	14 141.80
		小计				254 381.25
		合计				759 677.93

措施项目清单计价表

工程名称：商贸中心电气安装工程

序　号	项目名称	金额/元
1	环 境 保 护	2 500.00
2	文 明 施 工	1 000.00
3	安 全 施 工	1 500.00
4	临 时 设 施	3 500.00
5	脚手架搭拆费	8 000.00
	小　　计	16 500.00
	合　　计	16 500.00

其他项目清单计表

工程名称：商贸中心电气安装工程

序　号	项目名称	金额/元
1	招 标 人 部 分	
1.1	预 留 金	35 000.00
1.2	材料购置费	128 500.00
	小　　计	163 500.00
2	投 标 人 部 分	
2.1	总承包服务费	
2.2	零星工作项目	8 246.05
2.3	其 他 费 用	
	小　　计	8 246.05
	合　　计	171 746.05

零星工作项目计价表

工程名称：商贸中心电气安装工程

序　号	名　　称	计量单位	数　量	金额/元 综合单价	金额/元 合　价
1	人　　工				
1.1	高级技术工人	工　日	50.00	75.00	3 750.00
	技 术 工 人	工　日	35.00	30.00	1 050.00
	零　　工	工　日	36.00	20.00	720.00
	小　　计				5 520.00
2	材　　料				
2.1	电 焊 条	kg	15.00	5.50	82.50
	型　　材	kg	160.00	3.40	544.00
	小　　计				626.50
3	机　　械				
3.1	5 t汽车起重机	台　班	4.00	300.00	1 200.00
	交流电焊机22 kVA	台　班	15.00	60.00	900.00
	小　　计				2 100.00
	合　　计				8 246.50

分部分项工程量清单综合单价分析表

工程名称：商贸中心电气安装工程

序号	项目编码	项目名称	工 程 内 容	综合单价组成/元					综合单价/元
				人工费	材料费	机械使用费	管理费	利润	
1	030204004001	低压开关柜	低压开关柜安装	63.89	20.01	49.11	28.75	15.97	6 120.73
			低压开关柜		5 800.00				
			基础槽钢制作、安装	7.26	5.26	4.30	3.27	1.82	
			槽钢		113.87				
			手工除中锈	1.04	0.40		0.47	0.26	
			红丹防锈漆第一遍	0.29	0.08		0.13	0.07	
			红丹防锈漆第二遍	0.28	0.07		0.12	0.07	
			醇酸防锈漆 G53－1		1.84				
			醇酸防锈漆 G53－1		2.10				
			小计	72.75	5 943.63	53.41	32.74	18.19	
2	030204010001	低压电容器柜	电容器柜安装	63.89	20.01	49.11	28.75	15.97	2 739.75
			低压电容器柜		2 500.00				
			基础槽钢制作、安装	7.14	5.17	4.23	3.21	1.78	
			槽钢		28.00				
			屏边安装	5.46	3.20		2.46	1.36	
			小计	76.49	2 556.38	53.34	34.42	19.12	
3	030204018001	落地式动力配电箱	箱体安装	63.89	20.01	49.11	28.75	15.97	1 403.38
			落地式动力配电箱		1 200.00				
			基础型钢制作、安装	5.36	3.88	3.18	2.41	1.34	
			槽钢		8.40				
			红丹防锈漆第一遍	0.31	0.09		0.14	0.08	
			红丹防锈漆第二遍	0.03	0.01		0.01	0.01	
			醇酸防锈漆 G53－1		0.20				
			醇酸防锈漆 G53－1		0.22				
			小计	69.59	1 232.81	52.29	31.31	17.40	
4	030204018002	照明配电箱	箱体安装	31.68	28.71		14.26	7.92	338.57
			照明配电箱 XRM－16		256.00				
5	030204018003	小型配电箱	箱体安装	26.40	26.26		11.88	6.60	157.14
			小型配电箱		86.00				
			小计	26.40	112.26		11.88	6.60	

续　表

序号	项目编码	项目名称	工程内容	综合单价组成/元					综合单价/元
				人工费	材料费	机械使用费	管理费	利润	
6	030203003001	带形母线	母线安装	5.77	10.62	11.39	2.60	1.44	310.38
			铜母线 TMY125×10		125.00				
			母线桥安装	28.51	11.52	10.97	12.83	7.13	
			扁钢 –25~40		8.25				
			圆钢(综合)		2.16				
			角钢(综合)		29.81				
			母线桥安装	18.53	2.41	8.37	8.34	4.63	
			小计	52.81	189.77	30.73	23.77	13.20	
7	030203003002	带形母线	母线安装	3.22	6.47	7.07	1.45	0.81	20.68
			母线桥安装	0.30	0.12	0.12	0.14	0.08	
			扁钢 –25~40		0.09				
			圆钢(综合)		0.02				
			角钢(综合)		0.33				
			母线桥安装	0.20	0.03	0.09	0.09	0.05	
			小计	3.72	7.06	7.28	1.68	0.94	
8	030208001001	电力电缆 ZRVV4×34+1×16	揭(盖)盖板	0.04			0.02	0.01	92.28
			电缆敷设	1.24	0.88	0.05	0.56	0.31	
			电缆 ZRRVV –4×35+1×16		86.00				
			电缆头制作、安装	0.34	1.38		0.15	0.08	
			户内热缩式电缆终端头 35~400 mm²		0.05				
			防火堵洞	0.13	0.11		0.06	0.03	
			超高增加费	0.44			0.20	0.11	
			高层建筑增加费	0.05			0.02	0.01	
			小计	2.24	88.42	0.05	1.01	0.56	
9	030208001002	电力电缆 ZRVV –4×16+1×10	电缆敷设	2.23	0.96	0.36	1.00	0.56	48.11
			电缆 ZRVV –4×16+1×10		38.00				
			电缆头制作、安装	0.93	2.74		0.42	0.23	
			户电热缩式电缆终端头 35~400 mm²		0.11				
			防火堵洞	0.17	0.13		0.07	0.04	
			高层建筑增加费	0.09			0.04	0.02	
			小计	3.42	41.94	0.36	1.53	0.85	

续　表

序号	项目编码	项目名称	工 程 内 容	综合单价组成/元					综合单价/元
				人工费	材料费	机械使用费	管理费	利润	
10	030208001003	电力电缆ZRVV－4×10+1×6	电缆敷设	2.23	0.96	0.36	1.00	0.56	30.69
			电缆 ZRVV－4×10+1×6		25.00				
			防火堵洞	0.17	0.13		0.07	0.04	
			高层建筑增加费	0.09			0.04	0.02	
			小计	2.49	26.10	0.36	1.12	0.62	
11	030208005001	电缆支架制作安装	制作、涂锈、刷油	1 900.80	768.00	731.10	855.36	475.20	7 411.96
			扁钢－25~40		550.00				
			圆钢(综合)		144.00				
			角钢(综合)		1 987.50				
			安装						
			小计	1 900.80	3 449.50	731.10	855.36	475.20	
12	030209001001	接地母线敷设	接地母线敷设	602.75	289.50	224.00	271.24	150.69	4 491.47
			接地母线 40×4						
			接地母线敷设	1 157.28	555.84	430.08	520.78	289.32	
			接地母线 25×4						
			小计	1 760.03	845.34	654.08	792.01	440.01	
13	030212001001	钢架配管DN32	支架制作、安装	8.45	3.41	3.25	3.80	2.11	42.61
			扁钢－25~40		2.74				
			圆钢(综合)		0.69				
			角钢(综合)		10.00				
			电线管路敷设	1.96	1.34	0.37	0.88	0.49	
			电线管 DN32		2.99				
			高层建筑增加费	0.08			0.04	0.02	
			小计	10.48	21.17	3.62	4.72	2.62	
14	030212001002	钢架配管DN25	支架制作、安装	8.45	3.41	3.25	3.80	2.11	41.89
			扁网－25~40		2.74				
			圆钢(综合)		0.69				
			角钢(综合)		10.00				
			电线管路敷设	1.96	1.34	0.37	0.88	0.49	
			电线管 DN25		2.27				
			高层建筑增加费	0.08			0.04	0.02	
			小计	10.48	20.45	3.62	4.72	2.62	

续　表

序号	项目编码	项目名称	工程内容	综合单价组成/元					综合单价/元
				人工费	材料费	机械使用费	管理费	利润	
15	030212001003	钢架配管 DN15	支架制作、安装	8.45	3.41	3.25	3.80	2.11	
			扁钢 – 25 ~ 40		2.74				
			圆钢(综合)		0.69				
			角钢(综合)		10.00				
			电线管路敷设	1.96	1.34	0.37	0.88	0.49	
			电线管 DN15		1.85				
			高层建筑增加费	0.08			0.04	0.02	
			小计	10.48	20.04	3.62	4.72	2.62	
16	030212001004	电线管暗埋 DN32	电线管路敷设	1.40	0.58	0.37	0.63	0.35	6.65
			电线管 DN32		2.88				
			接线盒(箱)、灯头盒、开关盒、插座盒安装	0.09	0.07		0.04	0.02	
			接线盒		0.21				
			高层建筑增加费	0.00			0.00	0.00	
			小计	1.49	3.74	0.37	0.67	0.37	
17	030212001005	电线管暗埋 DN25	电线管路敷设	1.32	0.43	0.37	0.59	0.33	6.11
			电线管 DN25		2.58				
			接线盒(箱)、灯头盒、开关盒、插座盒安装	0.10	0.09		0.04	0.02	
			接线盒		0.24				
			高层建筑增加费	0.00			0.00	0.00	
			小计	1.42	3.34	0.37	0.63	0.35	
18	030212001006	电线管暗埋 DN15	电线管路敷设	0.91	0.30	0.41	0.41	0.23	6.45
			电线管 DN15		2.01				
			接线盒(箱)、灯头盒、开关盒、插座盒安装	0.42	0.37		0.19	0.10	
			接线盒		1.02				
			高层建筑增加费	0.05			0.02	0.01	

续 表

序号	项目编码	项目名称	工 程 内 容	综合单价组成/元					综合单价/元
				人工费	材料费	机械使用费	管理费	利润	
			小计	1.38	3.69	0.41	0.62	0.35	
19		管内穿线 BV－10	管内穿线	0.16	0.26		0.07		2.35
			绝缘导线 BV－10		1.82				
			小计	0.16	2.08		0.07	0.04	
20	030212003002	管内穿线 BV－6	管内穿线	0.13	0.22		0.06		1.70
			绝缘导线 BV－6		1.25				
			小计	0.13	1.47		0.06	0.04	
21	030212003003	管内穿线 BV－2.5	管内穿线	0.17	0.15		0.07		1.23
			绝缘导线 BV－10		0.80				
			小计	0.17	0.95		0.07	0.04	
22	030212003004	管内穿线 BV－1.5	管内穿线	0.14	0.15		0.07		1.18
			绝缘导线 BV－1.5		0.75				
			小计	0.17	0.90		0.07	0.04	
23	030213001001	圆球吸顶灯 φ300	组装	3.61	6.04		1.62	0.90	111.15
			成套灯具		98.98				
			小计	3.61	105.02		1.62	0.90	
24	030213001002	方形吸顶灯安装	组装	3.61	1.42		162	0.90	70.18
			成套灯具		62.62				
			小计	3.61	64.04		1.62	0.90	
25	030213001003	壁灯安装	组装	3.38	2.98		1.52	0.84	84.47
			成套灯具		75.75				
			小计	3.38	78.73		1.52	0.84	
26	030213003001	装饰灯 φ300 吸顶	安装	65.51	17.03	0.98	29.48	16.38	356.62
			成套灯具		227.25				
			小计	65.51	244.28	0.98	16.38		
27	030213003002	装饰灯 φ800 吊式	安装	65.51	17.03	0.98	29.48	16.38	1 341.37
			成套灯具		1 212.00				
			小计	65.51	1 229.03	0.98	29.48	16.38	
28	030213003003	疏散指示灯	安装	4.28	2.01		1.92	1.07	86.04
			成套灯具		76.76				

续　表

序号	项目编码	项目名称	工 程 内 容	综合单价组成/元					综合单价/元
				人工费	材料费	机械使用费	管理费	利润	
			小计	4.28	78.77		1.92	1.07	
29	030213004001	吊链式荧光灯YG2-1	安装	3.63	5.20		1.63	0.91	43.69
			成套灯具 YG2-1		32.32				
			小计	3.63	37.52		1.63	0.91	
30	030213004002	吊链式荧光灯YG2-2	安装	4.56	5.20		2.05	1.14	58.40
			成套灯具 YG2-2		45.45				
			小计	4.56	50.65		2.05	1.14	
31	030213004003	吊链式荧光灯YG6-3	安装	5.10	5.20		2.30	1.28	84.58
			成套灯具 YG6-3		70.70				
			小计	5.10	75.90		2.30	1.28	
32	030213002001	直杆式防水防尘灯	安装	4.95	1.33		2.23	1.24	89.53
			成套灯具		79.79				
			小计	4.95	81.15		2.23	1.24	
33	030204031001	三联暗开关（单控)86系列	安装	1.50	0.58		0.67	0.37	16.18
			照明开关86系列 220V 3A		13.06				
			小计	1.50	16.64		0.67	0.37	
34	030204031002	双联暗开关（单控)86系列	安装	1.50	0.46		0.67	0.37	11.67
			照明开关86系列 220V 3A		8.67				
			小计	1.50	9.13		0.67	0.37	
35	030204031003	单联暗开关（单控)86系列	安装	1.43	0.33		0.64	0.36	9.38
			照明开关86系列 220V 3A		6.63				
			小计	1.43	6.96		0.64	0.36	
36	030204031004	单相二、三孔暗插座 220V 6A	安装	1.60	0.59		0.73		
			单相二、三孔暗插座 220V 6A		7.00				
			小计	1.60	7.59		0.73	0.40	
37	030204031005	单相三孔暗插座 220V 15A	安装	1.60	0.59		0.73		12.32
			单相三孔暗插座 220V 15A		9.00				

续　表

序号	项目编码	项目名称	工程内容	人工费	材料费	机械使用费	管理费	利润	综合单价/元
			小计	1.60	9.59	0.73	0.40		
38	030211002001	送配电装置系统	系统调试	176.00	4.64	182.74	79.20	44.00	486.58
			小计	176.00	4.64	182.74	79.20	44.00	
39	030211004001	补偿电容器柜调试	调试	1 073.60	28.33	2 913.57	483.12	268.40	4 767.02
			小计	1 073.60	28.33	2 913.57	483.12	268.40	
40	030211008001	接地装置	接地电阻测试	68.99	1.86	110.88	31.05	17.25	230.02
			小计	68.99	1.86	110.88	31.05	17.25	
1	030705001001	智能型感烟探测器 JTY－LZ－AM1551	安装	10.47	5.00	2.17	3.67		149.97
			智能型感烟探测器 JTY－LZ－ZM1551		125.00				
			小计	10.47	130.00	2.17	4.71	2.62	
2	030705001002	智能型感温探测器 JTW－BD－ZM5551	安装	10.47	5.00	2.17	3.67		204.97
			智能型感温探测器 JTW－BD－ZM5551		180.00				
			小计	10.47	185.00	2.17	4.71	2.62	
3	030705001003	普通感烟探测器	安装	5.10	4.74	0.85	2.30	1.28	104.26
					90.00				
			小计	5.10	94.74	0.85	2.60	1.28	
4	030705003001	手动报警按钮	安装	7.57	5.18	1.35	3.41	1.89	65.40
			手动报警按钮		46.00				
			小计	7.57	51.18	1.35	3.41	1.89	
5	030705009001	声光报警盒	安装	10.74	3.03	1.01	4.83	2.69	137.30
			声光报警盒		115.00				
			小计	10.74	118.03	1.01	4.83	2.69	
6	030705005001	报警控制器	本体安装	390.72	123.07	711.05	175.82	97.68	1 518.64
			消防报警备用电源	8.80	4.57	0.77	3.96	2.20	
			小计	399.52	127.64	711.82	179.78	99.88	

续　表

序号	项目编码	项目名称	工　程　内　容	综合单价组成/元					综合单价/元
				人工费	材料费	机械使用费	管理费	利润	
7	030705008001	重复显示器	安装	136.75	18.32	58.02	61.54	34.19	793.82
			重复显示屏		485.00				
			小计	136.75	503.32	58.02	61.54	34.19	
8	030705004001	输入模块 JSM – M500M	安装	16.02	5.38	2.12	7.21	4.01	190.73
			输入模块 JSM – M500M		156.00				
			小计	16.02	161.38	2.12	7.21	4.01	
9	030705004002	输出模块 KM – M500C	安装	16.02	5.38	2.12	7.21	4.01	212.73
			输出模块 KM – M500C		178.00				
			小计	16.02	183.38	2.12	7.21	4.01	
10	030706001001	自动报警系统装置调试	系统装置调试	2 895.02	2 368.17	6 852.09	1 302.76	723.76	14 141.80
			小计	2 895.02	2 368.17	6 852.09	1 302.76	723.76	

主要材料价格表

工程名称:商贸中心电气安装工程

序　号	材料编码	材　料　名　称	规格、型号	单　位	单价/元
1		低压开关柜		台	5 800.00
2		低压电容器柜		台	2 500.00
3		落地式动力配电箱		台	1 200.00
4		照明配电箱	XRM – 16	台	256.00
5		小型配电箱		台	86.00
6		铜母线	TMY125 × 10	m	125.00
7		绝缘导线	BV – 10	m	1.82
8		绝缘导线	BV – 6	m	1.25
9		绝缘导线	BV – 2.5	m	0.80
10		绝缘导线	BV – 1.5	m	0.75
11		单相二、三孔暗插座	220V6A	个	7.00
12		单相三孔暗插座	220V15A	个	9.00
13		智能型感烟探测器	JTY – LZ – ZM1551	只	125.00
14		智能型感温探测器	JTW – BD – AM5551	只	180.00
15		普通感烟探测器		只	90.00
16		手动报警按钮		只	46.00
17		声光报警盒		只	115.00
18		重复显示屏		台	485.00
19		输入模块 JSM – M500M		只	156.00
20		输出模块 KM – M500C		只	178.00

第八节　本章小结

本章所述内容属于同国际接轨的新方法,自 2003 年 7 月 1 日全面执行以来,人们边做边学,为了确保相关工程技术人员熟练掌握该技术,本章从理论到案例进行了阐述。重点应掌握的内容归纳如下。

1. 工程量清单

工程量清单是用来表现拟建工程的分部分项工程项目、措施项目、其他项目的名称和相应数量的明细清单,它包括分部分项工程量清单、措施项目清单、其他项目清单三部分。工程量清单是招标文件的一部分,由招标人或招标人委托具有相应资质的中介机构编制。工程量清单必须按照规定的格式进行编写。工程量清单具有统一项目编码、统一项目名称、统一计量单位、统一工程量计算规则的特点。

2. 工程量清单计价

工程量清单计价是工程招投标工作中常用的计价模式,也是国际通行的做法。工程量清单计价,是指根据招标文件以及招标文件所提供的工程量清单,按照市场价格以及施工企业自身的特点,计算出完成招标文件所规定的所有工程项目所需要的费用。工程量清单计价分为标底和投标报价两种形式,无论何种形式都必须按照工程量清单计价的规定格式进行填写。工程量清单计价费用包括分部分项工程费、措施项目费、其他项目费、规费、税金等部分。

3. 综合单价

综合单价是指完成工程量清单中一个计量单位的工程项目所需的人工费、材料费、机械使用费、管理费、利润的总和及一定的风险费用。综合单价应根据招标文件、施工图纸、图纸会审纪要、工程技术规范、质量标准、工程量清单等,按照施工企业内部定额或参照国家及省市有关工程消耗量定额、材料指导价格等计算得出。在工程量清单计价中,综合单价的准确程度,直接影响到工程计价的准确性,对于投标企业,合理计算综合单价,可以降低投标报价的风险。

4. 标底

标底是招标人为了掌握工程造价,控制工程投资,对投标单位的投标报价进行评价的依据。标底必须按照工程量清单计价的方法及格式进行编制。标底由招标人或招标人委托具有相应资质的中介机构编制。

5. 投标报价

投标报价是施工企业根据招标文件及工程量清单,按照本企业的现场施工技术力量、管理水平等编制出的工程造价。编制投标报价时,既要考虑提高中标的几率,还要考虑中标后承包工程的风险。编制投标报价时,必须按照工程量清单计价的方法及格式进行。投标报价反映出施工企业承包该工程所需的全部费用,招标单位对各投标单位的报价进行评议,以合理低价者中标。

复习思考题

1. 工程量清单的含义是什么？工程量清单计价的准确含义如何？

2. 举例说明工程量清单项目编码的设置方法及其意义。

3. 工程量清单的作用和要求有哪几方面？

4. 综合单价的定义内容如何？计算各清单项目的综合单价应怎样进行？

5. 什么叫标底？编制标底时应遵循什么原则？

6. 工程量清单计价有哪些内容？

7. 什么叫投标报价？如何编制投标报价？

8. 试根据本地的设备、材料市场价格，以及管理费和利润的一般计算方法，分别计算【例9.3】和【例9.4】中的综合单价。

9. 根据本章所学的知识，编制第五章第三节的工程实例的工程量清单。

10. 根据本章所学的知识，编制第五章第五节的工程实例的工程量清单。

11. 比较工程量清单计价与定额计价的区别。

12. 投标报价的策略和投标报价的技巧有哪些？

第十章　计算机在电气施工图预（结）算中的应用

第一节　概　述

随着国民经济建设的迅速发展，工业与民用建筑日益增多，规模越来越大，使用功能也日趋复杂。原有建筑改造与新建建筑对电气专业的要求越来越高，建筑电气已不再单指照明、动力配电系统，还包括新兴的消防（电气）、计算机网络等一系列的楼宇自动控制系统，这就增加了对工程项目的招、投标的难度。计算机的应用解决了这一难题。应用计算机可以：①节约大量的人力、物力；②节约时间，这也是最重要的；③长期保存数据；④准确计算，纠正人为计算错误；⑤美观、快捷打印输出。计算机在施工图预（结）算中的应用也体现出一个企业的管理水平和企业的实力，增强企业的形象。

第二节　非专业软件的应用

对于专业软件，需要软件开发商给予相应的技术支持和培训，往往对于我们在校学生或一些小规模的企业来说，专业软件是可望而不可及的。而非专业软件较常见，下面以办公室软件 Microsoft Office 为例，研究如何完成施工图预（结）算。Microsoft Office 是办公室常见的应用软件，其中的 Microsoft Excel 应用程序就是我们所要应用的程序。

一、工程预（结）算文件的生成

（一）工程预（结）算表表格的制作

（1）工程预（结）算表表格的制作

首先让我们在安装了 Microsoft Excel 程序的计算机中打开 Excel 程序。见图 10.1，单击 Windows 任务栏上的"开始"按钮，从"开始"菜单选择"程序"，然后选择 Microsoft Excel，启动该程序。

也可以在桌面上直接双击"Excel 快捷方式"图标，进入 Excel 程序，并自动生成一个名为"Book1"的空的工作簿，见图 10.2，如果在同一工作过程中又新建了一个新的工作簿，那么 Excel 就将其命名为"Book2"。你可以同时新建多个工作簿，然后可以用不同的名字保存每个工作簿。

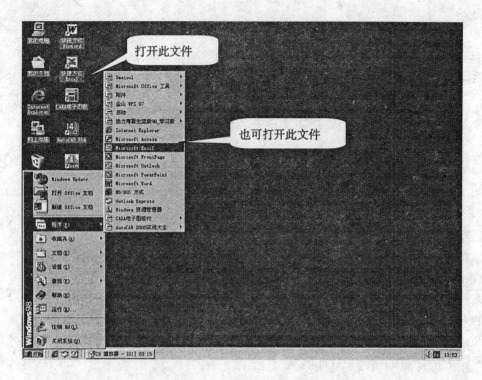

图 10.1　Excel 程序启动

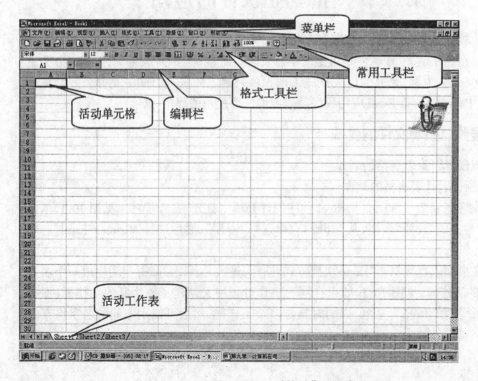

图 10.2　Excel 的工作区组成

打开"文件"菜单选项中的"另存为(A)···"命令,在图 10.3 的界面中输入"文件的名称",如用"标准预(结)算表格"替换"Book1"文件名。并选择保存位置,以便在下次使用时能准确找到此文件。也可在"常用工具栏"中的单击保存文件按钮,进入图 10.3 的编辑界面。在保存了该文件之后,工作簿窗口在工作区上仍是打开的,进而我们可以进行页面的编辑工作。

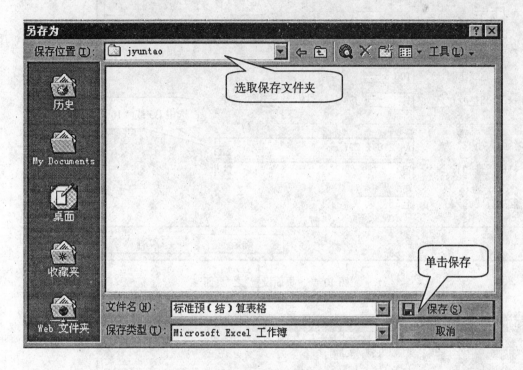

图 10.3　"另存为"对话框

然后进行页面设置,打开"文件"菜单选项中的"页面设置(U)···"命令或单击打印预览中的"设置"按钮,可进入图 10.4 的界面,在"纸张大小"选项中选取"B5"或"16 开···",并选择纸张方向为"横向",缩放比例等。在"页边距"的界面中调整上、下、左、右边距的大小,以适当为准,如图 10.5 所示。

可以在"页眉页脚"栏中选择"自定义页脚",在最右边编辑栏中可以录入"黑龙江省哈尔滨市××有限公司"字样,并可以修饰编辑文字的字体、字号等,详见图 10.6、图 10.7。

为区分各工作表的用途,我们现将系统缺省的 Sheet1 工作表重新命名为"标准工程预算表",方法是双击"Sheet1"标签,然后录入名字即可,也可使用鼠标右键选中"重命名"命令,见图 10.8。并将页面的表格制作成相关的工程预算表(以黑龙江省质量监督站发行的预算表的页面为准)。在图 10.9 中,用鼠标选中 A1:N3,方法是用鼠标选中 A1,按住鼠标左键沿对角线方向移动至 N3。当颜色变黑后,放开左键,单击右键,弹出菜单项,选中"设置单元格格式(F)",弹出如图 10.9 对话框,在"对齐"选项卡中的"文本控制"按钮中,选中"合并单元格(M)";在"水平对齐"栏中选择"居中";在"垂直对齐"栏中选择"居中",点击"确定"按钮,则A1:N3 范围区域合并为一个单元格。在此单元格内居中录入"(　　)工程预算表"并调整字体、字号等,以美观为准。在 A5 单元格中录入"顺"字;A6 单元格中录入"序"字;A7 单元格录入"号"字。调整列宽至适当宽度,可以执行"格式"菜单中的"列"命令,在"列宽"栏中键入需要的列宽值;也可以用鼠标直接在该单元格列标题上拖动,直至列宽合适为止。在单元格格

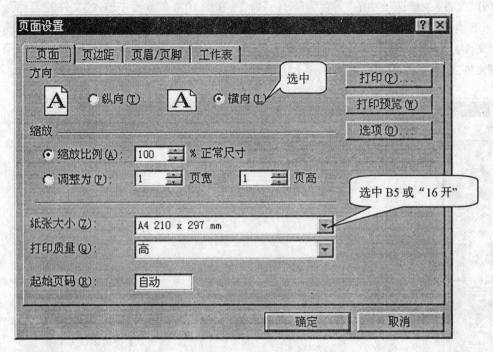

图 10.4　"页面设置"之"页面"

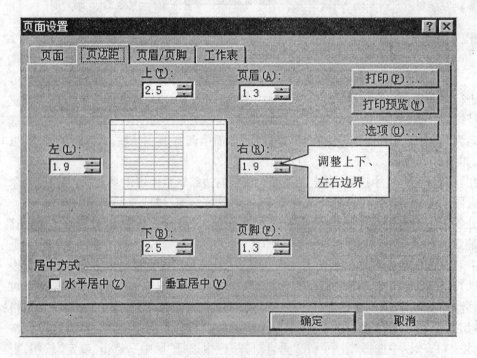

图 10.5　"页面设置"之"页边距"

式对话框中的"水平对齐"中选择"居中";在"垂直对齐"栏中选择"居中"后按"确定"按钮。

　　其他的文字类型、字号及工作表中的行宽、列宽也同样自行调整,使之适合预(结)算表的布局,见图 10.10。

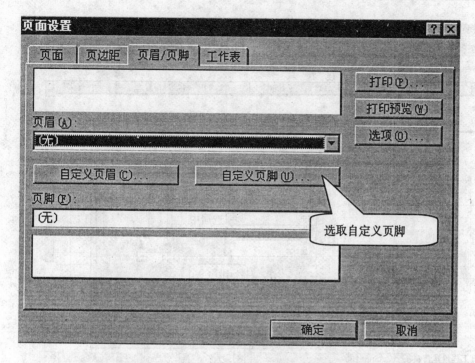

图 10.6　"页面设置"之"页眉/页脚"

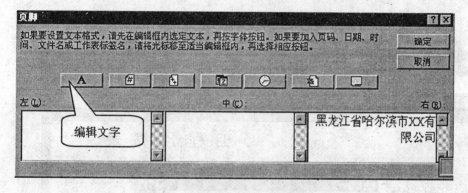

图 10.7　"页眉/页脚"之"页脚"

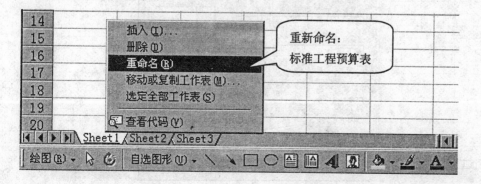

图 10.8　工作表"重新命名"

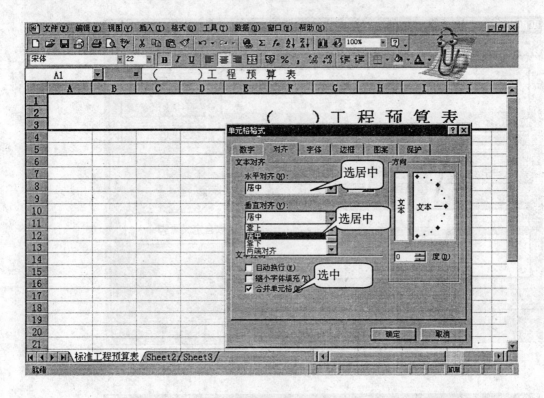

图 10.9　工作表编辑 1

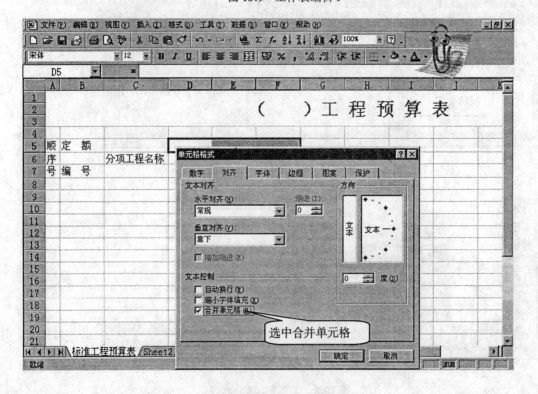

图 10.10　工作表编辑 2

　　最后选中 A5:N25,在"单元格格式"对话框中的"边框"选项卡的线条样式中点取细实线确定内边框,点取粗实线确定外边框,见图 10.11。特殊格式内部边框特殊调整,如"顺序号"的 A5:A7,在"单元格格式"对话框中,边框栏中的边框形象区中,用鼠标取消内部边框,以此类推。在"常用工具栏"中单击"打印预览"按钮,调整表格在纸页的打印范围之内,以上操作即完成预(结)算表格的制作。

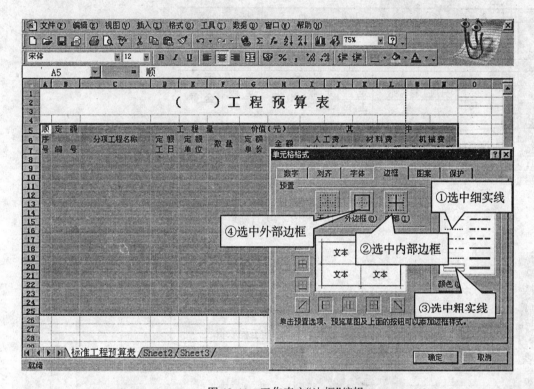

图 10.11　工作表之"边框"编辑

　　在已经编辑好的工程预(结)算表表格中,见图 10.12 所示,在"顺序号"栏中,从 A8 单元格起,在英文半角状态下录入"1"并回车,则序号 1 出现在 A8 单元格中,把鼠标放置在此单元格右下角即填充柄位置,当鼠标变"+"时,按住鼠标左键下拉至页尾,序号依次自动填充。调整后,点击"打印预览"按钮,观察打印出图时的效果,调整打印范围,使编辑内容在打印区域内。

　　(2)工程费用表表格的制作

　　工程费用计算表表格的制作同工程预算表,首先选中"Sheet2"工作表,单击右键,在弹出对话框中选取"重命名(R)",用"标准工程取费表"的字样代替"Sheet2",如图 10.13 所示。

　　在工作表中用鼠标选中 A1:H3 范围区域,合并单元格,并在此单元格内录入"工程费用计算表"字样,在以下单元格内以黑龙江省质量监督站发行的标准取费表为标准,进行编辑,如图 10.14 所示。

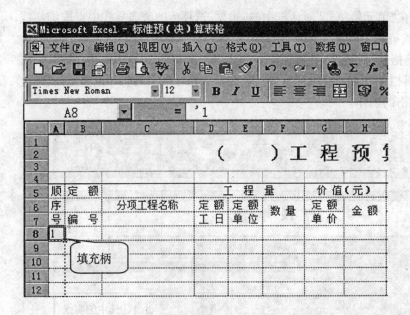

图 10.12　工作表自动填充

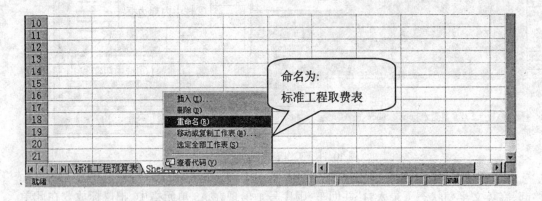

图 10.13　工作表"重新命名"

　　调整字体、字号、位置,达到美观要求,再调整各列宽度,使之页面在打印设置范围之内,如图 10.15 所示。

　　单击常用工具栏中"打印预览"按钮,显示打印内容如图 10.16 所示。发现在此图中未进行页面边框的设置,关闭打印预览,在"标准工程取费表"工作表拖动鼠标选定 A5:H23 范围区域,单击鼠标右键弹出菜单项,选中"设置单元格格式",在"单元格格式"对话框中的"边框"选项卡中点取细实线确定内边框,点取粗实线确定外边框。特殊格式的内边框特殊调整,调整方法同标准工程预算表。再单击"打印预览",如图 10.17 所示。

　　返回编辑界面,用鼠标选中 E14:H23 范围区域,在"单元格格式"对话框中的"边框"选项卡中,在"边框"区内取消中间竖线并确认。在 E14:E23 单元格中也在"边框"区内取消中间横线并确认,如图 10.18 所示。到此,工程费用计算表的编辑工作完成。

图 10.14 工作表之"工程取费表"编辑 1

图 10.15 工作表之"工程取费表"编辑 2

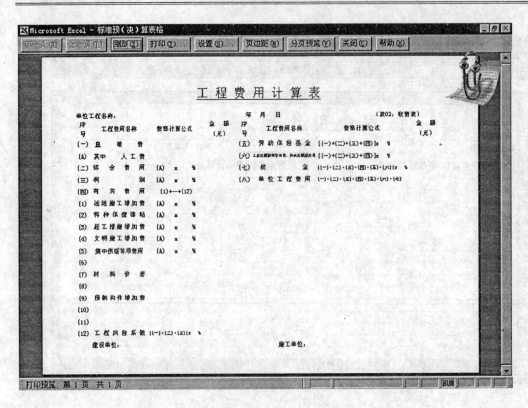

图 10.16　工程取费表打印预览 1

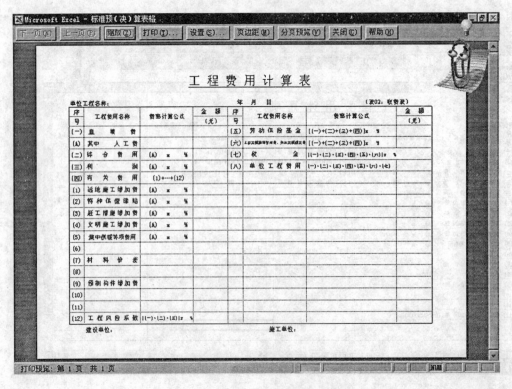

图 10.17　工程取费表打印预览 2

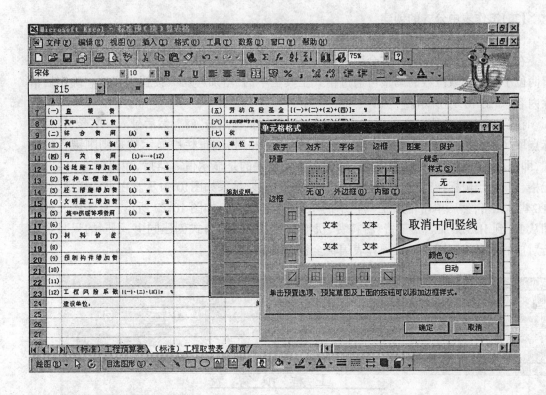

图 10.18　工程取费表边框编辑

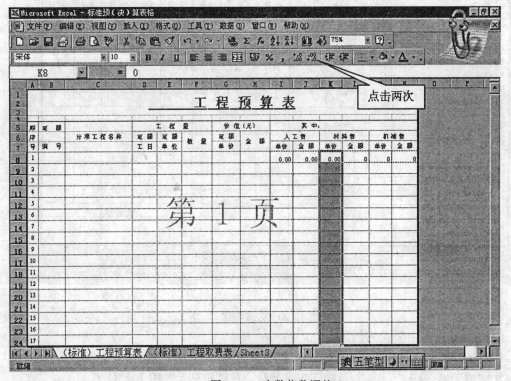

图 10.19　小数位数调整

(二)工作表中公式的创建

(1)工程预(结)算表中公式的创建

在工程预算表的"单价"、"金额"框中,分别录入"0",观察其小数位数,并调整后使其保留两位小数。小数位数的调整可通过格式工具栏中的"增加/减少"按钮来实现。确定后清除内容,如图 10.19 所示。

在图 10.20 金额栏 H8 单元格中录入"="号,用鼠标点击"F8",然后录入"＊"号,再用鼠标点取"G8",最后敲击回车键确认。选择 H8 单元格时,编辑栏中显示的是刚刚键入的公式,即出现在编辑栏中的是基本值,出现在单元格中的是显示值。然后,用鼠标选中 H8 单元格,同时,当鼠标在其右下角变成"+"时,向下拖拽,结果如图10.21示。在页计栏中,点选"H24"单元格,然后单击常用工具栏中的"自动求和"按钮,如图 10.22 所示。H24 单元格自动从 H8 到 H23 累加。人工费、材料费、机械费项目栏内的公式创建同上,不同的只是金额所对应的单元格不同。工程预算表编辑全貌如图 10.23 所示。

图 10.20　公式创建

(2)工程费用表中公式的创建

在已经编制好表格的"(二)综合费用"的金额栏中点取"D9"单元格录入"="后,用鼠标点击"D8"单元格,输入"＊0%",后敲回车键确认。计算机显示如图 10.24。

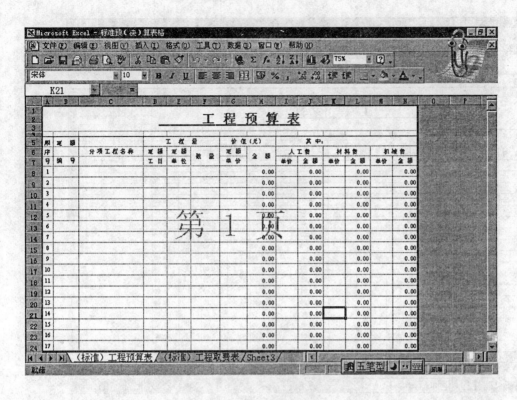

图 10.21　工程预算表自动填充

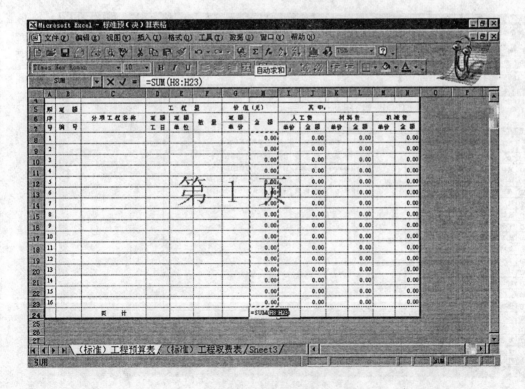

图 10.22　工程预算表自动求和

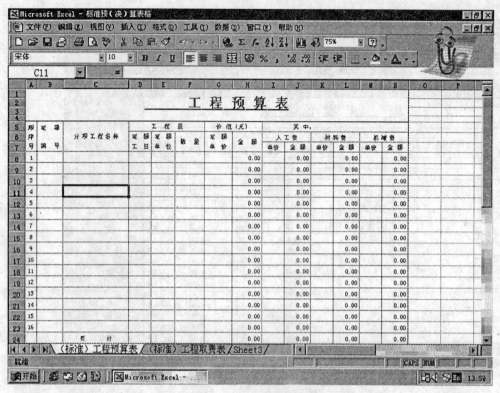

图 10.23 工程预算表编辑全貌

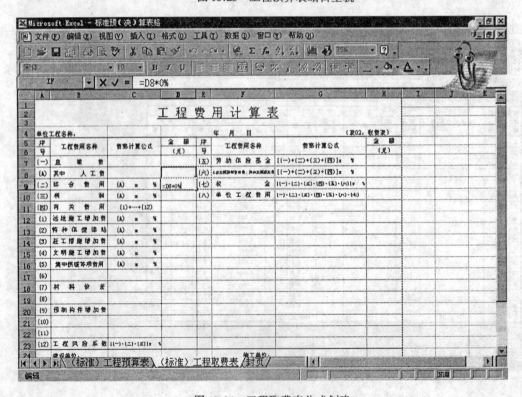

图 10.24 工程取费表公式创建 1

注:在预(结)算录入中按照实际费率替代"0%"。

在"(四)有关费用"的金额栏中点取"D11"单元格,录入"="后输入 D12 至 D23 单元格连加,敲回车键确认,见图 10.25。

在"(五)劳动保险基金"的金额栏中点取"H7"单元格,录入"=(D7+D9+D10+D11)*0%",敲回车键确认,计算机弹出图 10.26。

其他公式的创建分别按以上两种方式进行编辑、录入,结果如图 10.27 所示。

预览如图 10.28 所示。这样工程费用表内的公式创建完毕。

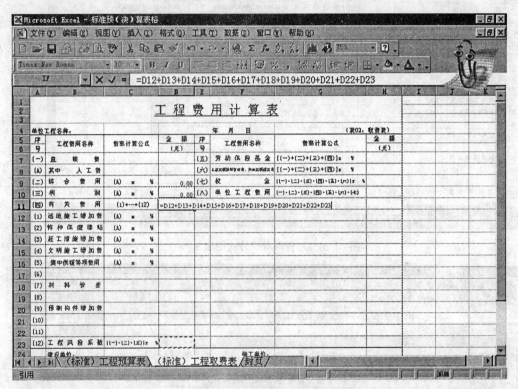

图 10.25　工程取费表公式创建 2

二、工程预(结)算文件的录入

首先,另存已经编辑的标准预(结)算表格,重新按照现有预(结)算的工程名称进行重新命名,这里以第 5 章第 4 节的锅炉房安装工程预算为例,重新命名为:锅炉房安装工程预算。采用 2000 年黑龙江省建设工程预算定额(电气),执行 2000 年哈尔滨市建设工程材料预算价格表。

按照工程计算表内的定额项目参照工程预算定额录入定额内内容。

在录入定额编号时,录入的定额编号如 4-28 会自动转变为 4 月 28 日,我们可以在英文半角状态下按如下格式录入"4-28",敲回车键确认。然后,录入分部分项工程名称"嵌入式配电箱安装"、单位"台"、工程量"30"、定额单价"58.43"、人工费单价"34.32"、材料费单价"24.11"。补主材"XHK-2"、单位"台"、工程量"30"、定额单价"102.82"。这样一条标准的预(结)算定额子目即录入完毕,如图 10.29 所示。

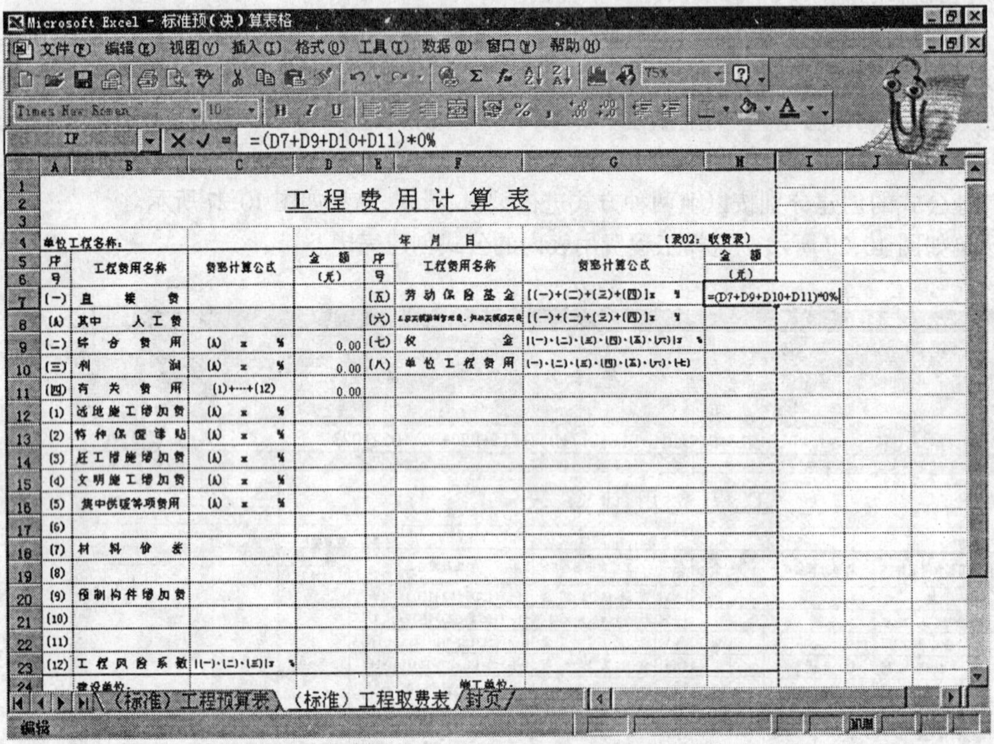

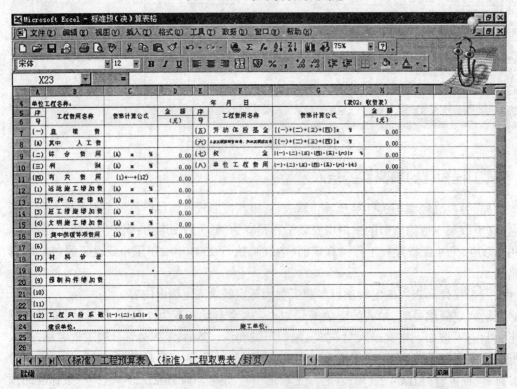

图 10.26 工程取费表公式创建 3

图 10.27 工程取费表公式编辑全貌

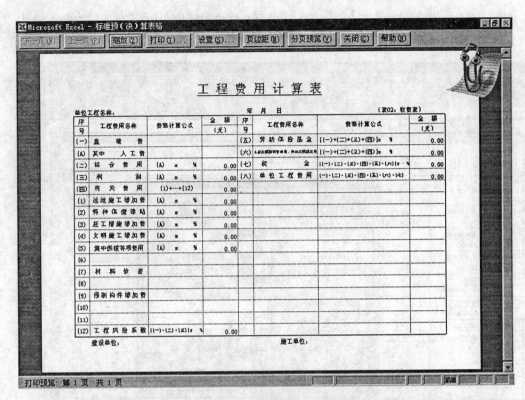

图 10.28　工程取费表打印预览

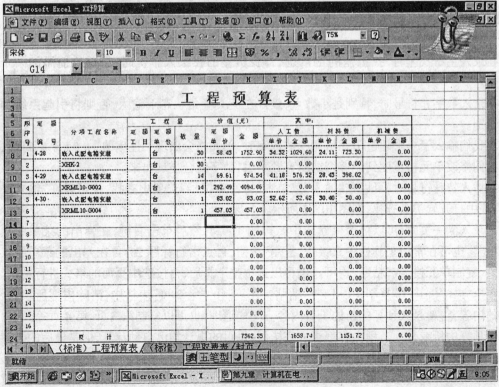

图 10.29　预算输入时显示

在录入 m^2 时,需要选中"2",单击右键,在单元格格式对话框中的"字体"选项卡中,选中"上标"按钮并确认(图 10.30)。

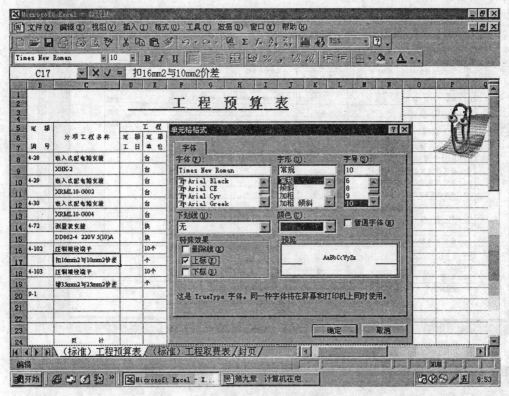

图 10.30　m^2 编辑

在录入主材找差时,找正差的正常进行,找负差的在录入单价时,在单价前添加一个"－"号。

在录入数字和符号时,特别是小数点,最好在英文半角状态下输入,否则将引起系统的错误识别。

当我们输入了一个超过单元格宽度的数字时,单元格会出现一连串的"#####"符号,只要我们修改单元格宽度到能够容纳所有数字后,数字就会显现出来。

在插入特殊符号时,可以在"插入"菜单中的"特殊符号"选项中查找,也可以在"输入法状态栏"中打开软键盘查找,如图 10.31 所示。

当录入满一页时,可以拖拽鼠标选中行标题 1～24,然后单击右键,在弹出的菜单中点击"复制",也可在常用工具栏中直接按"复制"按钮,再点击行标题 25,再在弹出的菜单中点击"插入复制单元格"或"粘贴"均可。也可以选中整个页面,再按选中页面的格式进行粘贴。可用快捷方式"Ctrl＋C"复制;"Ctrl＋V"粘贴。在复制的"第2页"表格中,清除内部所填写、录入的内容,重新录入预算的新的子目内容。同样道理,也可以复制第3页、第4页等。

当预算中所有分项工程内容都录入完毕后,每页的页计均已自动计算,但是最后的合计却没有计算。这就需要我们自己来调整并创建公式。

在录入预算的最后一页,本页的页计向上提升一格。留出本预算合计的位置。在"页计"位置,重新录入"合计"并清除页计格式中残留的自动求和公式。最后选中基价合计的位

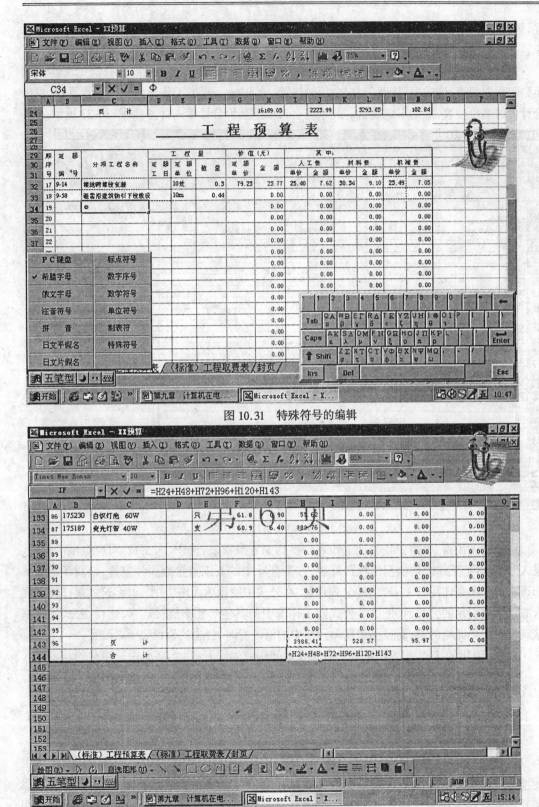

图 10.31 特殊符号的编辑

图 10.32 合计编辑

置,录入"＝",用鼠标点击第 1 页的基价页计位置,录入"＋",再用鼠标点击第 2 页的基价页计位置,再录入"＋",以此类推,直至加到最后一页的基价页计,敲回车键确认,如图 10.32 所示。

　　同样,人工费合计、材料费合计、机械费合计均按此方法录入。最后让我们把工作表切换到工程取费表,选中"直接费"对应金额的位置,录入"＝",再把工作表切至工程预算表,点击合计中的基价位置,敲回车键确认。此系统会自动把基价合计带入计算,如图 10.33 所示。

图 10.33　单元格相对引用

　　同样,"人工费"也需要我们把工作表切换到工程取费表,选中"人工费"对应金额的位置,录入"＝",再把工作表切换至工程预算表,点击合计中的人工费金额页计位置,敲回车键确认即可。这个命令使用了 Excel 中的公式创建"在公式中使用单元格引用"功能,这就是在你创建含有单元格引用的公式时,把这个公式同工作簿中的其他单元格链接起来,这样,公式的值就依赖于引用单元格的值,而且当引用单元格中的值改变时,公式的值也要随之改变。

　　注意:引用的工作表部分和单元格部分之间用叹号隔开,单元格引用是相对的。

　　完成上述工作后便可以编写编制说明,再制作一个漂亮的封面,打印出即可。

第三节　专业软件的应用

　　随着计算机在建筑设计、施工及管理过程中的应用,相应的软件也纷纷面世,各省、市也相应开发出适用于本地的建筑工程预算编制软件,如全国性的"神机妙算"、"鹏业建筑工程预算编制软件"、黑龙江省开发的"博丰 V3.0 建筑工程预算编制系统——黑龙江版"等。相应软件的应用简化了工作过程,减少了翻查定额的不便,提高了工作效率,得到用户的广泛认同和好评,同时有更多、更新、功能更完善的软件不断地推陈出新。在此,我们以黑龙江省哈尔滨市建筑工程造价管理站与哈尔滨博丰软件开发有限公司合作开发的博丰建筑工程预算编制软件为例,共同探讨一下其特点及使用方法。

一、软件的基本操作

(一)软件的安装

博丰建筑工程预算编制系统软件 V3.0 的最低配置要求:

●操作系统　　Windows95　　●CPU　　Pentium166　　●内存　　16M
●硬盘空间　　30M　　●分辨率　　640 * 480,256 色

安装步骤:

1. 把加密锁插接在计算机的打印口(LPT1)上。

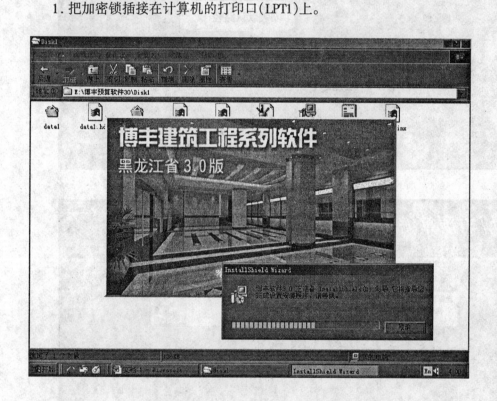

图 10.34 博丰 3.0 软件安装

2. 启动计算机,执行光盘中的"博丰预算 V3.0 \ Disk1 \ setup.exe"文件,按照程序的提示"一步"、"一步"完成本系统的安装,见图 10.34。其中,安装默认位置为 c: \ Program.Files \ Probuid,见图 10.35。如有特殊要求,可先在 C 盘或 D 盘上建立一个新的文件夹,在图 10.36 中所示的状态下单击"浏览"按钮,选取要安装文件的位置。在图 10.36 中选取新建文件夹 C: \ 博丰,完成系统软件的安装。

最后安装路径如图 10.37 所示。

(二)软件启动

在"开始"菜单中启动,如图 10.38 方式运行。

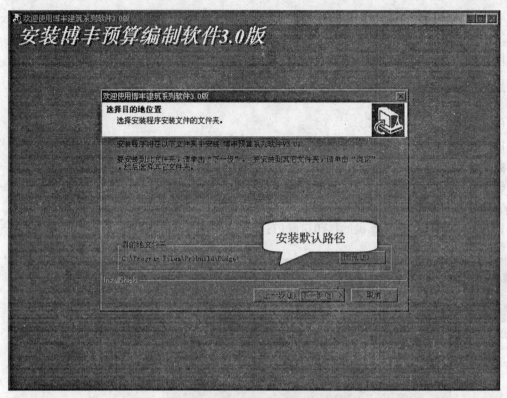

图 10.35　安装默认路径

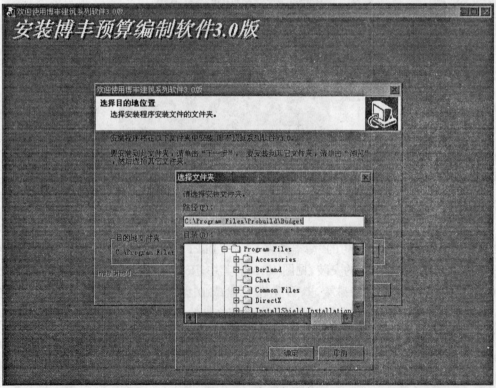

图 10.36　变更安装路径

图 10.37 最后安装路径

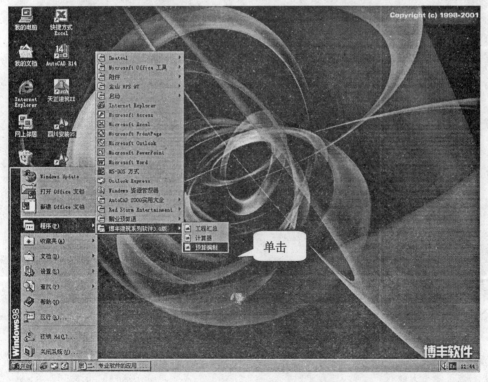

图 10.38 博丰 3.0 软件启动

输入本系统默认密码,如图 10.39 所示,如用户第一次使用或没有更改原有默认密码,即为"ABC"。用户可在系统里自己输入一个密码,密码的长度最多是 6 位,密码输入正确以后进入定额选择界面。

图 10.39　进入系统密码

此系统软件虽然包括 7 类工程定额,但我们在这里只以电气工程为例,我们选择"电气工程",单击"电气工程"前面的方框,使其由青色变为红色,然后单击下面的 4 个图标,指定下一步工作:预算建立、预算打开、最近预算打开、定额查阅,如图 10.40 所示。

图 10.40　定额选择界面

(三)预算建立

在开始界面中单击"预算建立"按钮或在菜单"文件"中选取"新建"项目,可以进入下面的界面,如图 10.41 所示。确定文件的位置及名称(文件保存时默认的位置 C:\budgt\Bank-dq),输入文件名后,单击"新建"按钮显示画面,如图 10.42 所示。录入工程相应内容,如工程名称可默认,建筑面积可以不输入,选取所使用的定额版本。

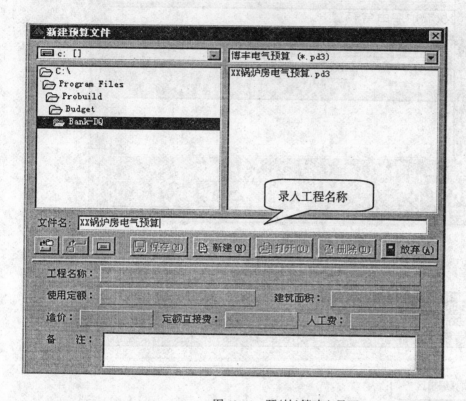

图 10.41 预(结)算建立界面

(四)常用功能

预算建立以后,系统显示主界面包括 7 个部分:菜单栏、工具条、预算编辑表格区、预算细节区、快捷操作区、分隔条和状态栏,如图 10.43 所示。工具条如下。

1. 预算录入

在预算编辑区,在空行上"定额编号"栏先输入定额编号,敲回车键后,自动跳至"工程量"栏,输入工程量后,再敲回车键,即可完成这条预算的录入。注意,这里的工程量是在工程量计算时得出的结果与定额单位换算过的数值。如果你觉得这个默认的名称不适合,可以用鼠标单击预算的"项目名称"栏,直接输入汉字即可。可是你还觉得某个预算的项目名称难以说明具体情况,可以在当前预算上按"Ctrl + N"跳至"说明"编辑栏,录入相应说明,敲回车键返回预算编辑区。打印出电气工程预算表,如图 10.44 所示。

2. 主材编辑

通常预算中需要在录入每条分项工程子目的同时,输入此子目的主材。可直接在工具条上单击 ☀ "主材处理"按钮,将出现如下界面,如图 10.45 所示。

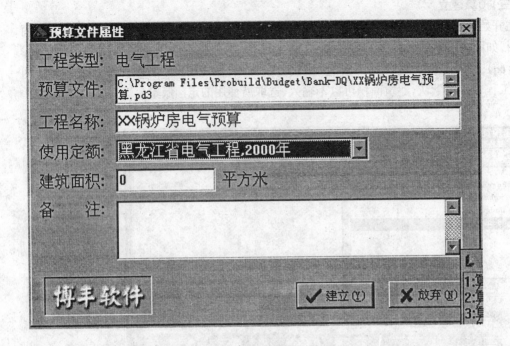

图 10.42　预结算属性界面

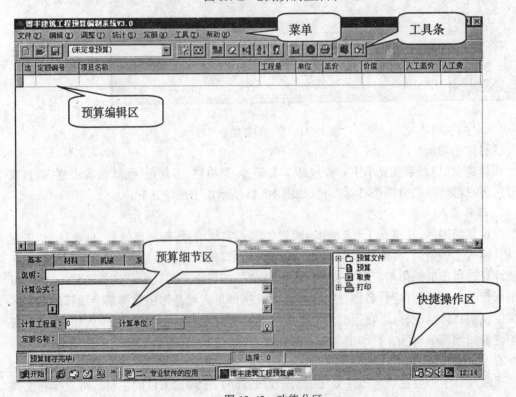

图 10.43　功能分区

图 10.44 打印预览

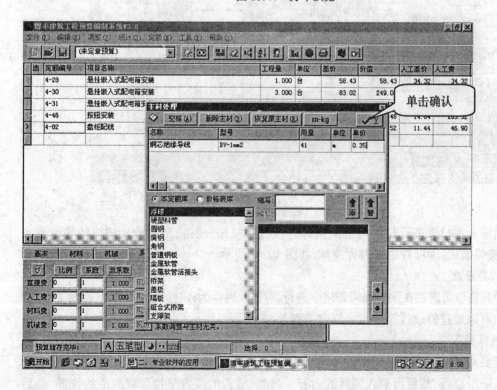

图 10.45 主材编辑

●如本定额条目带有主材,其内容会自动显示在窗口的表格中,如图 10.45 所示。

●如本定额条目不带有主材或所带的主材不适用,可以自由修改。

●也可以在"缩写"框中输入所需主材的缩写拼音,可以从主材库中查找所需要的主材,如图 10.46 所示。

●单击"添"按钮或"替"按钮完成主材的编辑,并按"Y"按钮承认编辑的主材,如图 10.45 所示。

●当"添"加的主材仍不适用时,可以按"恢复原主材"按钮,恢复到原定额内容,但得重新输入主材单价,如图 10.45 所示。

●重新修改预算的定额编号,原有主材全部取消,修改预算的工程量后,所带主材的数量也相应改变。

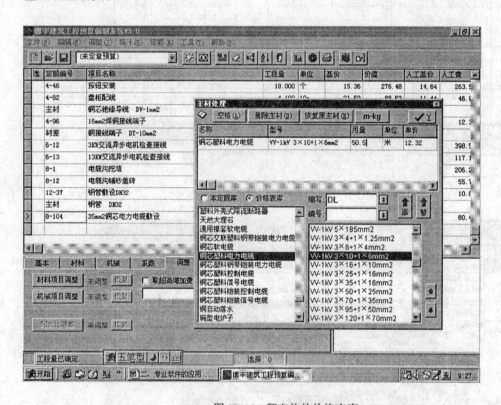

图 10.46　翻查软件价格表库

●当输入主材要进行长度与重量换算时,应按主材的规格、型号输入相应的密度。按"√Yes"按钮确认,即可对主材进行换算,如图 10.47 所示。

3. 预算修改

●预算修改可直接在预算编辑表格中进行,可修改内容为:定额编号、项目名称及工程量。

●也可以通过修改计算公式来修改工程量。

4. 预算插入

首先要点取要插入当前预算的位置,然后执行"插入"命令,这样就可以在要插入预算的位置插入一个空行,然后再录入预算的内容。当然,插入的位置是指可以激活的位置,最后一行不能执行"插入"命令。

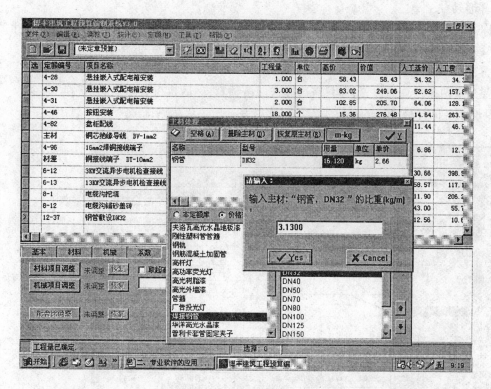

图 10.47 m-kg 换算

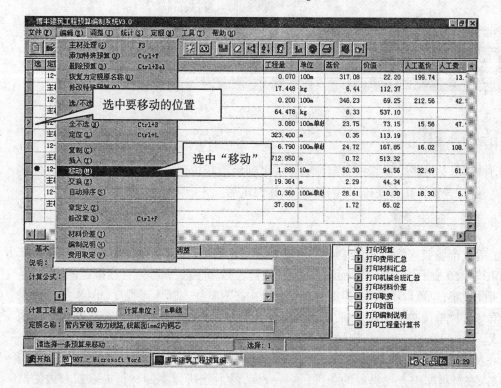

图 10.48 预算移动

5.预算移动

如果你需要移动某个预算的位置,先选择这条预算,然后指定要移动到的位置,再点击菜单上的"移动"命令,如图 10.48 所示,移动的预算带着主材和材差一起移动。

6.预算交换

如果要交换两条预算的位置,你只需选择这两条预算,然后执行菜单上的"交换"命令,如图 10.49 所示。同样被交换的预算带着主材和材差。

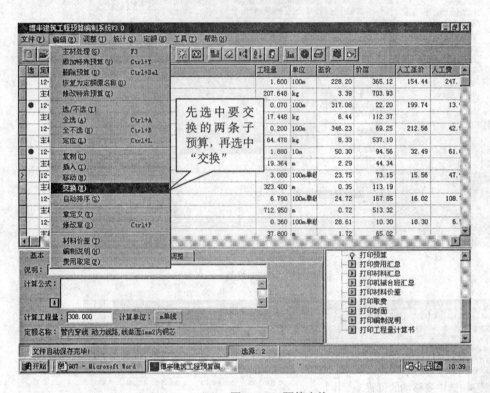

图 10.49　预算交换

7.自动排序

自动排序就是对某个预算按照定额编号从小到大重新排列。自动排序后,主材与材差随原预算,但特殊预算在自动排序后被放在预算的尾部。

8.特殊预算编辑

为了适应市场变化的需求,定额中不存在或不适用的项目条款,我们就会用到特殊预算编辑,如图 10.50 所示。按如下界面输入编号、项目名称。注意:编号是自己拟定的,也可是一些说明性文字,也可以不输入,但编号和名称至少必有其一。录入工程量、单位。注意:工程量数值与计算单位必须统一,然后再录入单位人工费、材料费和机械费,最后确认特殊预算的生成。

在录入特殊预算时,添加材料的方法为:在"选择材料"界面中,点击"添加"按钮,出现图 10.51,输入在材料库中查找材料的条件,执行查询,然后把所需要的材料提取到右边的框中,如果需要自定义材料,则点击"添加自定义材料"按钮,在图 10.51 界面中,输入名称、规

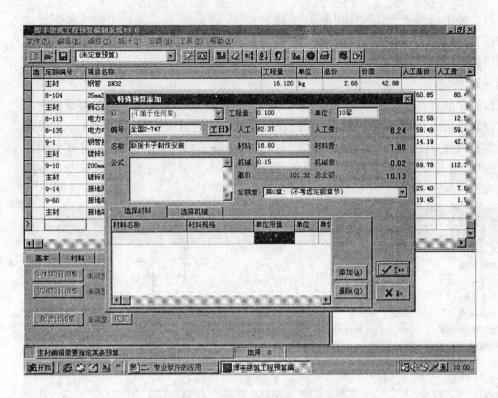

图 10.50 特殊预算编辑

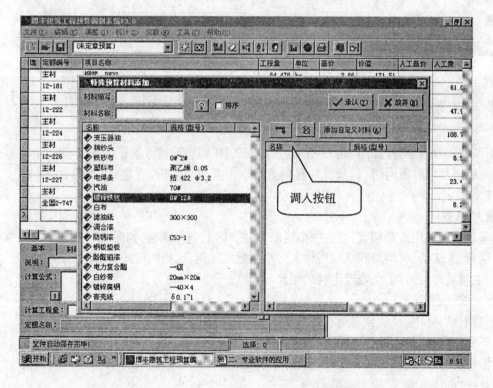

图 10.51 特殊预算材料添加

格、单价、单位及市场单价,然后点击"承认"关闭窗口,返回上表,并在表格中输入各个材料的单位用量,材料基价就形成了。在特殊预算的材料录入完毕后,单击"承认",完成特殊预算材料的添加。

9. 材差调整

通常预算中的材料包含预算价格,但是由于材料的复杂、多变、品牌的不同,很难保证市场价格与预算价格的统一,所以,就需要我们在做预算时进行材差调整,博丰 V3.0 对材差的调整通常有两种方法:其一,对于同一种定额材料的市场价格相同的情况下,将整个预算的材料汇总后,输入需要找差材料的市场价格,如图 10.52 所示。其材差额进入取费表中的

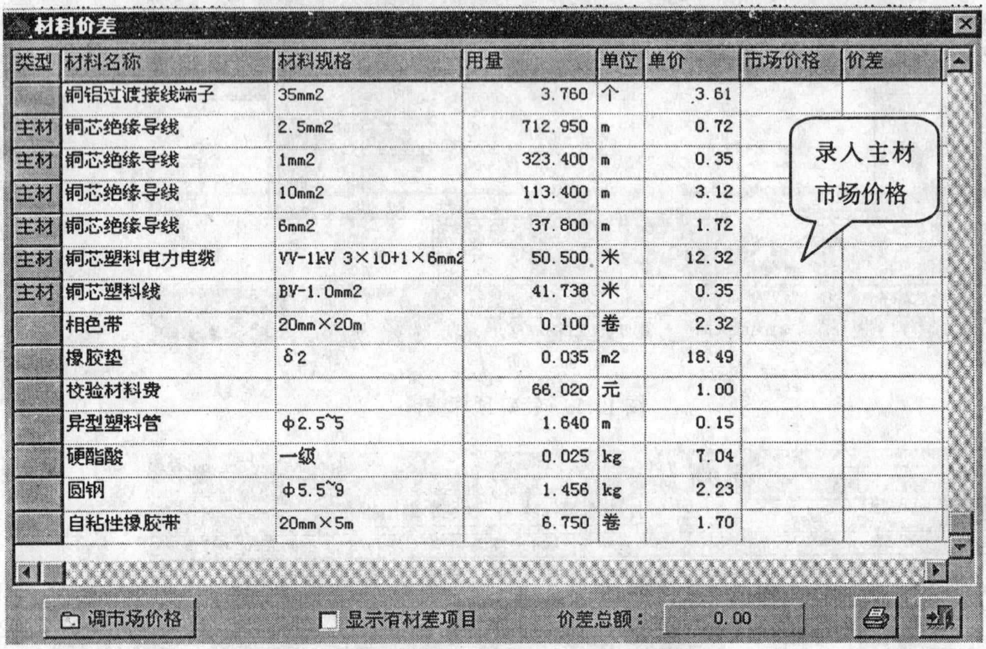

类型	材料名称	材料规格	用量	单位	单价	市场价格	价差
	铜铝过渡接线端子	35mm2	3.760	个	3.61		
主材	铜芯绝缘导线	2.5mm2	712.950	m	0.72		
主材	铜芯绝缘导线	1mm2	323.400	m	0.35		
主材	铜芯绝缘导线	10mm2	113.400	m	3.12		
主材	铜芯绝缘导线	6mm2	37.800	m	1.72		
主材	铜芯塑料电力电缆	VV-1kV 3×10+1×6mm2	50.500	米	12.32		
主材	铜芯塑料线	BV-1.0mm2	41.738	米	0.35		
	相色带	20mm×20m	0.100	卷	2.32		
	橡胶垫	δ2	0.035	m2	18.49		
	校验材料费		66.020	元	1.00		
	异型塑料管	φ2.5~5	1.640	m	0.15		
	硬脂酸	一级	0.025	kg	7.04		
	圆钢	φ5.5~9	1.456	kg	2.23		
	自粘性橡胶带	20mm×5m	6.750	卷	1.70		

录入主材市场价格

调市场价格　　　□ 显示有材差项目　　　价差总额:　　0.00

图 10.52　统一调差

"有关费用"项目,参与取费,如图 10.53 所示。其二,当焊压铜(铝)接线端子实际分项工程项目内容与定额项目内容不同时,其预算的材料直接取价差,差额进入直接费,如图 10.54 所示。

10. 费用调整

如果某预算的费用需要调整,可在明细区的"系数"区上进行调整,如图 10.55 所示。在图中对直接费、人工费、材料费和机械费输入一个系数或比例,然后执行调整,但主材的用量必须执行"主材处理"进行手工修改主材的用量。

11. 制 – 安调整

在电气预(结)算中,经常会遇到有些项目属于制作和安装项目,又有些项目仅属于制作项目或属于安装项目,具体操作如图 10.55 所示。

可根据情况选取"制作与安装"、"仅制作"、"仅安装"字样,如果想取消制 – 安调整,只需把按钮设置在"制作与安装"项上即可。

代码	序号	费用项目名称	计算公式	金额
NO1	(一)	直接费	SZ	8191.42
NO2	(A)	人工费	SR	5557.05
NO3	(二)	综合费用	NO2*K01%	1933.85
NO4	(三)	利润	NO2*K02%	1555.97
NO5	(四)	有关费用	NO6+NO7+NO8+NO9+N10+N11	3165.10
NO6	1	远地施工增加费	NO2*S01%	
NO7	2	赶工措施增加费	NO2*10%	555.71
NO8	3	文明施工增加费	NO2*4%	222.28
NO9	4	集中供暖费等项费用	NO2*26.14%	1452.61
N10	5	材料价差	SC	
N11	6	工程风险系数	(NO1+NO3+NO4)*8%	934.50
N12	(五)	劳动保险基金	(NO1+NO3+NO4+NO5)*3.32%	492.90
N13	(六)	工程定额费、劳动定额费	(NO1+NO3+NO4+NO5)*0.16%	23.75
N14	(七)	税金	(NO1+NO3+NO4+NO5+N12+N13)*3.44%	528.49

显示材料价差

添加(A) 插入(I) 删除(D) 序号自动重排 工程类别: 三类工程 16,368.22

图 10.53 取费表中材差显示

	4-96	16mm2焊铜接线端子	1.800	10个	51.40
	材差	铜接线端子找差 DT-10mm2	18.270	个	-0.24

图 10.54 定额子目单独调差

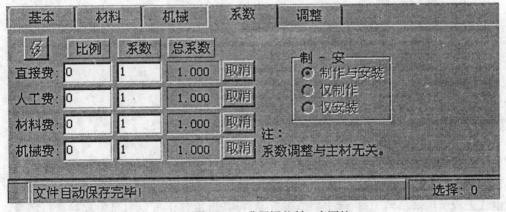

图 10.55 费用调整制－安调整

12. 定义章

为了使复杂的预(结)算变得更清楚,可以把预(结)算按章节进行划分。如果先输入预算内容后,可以按定额分章,如图 10.56 所示。按定额分章后预算细节区,如图 10.57 所示。也可以按照自己确定的章节进行分章,如图 10.58 所示。如某装饰照明工程既有标准客房,又有高级套房,应分别计算其成本,并按后一种方法分章。

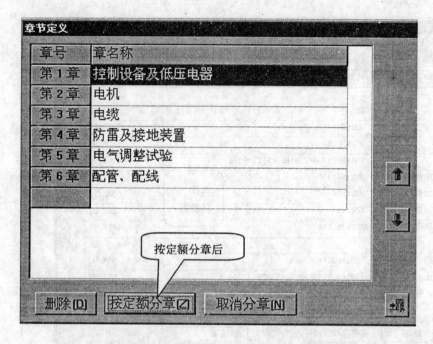

图 10.56　按定额分章

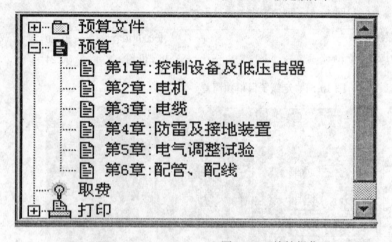

图 10.57　快捷操作区

如果我们先确立章节,然后再按确定的章节录入预算内容,自己确定分章,见图 10.58。

13. 增加费设置

电气工程所取高层增加费、脚手架搭拆费等费用时,预算中可以对整个预算进行调整,也可以对某个章节进行调整,见图 10.59。

针对于某条预算定额子目可以进行超高增加费的调整,见图 10.60。

14. 取费模板的调入

在实际的预(结)算工作中,费用的取定过程是经常变化的,大到改变取费的结构,小到改变某个费率。首先调入取费模板,见图 10.61,选择你所要使用的模板,然后单击"调入"按钮,模板调入以后,选中"工程类别"按钮,确定工程的类别,取费结果也会随之相应变化。

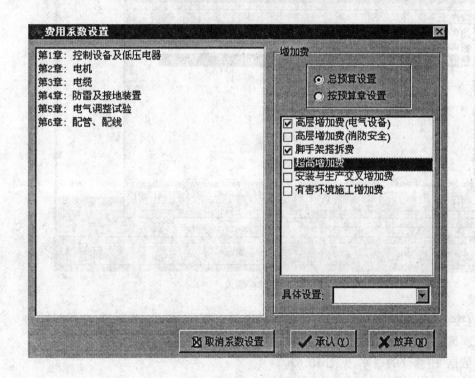

图 10.58 自定义分章

图 10.59 预(结)算统一调整费用系数

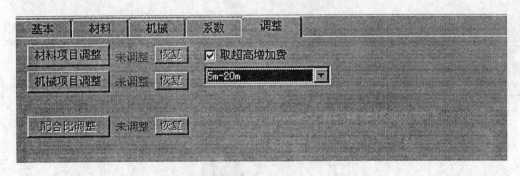

图 10.60　定额子目单独调整超高费

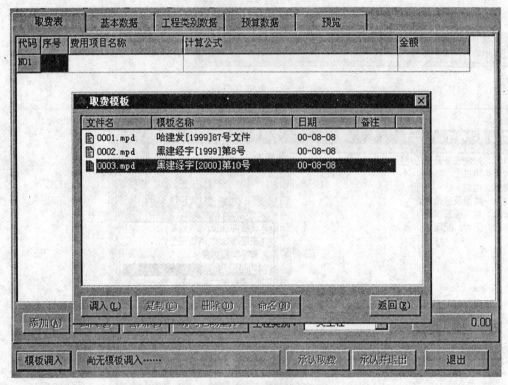

图 10.61　取费模板调入

费率调整：

●可以直接在取费表内修改的数据,如赶工措施增加费、文明施工增加费、集中供暖费等项费用、工程风险系数、劳动保险基金、工程定额费、税金等。

在"基本数据"中修改的费率,见图 10.62。

在"工程类别"中修改的费率,见图 10.63。

如果想在"取费表"中添加一项"设计费",见图 10.64,操作如下:在"取费表"中首先要选取插入位置,点击"插入"按钮,在空格处输入:序号"(八)",名称"设计费",计算公式"(N01 + N03 + N04 + N05 + N13 + N14) * 3%",然后再修改后几项的序号,在单位工程费用中增加"设计费"一项,即在公式末加 N15,即完成取费模板的修改。

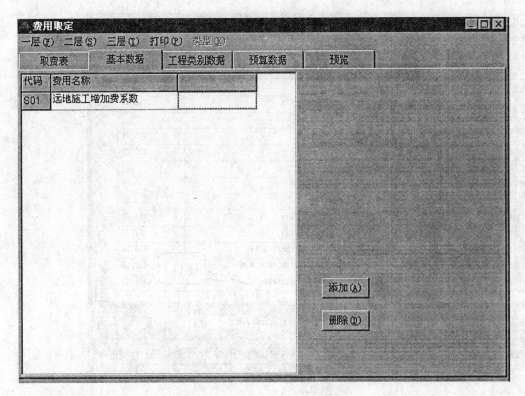

图 10.62 基本数据框

代码	费用名称	一类工程	二类工程	三类工程	四类工程	
K01	综合费用	70.4	54	34.8		
K02	利润	85	50	28		

图 10.63 工程类别数据框

15. 打印

首先在"系统设计"中选择打印机页面,选择打印纸张为 B5 横向。可以在快捷操作区直接点取"打印机",直接选取要打印的内容,见图 10.65。也可以按工具条的"打印机"按钮,直接进入控制窗口,见图 10.66。在此窗口中可以进行打印范围、页数、类型、日期、份数的调整。以上项目设置完成后,单击"继续"按钮进入下一界面,见图 10.67。在此界面中可以通过工具条设置表格的左边距、上边距和下边距。设置完成后,点击"打印机"按钮,打印机开始打印。

图 10.64　调整取费模板结构增加"设计费"

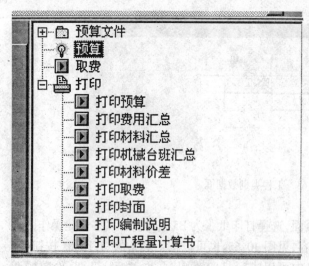

图 10.65　打印快捷操作区

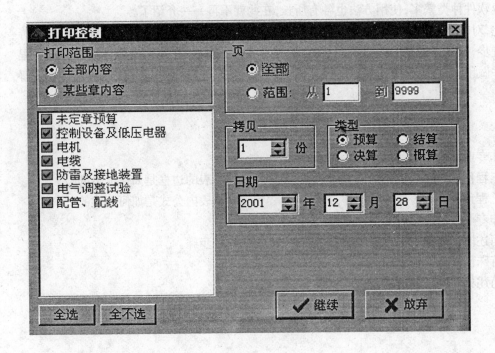

图 10.66　打印控制对话框

电气工程预算表

工程名称: XX预算　　　　　　　　第6章: 配管、配线　　　　　2001年12月28日　　　　　第1页

顺序号	定额编号	分部分项工程名称	工程量		价值		其中:					
							人工费		材料费		机械费	
			单位	数量	定额单价	总价	基价	金额	基价	金额	基价	金额
1	12-34	钢管敷设DN15	100m	1.600	228.20	365.12	154.44	247.10	32.65	52.24	41.11	65.78
	主材	钢管 DN15	kg	207.648	3.39	703.93			3.39	703.93		
2	12-36	钢管敷设DN25	100m	0.070	317.08	22.20	199.74	13.98	58.15	4.07	59.19	4.14
	主材	钢管 DN25	kg	17.448	6.44	112.37			6.44	112.37		
3	12-37	钢管敷设DN32	100m	0.200	346.23	69.25	212.56	42.51	74.48	14.90	59.19	11.84
	主材	钢管 DN32	kg	64.478	8.33	537.10			8.33	537.10		
4	12-181	金属软管敷设DN15	10m	1.880	50.30	94.56	32.49	61.08	17.81	33.48		
	主材	金属软管 Φ15	m	19.364	2.29	44.34			2.29	44.34		
5	12-222	管内穿铜芯动力线路1mm2	100m单线	3.080	23.75	73.15	15.56	47.92	8.19	25.23		
	主材	铜芯绝缘导线 1mm2	m	323.400	0.35	113.19			0.35	113.19		
6	12-224	管内穿铜芯动力线路2.5mm2	100m单线	6.790	24.72	167.85	16.02	108.78	8.70	59.07		
	主材	铜芯绝缘导线 2.5mm2	m	712.950	0.72	513.32			0.72	513.32		

图 10.67　打印预览

专业软件种类繁多,使用方法也各有所长,在此就不再一一介绍了。

至此,对非专业软件和专业软件在电气安装工程预算上的应用进行了详细介绍。随着科学的进步,国际先进技术的涌入,希望在不久的将来会出现:在我们应用计算机建筑工程预算软件做预算时,工程量计算也由计算机帮助我们完成,把我们从繁琐的工程量计算中解脱出来。

复习思考题

1. 非专业软件有哪些优点?
2. 工程预(结)算表表格的制作过程中,工程预(结)算表的边框是如何编辑的?
3. 工程预(结)算表表格的制作过程中,工程预(结)算表内公式是如何创建的?
4. 非专业软件应用有哪些注意事项?
5. 简述博丰建筑工程预算编制系统软件 V3.0 的安装步骤。
6. 特殊预算是如何添加的?
7. 简述材差调整的两种方式。

参 考 文 献

1　杨光臣.电气安装施工技术与管理[M].北京:中国建筑工业出版社,1993.

2　杨光臣.安装工程识图[M].重庆:重庆大学出版社,1996.

3　阮文.预算与施工组织管理[M].哈尔滨:黑龙江科学技术出版社,1997.

4　马克忠.建筑安装工程预算与施工组织[M].重庆:重庆大学出版社,1997.

5　吴心伦.安装工程定额与预算[M].重庆:重庆大学出版社,1996.

6　张文焕.电气安装工程定额与预算[M].北京:中国建筑工业出版社,1999.

7　余辉.城乡电气工程预算员必读[M].北京:中国计划出版社,1992.

8　唐定曾,唐海.建筑工程电气概算[M].北京:中国建筑工业出版社,1997.

9　颜伟中,李景斌.建筑设备工程概预算与技术经济[M].哈尔滨:黑龙江科学技术出版社,1999.

10　王春宁.建筑工程概预算[M].哈尔滨:黑龙江科学技术出版社,2000.

11　中华人民共和国建设部标准定额司.全国统一安装工程预算工程量计算规则[M].北京:中国建筑工业出版社,2001.

12　孙景芝,韩永学.电气消防[M].北京:中国建筑工业出版社,2000.

13　孙璞.新编建筑电气工程师手册[M].哈尔滨:黑龙江科学技术出版社,2001.

14　刘钟莹,茅剑,魏宪,卜宏马.建筑工程工程量清单计价[M].南京:东南大学出版社,2004.

15　郑发泰.建筑电气工程预算[M].北京:中国建筑工业出版社,2005.